高职化工类
模块化系列教材

机械制图与CAD

訾 雪 主编
刘德志 李 浩 副主编

化 学 工 业 出 版 社
·北京·

内 容 简 介

本书结合最新的技术制图与机械制图国家标准，注重理论联系实际，以"够用""实用"为基本原则，内容由浅入深、图文并茂。全书内容主要包含四个模块：零件图识读与绘制，装配图识读与绘制，设备、管道布置图识读，轴类零件测绘。在各子模块的典型任务中，均安排了课前学习任务单、课前检验、引入新课、教学任务展开、下课前准备、课后要求、课后反思、模块考核题库等内容，便教易学。运用模块化教学模式，实现学生在做中学、学中做、边学边做，使学生掌握机械制图精髓，获得专业技能，启发学生掌握使用工具软件的方法，培养学生空间思维能力、自学能力及创新能力。

本书可作为高职高专石油化工技术、石油炼制技术等专业的教材，也可供从事石油化工生产与管理的技术人员参考及培训使用。

图书在版编目（CIP）数据

机械制图与CAD/訾雪主编；刘德志，李浩副主编.—北京：化学工业出版社，2021.11

ISBN 978-7-122-40018-5

Ⅰ.①机… Ⅱ.①訾… ②刘… ③李… Ⅲ.①机械制图-AutoCAD软件-高等学校-教材 Ⅳ.①TH126

中国版本图书馆CIP数据核字（2021）第198604号

责任编辑：张双进　提　岩　　　　　　　文字编辑：王　硕
责任校对：王佳伟　　　　　　　　　　　　装帧设计：王晓宇

出版发行：化学工业出版社（北京市东城区青年湖南街13号　邮政编码100011）
印　　装：三河市延风印装有限公司
787mm×1092mm　1/16　印张18¾　字数455千字　2022年4月北京第1版第1次印刷

购书咨询：010-64518888　　　　　　　　售后服务：010-64518899
网　　址：http://www.cip.com.cn
凡购买本书，如有缺损质量问题，本社销售中心负责调换。

定　价：58.00元　　　　　　　　　　　　　　　　　　　　　版权所有　违者必究

高职化工类模块化系列教材
编审委员会名单

顾　　　问：于红军

主 任 委 员：孙士铸

副主任委员：刘德志　辛　晓　陈雪松

委　　　员：李萍萍　李雪梅　王　强　王　红
　　　　　　　韩　宗　刘志刚　李　浩　李玉娟
　　　　　　　张新锋

序

目前，我国高等职业教育已进入高质量发展的时期，《国家职业教育改革实施方案》明确提出了"三教"（教师、教材、教法）改革的任务。三者之间，教师是根本，教材是基础，教法是途径。东营职业学院石油化工技术专业群在实施"双高计划"建设过程中，结合"三教"改革进行了一系列思考与实践，具体包括以下几方面：

1. 进行模块化课程体系改造

坚持立德树人，基于国家专业教学标准和职业标准，围绕提升教学质量和师资综合能力，以学生综合职业能力提升、职业岗位胜任力培养为前提，持续提高学生可持续发展和全面发展能力。将德国化工工艺员职业标准进行本土化落地，根据职业岗位工作过程的特征和要求整合课程要素，专业群公共课程与专业课程相融合，系统设计课程内容和编排知识点与技能点的组合方式，形成职业通识教育课程、职业岗位基础课程、职业岗位课程、职业技能等级证书（1＋X证书）课程、职业素质与拓展课程、职业岗位实习课程等融理论教学与实践教学于一体的模块化课程体系。

2. 开发模块化系列教材

结合企业岗位工作过程，在教材内容上突出应用性与实践性，围绕职业能力要求重构知识点与技能点，关注技术发展带来的学习内容和学习方式的变化；结合国家职业教育专业教学资源库建设，不断完善教材形态，对经典的纸质教材进行数字化教学资源配套，形成"纸质教材＋数字化资源"的新形态一体化教材体系；开展以在线开放课程为代表的数字课程建设，不断满足"互联网＋职业教育"的新需求。

3. 实施理实一体化教学

组建结构化课程教学师资团队，把"学以致用"作为课堂教学的起点，以理实一体化实训场所为主，广泛采用案例教学、现场教学、项目教学、讨论式教学等行动导向教学法。教师通过知识传授和技能培养，在真实或仿真的环境中进行教学，引导学生将有用的知识和技能通过反复学习、模仿、练习、实践，实现"做中学、学中做、边做边学、边学边做"，使学生将最新、最能满足企业需要的知识、能力和素养吸收、固化成为自己的学习所得，内化于心、外化于行。

本次高职化工类模块化系列教材的开发，由职教专家、企业一线技术人员、专业教师联合组建系列教材编委会，进而确定每本教材的编写工作组，实施主编负责制，结合化工行业企业工作岗位的职责与操作规范要求，重新梳理知识点与技能点，把职业岗位工作过程与教学内容相结合，进行模块化设计，将课程内容按能力、知识和素质，编排为合理的课程模块。

本套系列教材的编写特点在于以学生职业能力发展为主线，系统规划了不同阶段化工类专业培养对学生的知识与技能、过程与方法、情感态度与价值观等方面的要求，体现了专业教学内容与岗位资格相适应、教学要求与学习兴趣培养相结合，基于实训教学条件建设将理论教学与实践操作真正融合。教材体现了学思结合、知行合一、因材施教，授课教师在完成基本教学要求的情况下，也可结合实际情况增加授课内容的深度和广度。

本套系列教材的内容，适合高职学生的认知特点和个性发展，可满足高职化工类专业学生不同学段的教学需要。

高职化工类模块化系列教材编委会
2021 年 1 月

前言

图形与语言、文字一样,是人们认识自然、表达设计思想、传递设计信息、交流创新构思的基本工具之一。化工类各种工程图样,是现代化学工业生产中必不可少的技术资料,是企业组织生产和施工的依据,同样也是工程师交流的"语言",其图样的识读与绘制是每个从事工程技术相关专业的技术人员都必须学习和熟练掌握的基本技能。

本书参照化工企业生产实际,结合岗位需求,设置了零件图识读与绘制,装配图识读与绘制,设备、管道布置图识读,轴类零件测绘四个知识模块。本书在内容上缩减了手工绘图的篇幅,改用CAD软件绘制化工厂常见的零部件图与装配图,同时增加了零件测绘的相关内容。每个任务开头为学生用任务单,任务内容按照学生认知规律层层递进,教材内容按任务单内容展开,任务结束会有习题对所学内容进行考核,并附加了相关内容拓展阅读材料。

本书采用了最新的《技术制图》《机械制图》等国家标准及有关行业标准。

本书由訾雪主编并统稿,刘德志、李浩担任副主编,张新锋、高业萍、董栋栋参编。訾雪编写模块二,刘德志编写模块一任务一到任务三,张新锋编写模块一任务四、任务五,高业萍编写模块一任务六,李浩编写模块三,董栋栋编写模块四。

本书在编写过程中,得到了许多高职院校老师、编者所在学校领导和同事的热情帮助和大力支持,也得到华泰化工集团有限公司、富海集团有限公司等有关领导及同志的大力帮助,在此表示衷心的感谢!

由于编者水平有限,书中不足之处期望广大读者和同行批评指正。

编者

2021 年 9 月

目录

模块一
零件图识读与绘制　　/001

任务一　化工图样标准认知　/002
　　子任务1　认识化工图样标准　/002
　　子任务2　用AutoCAD绘制图形样板文件　/015
任务二　绘制三视图　/035
　　子任务1　绘制点、线、面投影　/035
　　子任务2　绘制几何体三视图　/051
　　子任务3　用AutoCAD绘制简单平面图形　/065
任务三　绘制螺纹与螺纹紧固件　/078
任务四　绘制轴承座　/093
　　子任务1　识读与绘制轴承座三视图　/093
　　子任务2　用AutoCAD绘制轴承座零件　/106
任务五　绘制法兰　/117
　　子任务1　识读与绘制法兰零件图　/117
　　子任务2　用AutoCAD绘制法兰零件图　/132
任务六　绘制轴类零件　/147
　　子任务1　识读与绘制轴零件图　/147
　　子任务2　用AutoCAD绘制轴零件图　/164

模块二
装配图识读与绘制　　/169

任务一　识读和绘制阀门装配图　/170
　　子任务1　识读阀门装配图　/170
　　子任务2　用AutoCAD绘制阀门装配图　/182
任务二　绘制化工设备装配图　/188
　　子任务1　认知化工设备组成　/188
　　子任务2　识读储罐装配图　/198

目录

子任务 3　用 AutoCAD 绘制储罐装配图　/213
子任务 4　识读反应釜装配图　/223
子任务 5　识读换热器装配图　/228
子任务 6　识读塔设备装配图　/237

模块三
设备、管道布置图识读　/243

任务一　识读设备布置图　/244
任务二　识读管道布置图　/255

模块四
轴类零件测绘　/267

任务　测绘轴类零件　/268

附录　/277

标准　/289

参考文献　/290

模块一

零件图识读与绘制

任务一
化工图样标准认知

图样作为技术交流的共同语言,必须有统一的规范,否则会带来生产过程和技术交流中的混乱和障碍。原国家质量监督检验检疫总局、国家标准化管理委员会发布了《技术制图》《机械制图》等一系列制图领域的国家标准,由"通用术语""图纸幅面和格式""简化表示法　第 1 部分:图样画法""简化表示法　第 2 部分:尺寸注法""比例""字体""投影法""表面粗糙度符号""代号及其注法"等系列标准组成,并持续进行修订更新。它们是工程图样绘制与使用的准绳,必须认真学习和遵守。

子任务 1　认识化工图样标准

学习目标

　能力目标

(1)能准确地标注简单平面图形尺寸。
(2)能描述出常用的不同线型的应用场合。

模块一
零件图识读与绘制

◉ 素质目标

（1）通过查阅资料，自己动手操作完成任务，培养自学的能力。
（2）通过学习中的互联网资料搜寻、小组讨论、练习、考核等活动，进行充分的交流与合作，培养团队协作意识和吃苦耐劳的精神。

◉ 知识目标

（1）掌握机械图样中有关图幅、图纸、标题栏的国家标准；
（2）掌握机械图样中有关图线、字体、比例的国家标准；
（3）掌握机械图样中有关尺寸标注的《机械制图》国家标准。

学习过程要求

查阅相关资料完成下列活动：

活动1：观察给定的图纸（图1-1-1，见【学习任务单】后的【任务单相关资料】），完成下列任务。

（1）在表1-1-1中写出图中管口表大写字母的含义。

表 1-1-1 活动 1 表单

	内容	字母、数字含义
1		
2		
3		
4		
5		

（2）假想现在要绘制一幅类似的图，请写出需要用到图纸的尺寸并画出纸上能作图的位置。
（3）若要在A4的图纸上绘制实际总长度为400mm，总宽度44mm的物体，写出解决办法，并说出在这幅图中如何表示。
（4）写出这幅图表示的设备名称。

活动2：轴在转动设备中经常见到，观察轴类零件图（图1-1-2，见【任务单相关资料】），对照轴类零件模型，请写出这幅图中的线都有什么类型、有没有粗细的区别、都用在哪些场合，查阅资料，填写表1-1-2。

表 1-1-2 活动 2 表单

图线名称	用途

活动 3：观察这幅轴类零件图纸（图 1-1-2），完成下列任务。
（1）写出图中有数字，却没有单位的原因。
（2）写出该轴的总长及长度尺寸标注的组成部分。
（3）写出该轴最大截面的直径并说明直径尺寸的标注方法。

活动 4：见图 1-1-3，为该平面图形标注尺寸，要求尺寸标注要正确、完整、清晰。

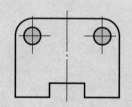

图 1-1-3 活动 4 平面图形

活动过程评价表

用于评价学生完成学习任务情况和各方面能力提升情况。

序号	项目	完成情况与能力提升评价		
		达成目标	基本达成	未达成
1	活动 1			
2	活动 2			
3	活动 3			
4	活动 4			

任务单相关资料

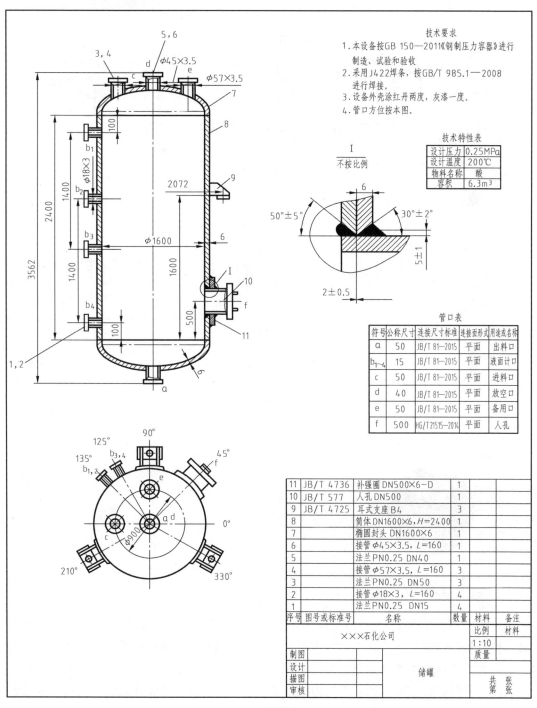

图 1-1-1 储罐装配图

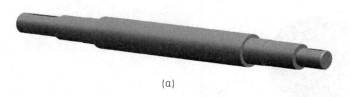

(a)

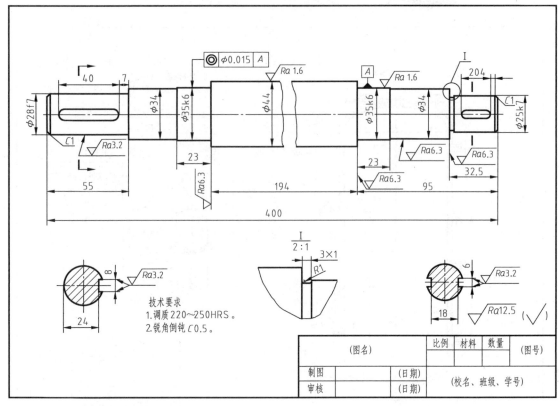

(b)

图 1-1-2　轴及轴类零件图

一、导入任务

任务单资料中的图 1-1-1 储罐装配图在化工厂中经常见到，尤其是化工相关专业的同学接触这种图纸的机会更多。在工程技术中，为了准确地表达机械、仪器、建筑物等物体的形状、结构和大小，根据投影原理、标准或有关规定画出的图形，叫做图样。图样是产品设计、制造、安装、检测等过程中重要的技术资料，是工程师表达设计意图和交流技术思想的"语言"。

二、国家制图标准识读

（一）制图标准认知

国家标准与化工行业标准示例见图 1-1-4。

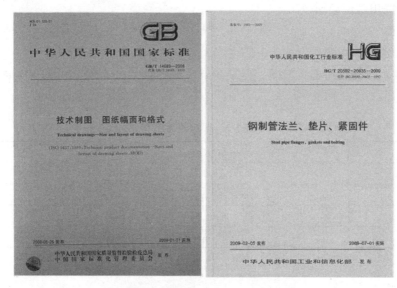

图 1-1-4　国家标准与化工行业标准示例

1. 国家标准

我国国家标准代号分为 GB 和 GB/T。国家标准的编号由国家标准的代号、国家标准发布的顺序号和国家标准发布的年号（发布年份）构成。强制性国家标准（GB）是保障人体健康，人身、财产安全的标准和法律及行政法规规定强制执行的国家标准；推荐性国家标准（GB/T）是指在生产、检验、使用等方面，通过经济手段或市场调节而自愿采用的国家标准。国家标准在全国范围内适用，其他各级标准不得与之相抵触。

图样作为工程师交流的语言，也必须有标准。国家标准《技术制图》与《机械制图》规定了图纸的幅面及格式、比例、字体、图线、尺寸标注等相关内容。

标准示例：GB/T 4457.4—2002

GB/T：表示推荐性国家标准；

4457.4：表示推荐使用的文件号为 4457.4；

2002：表示 2002 年发布。

2. 行业标准

标准示例：HG/T 20592～20635—2009

含义：化工行业推荐标准，文件号 20592～20635，2009 年发布。

对于化工行业的技术人员来说，经常参照和遵循的标准是化工行业标准，它是对化工生产中具有重复性的事物和概念所做的统一规定。对正式生产的化工产品都必须制定标准。化工标准是化工生产建设、商品流通、技术转让和组织管理共同执行的技术文件，是质量监督的依据，是实行全面质量管理的支柱和提高产品质量的保证。示例中给出的标准就是化工行业标准《钢制管法兰、垫片、紧固件》。

除了国家标准，适用范围更大的还有"国际标准化组织"制定的世界范围内使用的国际标准，代号为"ISO"。比行业标准适用范围更小的有"地区标准"和"企业标准"。

(二) 图纸幅面选用（GB/T 14689—2008）

为了使图纸幅面统一，便于装订和保管以及符合缩微复制原件要求，绘制技术图样时，应按以下规定选用图纸幅面。

1. 图纸幅面

① 应优先选用基本幅面（表 1-1-3）。

② 必要时，允许选用加长幅面。但是加长后幅面的尺寸必须是由基本幅面的短边成整数倍增加后得出。

表 1-1-3　图纸幅面尺寸

代号	A0	A1	A2	A3	A4
幅面尺寸/(mm×mm)	841×1189	594×841	420×594	297×420	210×297
a/mm	25				
c/mm	10			5	
e/mm	20		10		

注：表中 a、c、e 含义见图 1-1-5。

2. 图框格式

在图纸上必须用粗实线画出图框。

图框有两种格式：不留装订边和留装订边。同一产品中所有图样均应采用同一种格式。不留装订边的图纸，其四周边框的宽度相同（均为 e）。留装订边的图纸，其装订边宽度一律为 25mm，其他三边一致，具体格式类型见图 1-1-5。

(三) 比例确定（GB/T 14690—1993）

1. 术语

(1) 比例　图与实物相应要素的线性尺寸之比。

(2) 原值比例　比值为 1 的比例，即 1∶1。

(3) 放大比例　比值大于 1 的比例，如 2∶1。

(4) 缩小比例　比值小于 1 的比例，如 1∶4。

2. 比例系列

绘制图样时，应根据需要按表 1-1-4 中规定的"优先选择系列"选取适当的比例。为了从图样上直接反映出事物的大小，绘图时应尽量采用原值比例。

3. 标注方法

① 比例符号应以"∶"表示，如 1∶1，2∶1。

② 比例一般标注在标题栏中的比例栏内。

注意：不论采用何种比例，图形中所标注的尺寸数值必须是实物的实际大小，与图形的比例无关。

(四) 标题栏格式选择

每张图纸上必须有标题栏，标题栏位于图纸的右下角，其格式遵守 GB/T 10609.1—2008 的规定，练习图推荐使用标题栏格式见图 1-1-6，装配图使用标题栏格式见图 1-1-7。

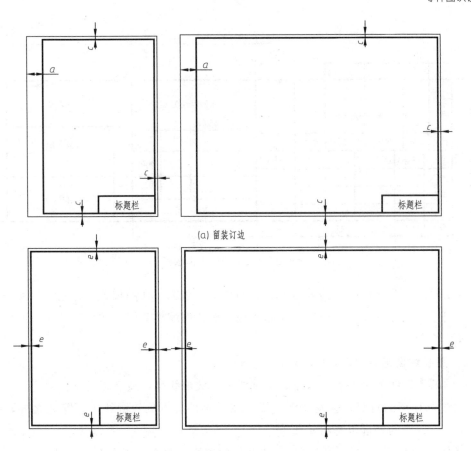

图 1-1-5 图框格式

表 1-1-4 比例系列

种类	优先选择系列	允许选择系列
原值比例	1∶1	—
放大比例	5∶1 2∶1 $5×10^n∶1$ $2×10^n∶1$	4∶1 2.5∶1 $4×10^n∶1$ $2.5×10^n∶1$
缩小比例	1∶2 1∶5 1∶10 $1∶2×10^n$ $1∶5×10^n$ $1∶10×10^n$	1∶1.5 1∶2.5 1∶3 1∶4 1∶6 $1∶1.5×10^n$ $1∶2.5×10^n$ $1∶3×10^n$ $1∶4×10^n$ $1∶6×10^n$

图 1-1-6 练习图推荐使用标题栏

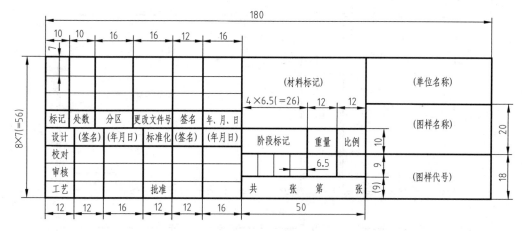

图 1-1-7 装配图使用标题栏

确定绘图图幅和比例时，需要考虑容器的总高、总宽、视图位置、标题栏尺寸和方便设备零部件编号、尺寸标注的空白区，绘制时视图按比例缩小，但标题栏尺寸是按照标准规定的尺寸进行绘制。

（五）图线线型选择（GB/T 17450—1998）

在该图纸上，线的种类有实线型、点画线型、波浪线型，线有粗有细。

① 通过与模型的对照，会发现粗实线用在了零件的可见轮廓线上。除此之外，图框也是粗实线，标题栏的外框也是粗实线。

② 标题栏的内框、与尺寸数字相关的线是细实线，图中的阴影部分也是细实线。

③ 波浪线将有阴影的图形和没有阴影的图形分开，其实这是视图和剖视的分界线。

④ 回转体指的是平面图形绕这个平面内的一条直线旋转一周所成的几何体。平面内的这条直线称为轴。轴类零件和化工设备大都是回转体，它们的轴线都是用点画线绘制。除此之外，轴对称图形的对称轴也是用细点画线绘制的。

1. 线型和图线尺寸规范

国家标准规定了 15 种基本线型。所有线型的图线宽度（d）应按图样的类型和尺寸大小在下列公比为 $1:\sqrt{2}$（$\approx 1:1.4$）的数系中选择：0.13mm，0.18mm，0.25mm，0.35mm，0.5mm，0.7mm，1mm，1.4mm，2mm。粗线、细线的宽度比例为 2:1。在同一图样中同类图线的宽度应该一致。

画图线时应注意：

① 同一图样中的同类线型应基本一致；

② 画中心线时，圆心应为线段的交点，中心线应超过轮廓线 2~5mm，当图形较小时，可用细实线代替点画线；

③ 虚线与其他图线相交时，应画成线段相交。虚线为粗实线的延长线时，不能与粗实线相接，应留有空隙。

2. 图线应用

在机械制图中常用的线型、宽度和一般应用见表 1-1-5。

模块一
零件图识读与绘制

表 1-1-5　各种图线的名称、线型、代号、宽度以及在图上的一般应用

图线名称	线型	代号	图线宽度	图线的用途
粗实线	————————	A	b	(1) 可见轮廓线 (2) 相贯线 (3) 螺纹终止线、螺纹牙顶线
细实线	————————	B	约 $b/2$	(1) 尺寸线、尺寸界线 (2) 剖面线、过渡线 (3) 重合断面线 (4) 螺纹牙底线及齿轮的齿根线 (5) 剖面线、指引线
波浪线	～～～～	C	约 $b/2$	(1) 断裂处的边界线 (2) 视图和剖视的分界线
双折线	—√—√—√—	D	约 $b/2$	断裂处的边界线
虚线	– – – – – –	F	约 $b/2$	(1) 不可见轮廓线 (2) 不可见过渡线
细点画线	— · — · — · —	G	约 $b/2$	(1) 轴线 (2) 对称中心线 (3) 轨迹线 (4) 节圆和节线
粗点画线	— · — · — · —	J	b	有特殊要求的线或表面的表示线
双点画线	— ·· — ·· — ·· —	K	约 $b/2$	(1) 相邻辅助零件的轮廓线 (2) 极限位置的轮廓线 (3) 坯料的轮廓线

　　如果图样的尺寸是以毫米为单位，那是不需标注计量单位的代号和名称的。如果不是以毫米为单位，则需要注明单位。可以看到图 1-1-2 中轴的总长度为 400mm，数字旁边的与数字平行的线是尺寸线，尺寸线上有箭头，与箭头相连的是尺寸界线。尺寸界线表示所标注尺寸的起止范围，箭头的方向与尺寸界线垂直，并且箭头细端指向尺寸界线。

(六) 尺寸标注 (GB/T 4458.4—2003)

1. 标注尺寸的基本原则

① 图样（包括技术要求和其他说明）中的尺寸，以毫米为单位时，不需要标注计量单位。

② 图样上所标注的尺寸数值为机件的真实大小，与图形的大小和绘图的精确程度无关。

③ 机件的每一尺寸，在图样上只标注一次，并应标注在反映该结构最清晰的图形中。

④ 图纸中所标注的尺寸为该机件的最后完工尺寸，否则应另加说明。

2. 尺寸要素分析（图 1-1-8）

(1) 尺寸界线　尺寸界线表示所标注尺寸的起止范围，用细实线绘制，并应由图形的轮廓线、轴线或对称中心线引出。也可以直接利用轮廓线、轴线或对称中心线作为尺寸界线。

(2) 尺寸线　尺寸线用细实线绘制。标注线性尺寸时，尺寸线必须与所标注的线段平行，相同方向的各尺寸线之间的距离要均匀，间隔要大于 5mm。尺寸线不能用图上的其他

线代替,也不能与其他图线重合或在其延长线上,并尽量避免和其他尺寸线、尺寸界线相交叉。

(3)尺寸线终端 有箭头或细斜线两种形式。箭头适用于各种类型的图样,细斜线一般适用于建筑图样。同一图中只能采用一种终端形式。图1-1-9示出了尺寸线终端的画法。

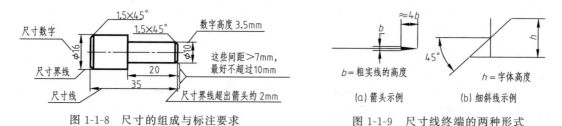

图1-1-8 尺寸的组成与标注要求   图1-1-9 尺寸线终端的两种形式

(4)尺寸数字 线性尺寸的数字一般注写在尺寸线的上方,也允许注写在尺寸线的中断处;水平方向字头向上,垂直方向字头向左。尺寸线、尺寸界线和尺寸数字的标注要求见图1-1-8。线性尺寸的数字应尽量避免在图1-1-10所示30°范围内标注;尺寸数字不可被任何图线所通过,当不可避免时必须把图线断开。

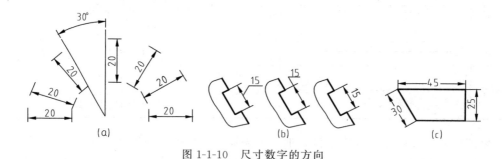

图1-1-10 尺寸数字的方向

用符号区分不同类型的尺寸,见表1-1-6。

表1-1-6 尺寸标注符号含义

符号	含义	符号	含义	符号	含义
ϕ	表示直径	×	连字符	t	表示板状零件厚度
R	表示半径	EQS	平均分布	∠	表示斜度
S	表示球面	↓	深度	⌴	沉孔或锪平

(5)角度、直径、半径及狭小部位尺寸等的标注 见表1-1-7。

表1-1-7 特殊标注

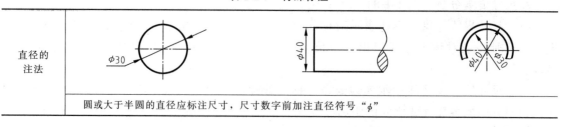

| 直径的注法 | 圆或大于半圆的直径应标注尺寸,尺寸数字前加注直径符号"ϕ" |

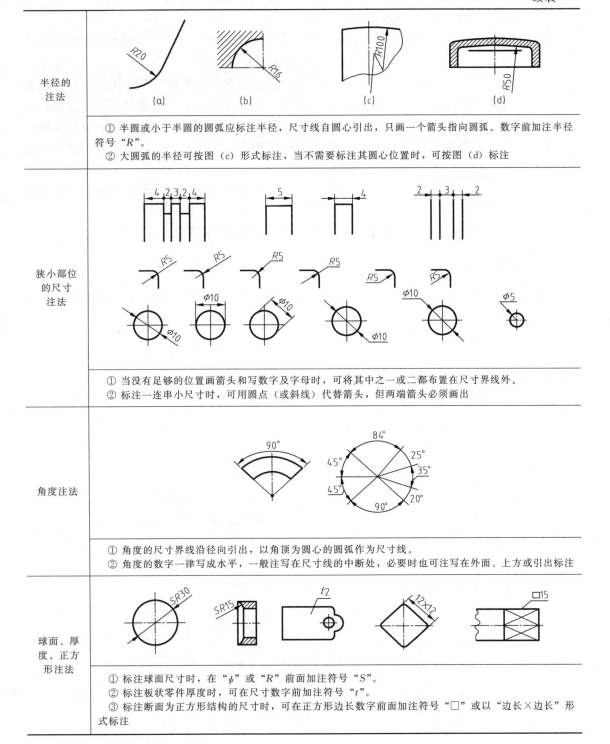

3. 尺寸标注

图形尺寸标注的基本要求是：

(1) 正确　尺寸标注要符合国家标准的相关规定。

（2）完整　把制造零件所需的尺寸都标注出来，不遗漏、不重复。
（3）清晰　尺寸布置整齐清晰，便于看图。

标注时需分清尺寸有两类，一种是定位尺寸，一种是定形尺寸。以后学习零部件的尺寸标注时还要加上总体尺寸。

① 定位尺寸：用来确定平面图形中线段间相对位置的尺寸。对于定位尺寸而言，应有标注或度量的起点，这种起点称为基准。一个平面图形应有两个坐标方向的尺寸基准，通常图形的对称线、中心线或某一主要轮廓线等作为基准。

② 定形尺寸：用于确定平面图形中各线段形状大小的尺寸。

活动 4 平面图形尺寸标注见图 1-1-11。

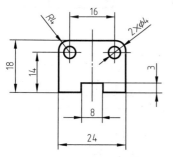

图 1-1-11　活动 4 平面图形尺寸标注

三、任务小结

前面主要学习了机械图样中有关图幅、图纸、标题栏、图线、字体、比例以及尺寸标注的《机械制图》国家标准。

模块化考核题库

标注图 1-1-12 中简单几何体的尺寸。

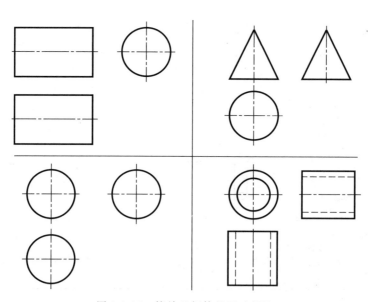

图 1-1-12　简单几何体的尺寸标注

子任务 2　用 AutoCAD 绘制图形样板文件

学习目标

能力目标

（1）能描述工作界面的组成。
（2）能进行 CAD 软件的基本操作。
（3）能完成绘图环境的设置。
（4）能使用矩形命令、修剪命令、分解命令、偏移命令、文字输入命令绘制标题栏。

素质目标

（1）通过查阅资料，动手操作完成任务，培养自学的能力。
（2）通过学习中的互联网资料搜寻、小组讨论、练习、考核等活动，进行充分的交流与合作，培养团队协作意识和吃苦耐劳的精神。

知识目标

（1）了解 CAD 软件的功能和作用。
（2）掌握 CAD 软件的基本操作，如新建文件、保存文件等。
（3）掌握命令的重复、撤销与重做，熟悉图形文件的管理。
（4）掌握设置绘图环境（设置绘图界限、图形单位、图层、线型、线宽）的方法。

（5）掌握矩形命令、修剪命令、分解命令、偏移命令的使用。
（6）掌握文字输入的方法。

学习过程要求

查阅相关资料完成任务：
活动 1：
（1）查阅资料，小组讨论。讨论 CAD 的含义并比较 CAD 与手工绘图各自的特点，填写表 1-1-8。

表 1-1-8 活动 1 表单

	优点	缺点
手工绘图		
计算机绘图		

（2）打开 AutoCAD，熟悉工作界面，对比 Word 软件工作界面，说出你认识该界面哪些部分并说明作用。

（3）用到的 AutoCAD 的基本功能主要有以下几个，要实现这些功能，你可以在软件的工作界面找到应该点击哪些图标吗？完成表 1-1-9 填写。

表 1-1-9 活动 1 表单

功能	实现途径
二维绘图功能	
编辑功能	
显示控制功能	
辅助绘图功能	

活动 2：认识并熟悉 CAD 工作界面后，请你按照参考资料完成下列操作。
（1）创建一个新的 AutoCAD 文件。
（2）改变窗口颜色为自己喜欢的颜色，改变十字光标大小为 20。
（3）设置自动储存的频率为每五分钟存储一次，设置存储位置为桌面。
（4）在绘图区画四条直线，要求分别通过命令行输入、下拉菜单输入、工具栏输入（输入 I）、鼠标右键输入四种方法画直线。
（5）选中所有直线后，删除选中的所有直线。
（6）将文件保存并命名为"学号.dwg"。
活动 3：结合资料，完成如下操作。
（1）完成 A3 图幅的设置。

(2)设置绘图窗口的颜色为白色,十字光标的大小为 50mm。

(3)设置图层。至少设置 4 个图层,图层颜色自定,见表 1-1-10。

表 1-1-10 图层的设置

名称	线型	线宽/mm
主图层(粗实线)	Continuous	0.5
细点画线	Center2	0.13
虚线	Hidden2	0.13
细实线	Continuous	0.13

(4)绘制图框,要求是不留装订边,注意图框应该是在粗实线图层。

(5)绘制标题栏,并在表格内写上文字,设置 2 种文字样式,见表 1-1-11、图 1-1-13。

表 1-1-11 文字样式设置

名称	字体名	字体样式	高度/mm	宽度比例
汉字	仿宋-GB2312	常规		0.67
数字	Italic.shx			0.67

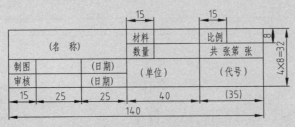

图 1-1-13 标题栏尺寸

活动过程评价表

序号	活动	完成情况		
		达成目标	基本达成	未达成
1	活动 1			
2	活动 2			
3	活动 3			

一、任务导入

观察图 1-1-14，它是用什么绘制的呢？这张图纸明显是用计算机软件绘制出来的。下面来学习如何用计算机软件绘制图纸。

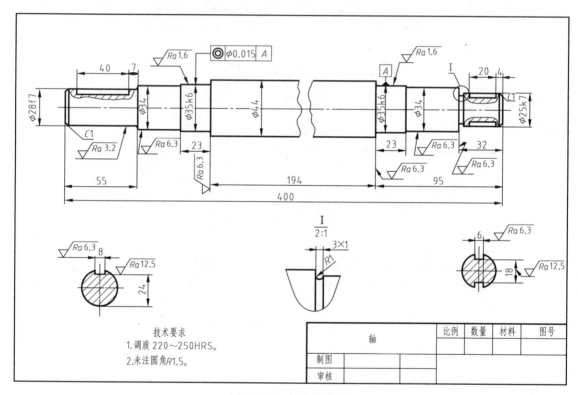

图 1-1-14 轴类零件图

二、绘制图形样板

（一）计算机辅助设计（CAD）认知

计算机辅助设计（Computer Aided Design，简写为 CAD），是指用计算机的计算功能和高效的图形处理能力，对产品进行辅助设计分析、修改和优化。它综合了计算机知识和工程设计知识的成果，并且随着计算机硬件性能和软件功能的不断提高而逐渐完善。

计算机辅助设计技术问世以来，已逐步成为计算机应用学科中一个重要的分支。它的出现使设计人员从繁琐的设计工作中解脱出来，充分发挥自己的创造性，对缩短设计周期、降低成本起到了巨大的作用。

CAD 指的是用计算机绘图，计算机绘图和手工绘图的比较就像是在 Word 文档中输字和在纸上写字之间的比较。计算机绘图优点：效率高，图案工整精确，修改比传统绘画容易，所需材料简单，很多特效处理是传统绘画很难达到的。与计算机绘图相比，手工绘图几乎没有优点。手工绘图缺点：效率低，质量差，周期长，不易于修改，所需材料多。

　　CAD 软件 AutoCAD 是由美国 Autodesk 公司于 20 世纪 80 年代初为在计算机上应用 CAD 技术而开发的绘图程序软件包，经过不断的完善，已经成为强有力的绘图工具，并在国际上广为流行。AutoCAD 可以绘制任意二维和三维图形，具有良好的用户界面，通过其交互式菜单便可以进行各种操作。需要说明的是，版本越新的 CAD 功能越多，低版本打不开高版本保存的文件，高版本可以打开低版本保存的文件。

（二）工作界面认知

　　工作界面主要由标题栏、菜单栏、工具栏、绘图区、十字光标、坐标系图标及命令栏、状态栏等组成，如图 1-1-15 所示。

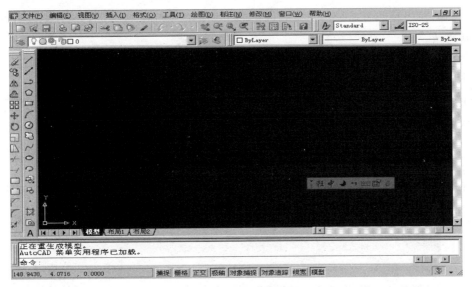

图 1-1-15　工作界面

1. 标题栏

　　标题栏在首行，显示当前正在运行的 AutoCAD 的版本图标及当前载入的文件名。最右边的三个按钮控制 AutoCAD 的状态：最小化、正常化和关闭。

2. 菜单栏

　　菜单栏位于标题栏下部，主要是调用 AutoCAD 的命令，包括文件、编辑、视图、插入、格式、工具、绘图、标注、修改、窗口、帮助等 11 组一级菜单项，如图 1-1-16 所示。

图 1-1-16　菜单栏

3. 工具栏

　　工具栏是执行各种操作最方便的途径。工具栏包含许多图标按钮，单击这些按钮就可以调用相应的 AutoCAD 命令。

执行"视图"/"工具栏…"命令弹出"自定义"对话框，再进行选择、确认，见图1-1-17。

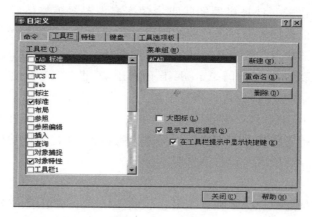

图1-1-17 工具栏

工具栏的调出有两种途径：点击视图中的工具栏或将光标移到工具条处单击右键。

4. 命令栏

命令栏是供用户通过键盘输入命令并显示相关提示的区域，如图1-1-18所示。命令行位于操作界面的底部，是用户与AutoCAD进行交互对话的窗口。在"命令："提示下，AutoCAD接受用户使用各种方式输入的命令，然后显示出相应的提示，如命令选项、提示信息和错误信息等。

命令行中显示文本的行数可以改变，将光标移至命令提示行上边框处，光标变为双箭头后，按住左键拖动即可。命令提示行的位置可以在界面的上、下，也可以浮动在绘图窗口内。将光标移至该窗口上边框处，光标变为箭头，单击并拖动即可。使用F2功能键能放大显示命令行。

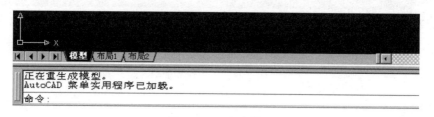

图1-1-18 命令栏

5. 状态栏

状态栏位于主窗口的底部，显示光标的当前坐标值及各种模式的状态，包括：捕捉、栅格、正交、极轴、对象捕捉、对象追踪、线宽、图纸/模型等，如图1-1-19所示。状态栏能够显示有关的信息，当光标在绘图区时，显示十字光标的三维坐标；当光标在工具栏的图标按钮上时，显示该按钮的提示信息。

图1-1-19 状态栏

状态栏上包括若干个功能按钮，它们是AutoCAD的绘图辅助工具，有多种方法控制这些功能按钮的开关：
① 单击即可打开/关闭。
② 使用相应的功能键。
③ 使用快捷菜单。在一个功能按钮上单击右键，弹出相关的快捷菜单。

6. 十字光标

十字光标用于绘图和选取对象。

7. 绘图区

绘图区是用户在屏幕上绘制和修改图形的工作区域，占据绝大部分的屏幕，为进一步扩大可以执行 Ctrl+O，以满屏方式显示绘图区。

（三）CAD 功能认知

1. 二维绘图功能

AutoCAD 系统提供了一组实体来构造图形。实体即是构成图形的元素，其类型有：点、直线、圆、圆弧、椭圆、多边形、文字、尺寸标注等。用户只要向系统发出相应的命令，即可调用这些实体，这类命令称为绘图命令。常用的绘图命令有：点、直线、圆、圆弧、椭圆、多边形、文字、多段线、样条曲线、块、图案填充、尺寸标注等。

2. 编辑功能

AutoCAD 系统提供了多种方法对实体进行修改、编辑。主要的编辑命令有：删除、修剪、偏移、打断、移动、旋转、延伸、加长、拉伸、对象特性、特性匹配、比例、复制、镜像、阵列、倒角、圆角、等分、分解、编辑多段线、尺寸编辑等。

3. 显示控制功能

AutoCAD 系统还提供了多种途径来观看生成图形的过程或观察已生成的图形。主要的显示控制命令有：缩放、平移、鸟瞰、保存和恢复视图等。

4. 辅助绘图功能

为了提高绘图速度与精确度，AutoCAD 系统为用户提供了多种辅助绘图功能。主要的辅助绘图功能有：捕捉和栅格、设置正交状态、对象捕捉、极轴追踪、对象捕捉追踪等。

（四）启动 AutoCAD

方法一：开机点击桌面上的 AutoCAD 2016 快捷方式图标。

方法二："开始"—"程序"—"AutoCAD2016 中文版"。

启动后需要选择绘图的样式，有以下几种：

1. 使用默认设置绘图

选择"启动"对话框中的"默认设置"按钮，系统提示用户选择绘图单位（英制或公制），选择后就可以进入 AutoCAD 的绘图窗口。而其他的一些绘图环境参数，则按系统默认的设置进行设置。

2. 使用样板绘图

样板文件的文件扩展名为".dwt"，通常保存在系统 AutoCAD 目录下的 Template 子目录下（图形样板就是包含用户根据绘图任务的统一要求进行的绘图环境和专业参数设置，如绘图单位类型和精度要求、绘图界限、捕捉、网格与正交设置、图层、图框和标题栏、尺寸及文本格式、线型和线宽等，但并没有图形对象的空白文件，当将此空白文件保存为".dwt"格式后就称为图形样板文件）。

使用图形样板文件开始绘图的优点在于，完成绘图任务时不但可以保持图形设置的一致性，而且可以大大提高工作效率。

（五）打开、存储图形文件

1. 打开已有的图形文件

① 点取"标准"工具条中的"打开"按钮，弹出一个"选择文件"对话框。

② 双击文件列表中的文件名（文件类型". dwg"），或输入文件名（不需要后缀），然后点击"打开"按钮。

2. 存储图形文件

用户可以将所绘制的图形以文件形式进行存盘。方法如下。

① "标准"工具栏/"保存"按钮。

② 下拉菜单"文件"/"保存"（或"另存为"）。

③ 命令：QSAVE，SAVE，SAVE AS。SAVE 命令：可给未起名的文件起名；或给已有名字的文件另起名，相当于 SAVE AS。SAVE AS 命令：可给文件另起名，新起名的文件将为当前进程处理的文件。

（六）常用的工具选项命令操作

1. 改变窗口颜色显示、十字光标大小

① 执行"工具"/"选项…"命令，弹出一个"选项"窗口。

② 确认"显示"标签，如图 1-1-20 所示。图 1-1-20 中有窗口元素、十字光标的大小等内容。可以通过输入数据或是拖动方块更改十字光标大小。

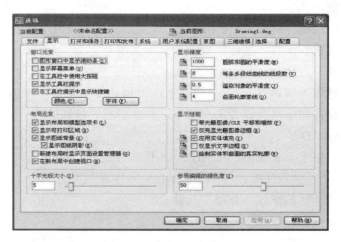

图 1-1-20 "显示"标签

③ 点击"颜色"/"图形窗口颜色"/"颜色"，选择颜色，如图 1-1-21 所示。

2. 显示隐藏工具

灰色区域空白处右击—显示隐藏工具（对号勾掉即可），若很多工具都不见了，可以执行"工具"/"选项…"命令，弹出"选项"窗口，在"配置"标签下点击重置。

3. 设置自动存储时间、位置

① 执行"工具"/"选项…"命令，弹出一个"选项"窗口。

② 选择"打开和保存"标签，如图 1-1-22 所示。

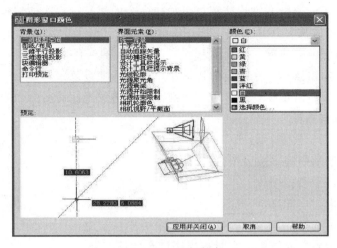

图 1-1-21　选择颜色

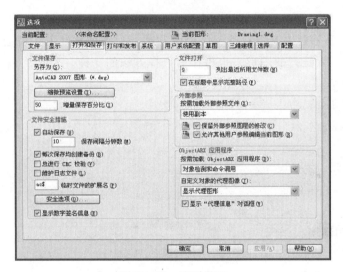

图 1-1-22　选项界面

③ 点取"文件安全措施"中的"自动保存",在其下方的输入框中输入自动保存的间隔分钟数。建议设置为 15~30min。

④ 在"文件安全措施"中的"临时文件的扩展名"输入框中,可以改变临时文件的扩展名。缺省为".ac$"。

⑤ 选择"文件"标签,在"自动保存文件"中设置自动保存文件的路径,点取"浏览"按钮修改自动保存文件的存储位置,再点取"确定"。

(七)命令输入

输入设备:键盘、鼠标。

1. 命令输入方法

① 命令行输入。

② 下拉菜单输入。

③ 工具栏输入。

④ 鼠标右键输入：执行右键快捷菜单可加速命令的执行过程，使编辑更方便。

2. 重复执行命令方法

① 按一下回车键或空格键。

② 在绘图窗口右击鼠标，在弹出的快捷菜单中选择"重复×××"。

③ 在命令行窗口右击鼠标，在弹出的快捷菜单中选"近期使用的命令"。

(八) 图形选择与删除

1. 鼠标使用

放大，缩小：滚动中键（放大镜）。

按中键不放手：平移。

按中键连击两次：全部显示。

鼠标左键：表示选择。

鼠标右键：表示确定或结束，有时相当于键盘的回车键。

2. 选择图形

① 窗口选择：从左往右选择是窗口选择（全部在框内的才会被选择上）。

② 交叉选择：从右往左选择是交叉选择（只要是经过此虚线的，就会被选择上）。

③ 按 Shift 减选要选择的图形，也可作为选择方法的一种。

④ 全选 Ctrl+A。

⑤ 取消选择：Esc；右击——全部不选。

⑥ F2 可以打开文本窗口对话框。

3. 删除命令

① "修改"菜单—删除 erase。

② 键盘上的 Delete 键。

③ 图标按钮。

(九) 设置绘图环境

绘图环境包括绘图界限、绘图精度、绘图单位等。

1. 设置绘图单位和精度

① 执行"格式"/"单位"命令，弹出一个"图形单位"对话框，如图 1-1-23 所示。

② 在"长度"区内选择单位类型和精度，工程绘图中一般使用"小数"和"0.0"。

③ 在"角度"区内选择角度类型和精度，工程绘图中一般使用"十进制度数"和"0"。

④ 在"用于缩放插入内容的单位"列表框中选择图形单位，缺省为"毫米"。

⑤ 点取"确定"按钮。

2. 设置绘图界限（Limits）

① 执行"格式"/"图形界限"命令，命令行中提示：

指定左下角点或 [开（ON）/关（OFF)]<0.0000，0.0000>：（回车）

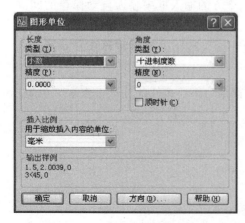

图 1-1-23 设置绘图单位和精度

指定右下角点＜420.0000，297.0000＞：

注：A0（841×1189），A1（594×841），A2（420×594），A3（297×420），A4（210×297）。

② 输入 Z（即 Zoom 命令），回车。

③ 输入 A，回车，以便将所设图形界限全部显示在屏幕上。

（十）图层认知

前面介绍了图纸需要用到的不同线型，比如中心线用点画线，轮廓线用粗实线，不可见轮廓线用虚线，尺寸线及尺寸界线用细实线来表示。为了正确快速地绘图，需要设置图层。图层是一种图形管理工具，就好比一张张重叠在一起的透明纸，一张透明纸就是一个图层。

1. 图层的概念

（1）图层的作用　可以利用图层的特性，来区分不同的对象，对图形对象进行分类，便于图形的修改和使用。

（2）图层的性质

① 名称。每个图层都有自己的名称，用以区分不同图层。

② 图层的状态。图层有打开、冻结、锁定三种状态，可以通过对它们进行设置来控制该层上图形对象的可见性及可编辑性。

③ 图层中的对象颜色。可以将不同图层设置成不同颜色。

④ 图层的线型。将不同图层设置成不同线型可以表示图中不同性质的对象。

⑤ 图层的线宽。此时设置的线宽控制的是图形对象在打印出的图纸上的宽度。

2. 图层的设置

（1）图层特性管理器

① 命令功能。在图层特性管理器中可对图层的特性进行设置、修改等管理。

② 命令打开方式如下。

- 菜单方式：【格式】→【图层…】。
- 图标方式：【对象特性】→ 。
- 键盘输入方式：LAYER。

（2）新建图层　在"图层特性管理器"中点击"新建"按钮。

（3）删除图层　在绘图期间随时都可以删除掉无用的多余图层。但不能删除当前图层、0层、依赖外部参照的图层、包含有对象的图层以及名为 DEFPOINTS 的定义点图层。

（4）设置当前图层　绘图操作总是在当前图层上进行的，要在某图层上创建对象，必须将该图层设置为当前图层。

（5）打开/关闭图层　通过打开/关闭图层可以控制图层的可见性。若将某图层关闭，则该图层上的对象在绘图区域不被显示出来，也不能打印。当前图层也可以被关闭。

3. 图线的设置

（1）线型管理器

① 命令功能。在"线型管理器"中可以对线型进行设置、修改等管理。

② 命令打开方式如下。

- 菜单方式：【格式】→【线型】。
- 键盘输入方式：LINETYPE。

③ 加载线型。

④ 删除线型：能删除随层、随块、连续线型及依赖外部参照的线型。

（2）线型设置　在"选择线型"窗口中选择需要的线型，然后选择"确定"；"选择线型"窗口中没有需要的线型时，可以选择"加载"进入"加载或重载线型"窗口。

（3）设置当前线型　用户可选择其中一种线型，然后选择"当前"按钮，即可设置该线型为当前绘图线型。

（4）设置线型比例　"线型管理器"中有"全局比例因子"和"当前对象缩放比例"两种线型比例宽设置。

HIDDEN：虚线。CENTER：中心线。CONTINUOUS：连续线。DASHED2：点画线。DIVIDE：双点画线。

（5）线宽的设置　指定图层的线宽：打开"图层特性管理器"窗口，在"线宽"窗口中选择需要的线宽，然后选择"确定"。

设置当前线宽：在"对象特性"工具栏上的"线宽"控件中设置当前的线宽。

（十一）坐标输入

前面介绍了命令输入的四种方法，画了一段直线，执行画点或直线命令时，可以用鼠标在屏幕绘图区任一位置点击左键获得一坐标点，但要精确决定某点位置，则一定要从键盘上输入该点的坐标数值。如何输入点的坐标值呢？这时候就要用坐标输入的相关知识。

1. 坐标系

（1）世界坐标系（World Coordinate System，WCS）　当用户开机进入 AutoCAD 或开始绘制新图时，系统提供的是 WCS。绘图平面的左下角为坐标系原点"0，0，0"，水平向右为 X 轴的正向，竖直向上为 Y 轴的正向，由屏幕向外指向用户为 Z 轴正向。

(a) UCS　　　(b) WCS

图 1-1-24　坐标系图标

（2）用户坐标系（User Coordinate System，UCS）　世界坐标系是固定的，不能改变。UCS 坐标系可以在 WCS 坐标系中任意定义，它的原点可以在 WCS 内的任意位置上，也可以任意旋转、倾斜，它一般多用于三维应用上。

（3）坐标系图标　如图 1-1-24 所示。

2. AutoCAD 的坐标及其输入

分类：绝对坐标和相对坐标。

（1）绝对坐标

① 直角坐标（横坐标，纵坐标，"0，0"）如图 1-1-25 所示。

命令：_point

当前点模式：PDMODE=0　PDSIZE=0.0000

指定点：50，40

② 极坐标（距离<角度，"0<0"）如图 1-1-26 所示。

命令：_line　指定第一点:0<0

指定下一点或 [放弃 (U)]：50<30

（2）相对坐标（"@0，0""@0<0"）

① 相对直角坐标，如图 1-1-27 所示。

命令：_line 指定第一点：20，20

指定下一点或［放弃（U）］：@30，20

② 相对极坐标，如图 1-1-28 所示。

命令：_line 指定第一点：20，20

指定下一点或［放弃（U）］：@40＜45

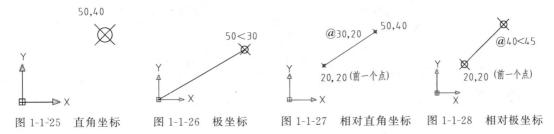

图 1-1-25 直角坐标　　图 1-1-26 极坐标　　图 1-1-27 相对直角坐标　　图 1-1-28 相对极坐标

绝对坐标是坐标原点固定的坐标系。相对坐标体现了下个坐标相对上一个坐标往前、往后、往左、往右变化了多少，在 X/Y 轴上移动了多少。

极坐标"50＜30"表示，该点在以原点为中心，以 50mm 为半径的圆上，原点至该点与 X 轴正方向成 30°。

（十二）文字样式选用

CAD 的文本功能与 Word 文档很像，都有字体名称、字体类型、字体高度、高度系数、倾斜角度。对于相同的文字对象，如果使用不同的字体、字号、倾斜角度、旋转角度以及一些其他的特殊效果进行表达，那么所显示的文字外观效果也不相同，而所有这些决定文字外观效果的因素，都可以通过【文字样式】工具进行设置与控制。

1. 命令调用方式

- 菜单：【格式】→【文字样式】。
- 工具栏：【文字】→ A。
- 命令行：STYLE。

2. 命令说明

（1）"样式名"区域　该区域的功能是新建、删除文字样式或修改样式名称。

（2）"字体"区域　该区域主要用于定义文字样式的字体。

（3）"效果"区域　用于设定文字的效果。

（4）"预览"按钮　文字样式设置好后，单击该按钮，可在文本框显示所设置文字样式的效果。

（十三）输入文本

1. 单行文字输入

（1）命令功能　在图中输入一行或多行文字。

（2）命令调用方式

- 菜单：【绘图】→【文字】→【单行文字】。
- 工具栏：【文字】→ AI。

- 命令行：DTEXT。

2. 多行文字输入

（1）命令功能　该命令用于在图中输入一段文字。

（2）命令调用方式

- 菜单：【绘图】→【文字】→【多行文字】。
- 工具栏：【文字】→ A。
- 命令行：MTEXT。

（3）步骤

输入命令：MTEXT（回车）；

指定高度：0.2000；

指定文字框的一个角顶点；

指定文字框的另一个对角顶点。

3. 特殊字符输入

（1）利用单行文字命令输入特殊字符　特殊字符的输入代码：上划线％％O，下划线％％U，角度°％％D，直径符Ø％％C，±％％P，％ ％％％。

（2）利用多行文字命令输入特殊字符　利用"多行文字编辑器"对话框中的"符号"下拉框，也可直接输入±、°、Ø 等特殊符号。

4. 编辑已有的文本

（1）用DDEDIT命令编辑文本

① 命令功能：可用于修改单行文字、多行文字及属性定义。

② 命令调用方式：

- 菜单：【修改】→【对象】→【文字】→【编辑】。
- 工具栏：【文字】→ A。
- 命令行：DDEDIT。

（2）在对象特性窗口编辑文本

① 命令功能：用于修改单行文字、多行文字等。

② 命令调用方式：

- 菜单：【修改】→【特性】。
- 命令行：PROPERTIES。

（十四）常用命令操作

1. 矩形绘制命令

（1）命令调用方式　RECTANGLE。

（2）菜单方式　【绘图】→【矩形】。

（3）图标　"修改"工具栏中 □。

2. 修剪对象

修剪对象指用作为剪切边的对象来修剪指定的对象。

（1）命令　TRIM。

（2）菜单　【修改】→【修剪】。

(3) 图标 "修改"工具栏中 ⊬ 。

3. 偏移命令
(1) 命令 OFFSET 或 O。

(2) 菜单 【修改】→【偏移】。

(3) 图标 "修改"工具栏中 ⊡ 。

4. 分解命令
(1) 命令 Explode。

(2) 菜单 【修改】→【分解】。

(3) 图标 "修改"工具栏中 ▨ 。

5. 删除图形
(1) 命令 ERASE。

(2) 菜单 【修改】→【删除】。

(3) 图标 "修改"工具栏中 ▨ 。

6. 栅格命令
(1) 命令功能 在屏幕上显示栅格，相当于在绘图区域铺了一张坐标纸。

(2) 命令调用方式
- 键盘：按 F7 键。
- 状态栏：栅格 。
- 键盘输入方式：GRID。

7. 捕捉命令
(1) 命令功能 帮助用户在屏幕上精确地定位点。

(2) 命令调用方式
- 键盘：按 F9 键。
- 状态栏：捕捉 。
- 键盘输入方式：SNAP。

注：捕捉命令一般和栅格命令配合使用，对于提高绘图精度有重要作用。

（十五）标题栏绘制

1. 创建图形文件
启动 AutoCAD 系统，新建图形文件。

2. 创建边框和标题栏
先用"Limits"命令将图纸幅面设置为 420×297，并进行全屏缩放，然后利用直线命令从点（10，10）开始绘制图框，注意打开正交或极轴，当直线呈水平或竖直状态时，直接输入距离 400 或 277（注意输入距离后回车），绘制直线，如图 1-1-29（a）、(b) 所示。

绘制标题栏。通过偏移命令偏移右边框线，偏移距离为 140mm，然后将下边框线偏移 32mm。使用修剪命令后，再利用偏移命令绘制出标题栏的其他图线，这些图线均是在细实线图层，标题栏绘制步骤如图 1-1-29（c）、(d)、(e)、(f) 所示。

3. 添加文字（图 1-1-30）
① 在添加文字前首先选择字体。选择菜单【格式】→【文字字体】，弹出"文字字体"

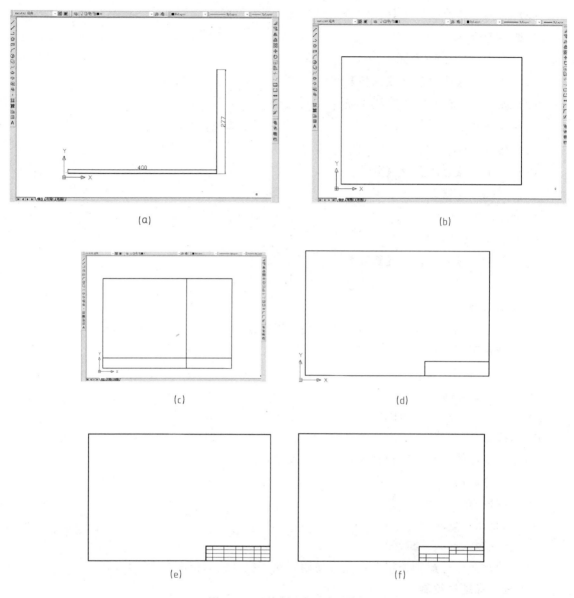

图 1-1-29 绘制边框和标题栏

对话框，单击 新建(N)... 按钮来创建一个新的文字样式，并命名为"Text"。在"字体名称"列表中选择"宋体"项，高度为 5mm，然后单击 关闭(C) 按钮返回绘图窗口。

② 利用图层特性管理器将"0"层设置为缺省值的新图层，并命名为"Text"，并将该图层置为当前层。

③ 选择"绘图"工具栏中的 A 图标，按照提示，捕捉需要输入文字方框的左下角和右上角作为输入文字的第一角点和对角点。

④ 完成以上操作后，系统将弹出"多行文字编辑器"对话框，在对话框的"字符"选项卡中，确认第一个列表框中为"宋体"项，第二个列表框高度中为"5"，然后在编辑区中输入文字，点击"多行文字对正"按钮下拉列表，选择正中对齐方式。完成设置后，单击

OK 按钮关闭对话框。

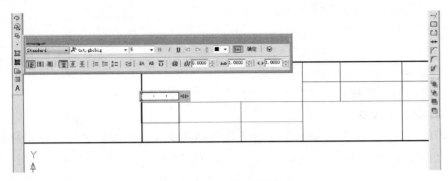

图 1-1-30 添加标题栏文字

4. 保存文件

完成上述操作后保存文件。

注意：文字居中放置在表格内，在相同尺寸的表格内可以粘贴复制，直接更改表格内的字即可。

三、任务小结

本子任务引导读者学习了计算机绘图的相关知识、AutoCAD 的主要功能、AutoCAD 的工作界面和如何设置绘图环境，对 AutoCAD 有了初步的认识；在了解了 AutoCAD 之后，通过绘制化工图样中图框与标题栏，掌握 AutoCAD 中图形界限的设置、图层的设置以及编辑工具、修改工具、输入文字等命令的使用。

（一）背诵快捷键

F1 键　打开 AutoCAD 的在线帮助。

F2 键　在绘图窗口与文本窗口之间切换。

F3 键　打开/关闭"对象捕捉"功能。

F4 键　打开/关闭"数字化仪"模式。

F5 键　循环切换等轴测平面，用于在绘制轴测图时切换轴测平面。

F6 键　打开/关闭坐标显示，在直角坐标和极坐标之间切换。

F7 键　打开/关闭"栅格"。

F8 键　打开/关闭"正交"模式。

F9 键　打开/关闭"捕捉"模式。

F10 键　打开/关闭"极轴追踪"。

F11 键　打开/关闭"对象捕捉追踪"。
Esc 键　用于取消当前执行的命令。
Enter 键　用于重复上一个命令。
Ctrl＋空格键　切换中文和英文输入模式。
Ctrl＋Shift　循环切换各种输入方法。
Shift＋空格键　切换全角和半角的字体。

(二) 绘图软件认知

在前面的内容中，提到过手工绘图由于存在一些缺点，已逐渐被计算机绘图软件所替代。计算机辅助设计与制造（CAD/CAM）技术是近年来工程技术领域中发展最迅速、最引人注目的一项高级技术，它已成为工业生产现代化的重要标志。在这里介绍几种常用的计算机辅助设计的软件。

1. AutoCAD 软件（图 1-1-31）

本书中涉及的制图（三视图、零件图、装配图、工艺图）都是二维绘图，也就是平面图。二维制图主要采用的软件就是本书中采用的 AutoCAD 软件，其是最经典、最基础的二维制图软件。Autodesk 公司首次于 1982 年开发了此款自动计算机辅助设计软件，用于二维绘图、详细绘制、设计文档和基本三维设计，现已经成为国际上广为流行的绘图工具。AutoCAD 具有良好的用户界面，通过交互菜单或命令行方式便可以进行各种操作。该软件不仅用于二维制图，也可以用来进行三维立体设计。

图 1-1-31　AutoCAD

2. CAXA 软件（图 1-1-32）

CAXA 由北京数码大方科技股份有限公司自主开发，该公司自主研发二维、三维 CAD 和 PLM 平台，是国内最早从事此领域全国产化的软件公司之一。CAXA 的产品拥有自主知识产权，产品线完整，主要提供数字化设计（CAD）、数字化制造（MES）以及产品全生命周期管理（PLM）解决方案和工业云服务。

图 1-1-32　CAXA

CAXA 电子图板是具有完全自主知识产权的二维 CAD 软件产品。它易学易用，稳定高效，性能优越，可以零风险替代各种 CAD 平台，与普通 CAD 平台相比设计效率大幅提升。

CAXA 实体设计是一套既支持全参数化的工程建模方式，又具备独特的创新模式，并且无缝集成了专业二维工程图模块的功能全面的 CAD 软件。

3. SolidWorks（图 1-1-33）

SolidWorks 公司的 SolidWorks 系列软件是一套功能相当强大的三维造型软件，三维造型是该软件的主要优势。该软件具有功能强大、易学易用、技术创新三大特点，完全采用 Windows 的窗口界面，操作非常简单，支持各种运算功能，可以进行实时的全相关性的参数化尺寸驱动，比如，当设计人员修改了任意一个零件尺寸，就会使得装配图、工程图中的尺寸均随之变动。另外，该软件的界面友好，使用全中文的窗口式菜单操作；该软件的另外一大优势是价格便宜，因此使用的单位及个人较多，比如国内相当多的中小型企业都在使用该软件。

图 1-1-33　SolidWorks

4. PRO/E（图 1-1-34）

它是现在比较流行的三维建模软件，各行业应用比较广泛。PRO/E（即 Pro/Engineer）软件以参数化著称，是参数化技术的最早应用者，在目前的三维造型软件领域中占有着重要地位。它作为当今世界机械 CAD/CAE/CAM 领域的新标准而得到业界的认可和推广，是现今主流的 CAD/CAE/CAM 软件之一，特别是在国内产品设计领域占据重要位置。

图 1-1-34　PRO/E

5. CATIA（图 1-1-35）

CATIA 是世界上一种主流的 CAD/CAE/CAM 一体化软件，支持从项目前阶段、具体的设计、分析、模拟、组装到维护在内的全部工业设计流程，广泛应用于航空航天、汽车制造、造船、机械制造、电子/电器、消费品行业，它的集成解决方案覆盖所有的产品设计与制造领域。该软件价格较贵，内存要求较大。哈尔滨飞机制造公司的飞机、汽车等产品就是应用 CATIA 软件开发设计的。

需要说明的是，虽然计算机绘图软件种类比较多，但作图、建模方法都是相通的。比如

图 1-1-35　CATIA

AutoCAD 和 CAXA 软件都可以绘制二维图形，只要掌握了 AutoCAD 软件的使用，CAXA 软件上手也很快。

模块化考核题库

填空题

1. 系统与文件控制按钮。请填写：

最大化按钮_____

最小化按钮_____

还原按钮_____

2. 命令输入的几种方式：_____

3. 命令的中断、纠正：_____

4. AutoCAD 的主要功能包括：_____
_____。

5. 快捷菜单是指_____。

6. 工作空间是指_____，AutoCAD 提供了_____、_____与_____三种典型工作空间。

任务二
绘制三视图

在化工、机械行业中，常常用到各种图纸。这些图纸会用到不同的视图来表达物体的结构形状。其中三视图是基本视图，是工程中绘图识图的基础。要读懂图纸、表达图形就要学会三视图。三视图是如何得到的？几何体三视图如何绘制？带着这些疑问，开始本任务的学习。

子任务 1　绘制点、线、面投影

学习目标

 能力目标

（1）能由点的两面投影作出第三面投影。
（2）能说出各种位置直线、平面的投影特性，并能借以判断直线、平面的空间位置。
（3）能绘制面上点和线上点。

素质目标

（1）结合资源动手、动脑，培养自主思考、总结、空间想象的能力。
（2）通过思考、动手，绘出相应的图并进行自我总结，培养自主学习能力。
（3）通过参与小组讨论、交流，小组内互帮互助、团结向上，培养团队合作能力。

知识目标

（1）掌握正投影的概念。
（2）掌握点的三面投影规律，并能由两面投影作出第三面投影；理解点的坐标与点到面的距离之间的关系；掌握两点的相对位置及重影点的识读。
（3）掌握各种位置直线、平面的投影特性，并能借以判断直线、平面的空间位置。
（4）掌握绘制面上点、线上点的方法。

学习过程要求

查阅相关资料完成任务：
活动 1：查阅资料，完成下列任务。
（1）画出三种投影的示意图。结合投影示意图说出投影、投射线、投射面的含义。
（2）说出正投影的含义和性质，并举例详细说明这些性质。
活动 2：如图 1-2-1 所示，A 点在空间中，完成下列任务。
（1）分别说出教室的哪面墙是水平投影面 H、直立投影面 V、侧立投影面 W。
（2）如图 1-2-1 所示，将投影面展开（H 面向下翻转 90°，W 面向右翻转 90°）在一个平面后，说出 A 点在展开的三个投影面中的投影规律。（提示：各个线段的长度关系、线段与坐标轴的位置关系。）
（3）已知 a、b 两点的两面投影，画出这两个点的第三面投影。

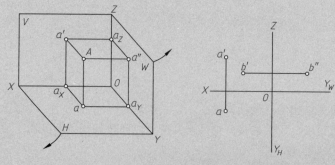

图 1-2-1 活动 2 图形

活动3：三面投影体系可以看成是空间直角坐标系，把投影面看作坐标面，把投影轴看作坐标轴。完成下列任务：

（1）根据图1-2-2说出点的坐标值与点到投影面的距离、各个线段长度的关系。

（2）已知点A（18，15，20），作出点A的三面投影图。

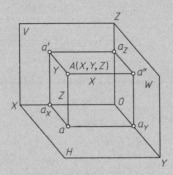

图1-2-2　活动3图形

活动4：根据图1-2-3，说出A、B两点的位置关系。（提示：谁在前？谁在右？谁在上？）

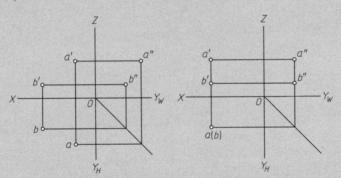

图1-2-3　活动4图形

活动5：查阅资料，根据图1-2-4，完成以下任务。

（1）作出直线AB的第三面投影。

（2）已知C点在直线AB上，根据c，求c′、c″。

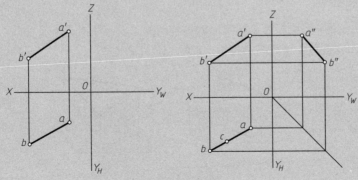

图1-2-4　活动5图形（一）

（3）直线和各个投影面有哪些位置关系？把笔当作直线，拿着手中的笔在教室内找到各个位置，并向三个投影面投影，填写表 1-2-1。

表 1-2-1　活动 5 表单

直线与投影面的位置关系	投影特性

（4）判断图 1-2-5 中各直线与投影的相对位置，并填空。

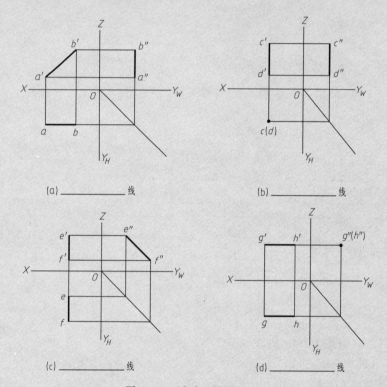

(a)_____线　　　　　　　　(b)_____线

(c)_____线　　　　　　　　(d)_____线

图 1-2-5　活动 5 图形（二）

活动 6：结合图 1-2-6 思考平面和各个投影面的各种位置关系，拿着纸向三个投影面（教室的墙）投影，将各种位置关系的投影规律写到表 1-2-2 中。

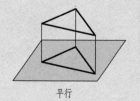 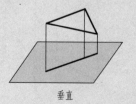 

平行　　　　　　　　垂直　　　　　　　　倾斜

图 1-2-6　不同位置平面的投影

表 1-2-2　活动 6 表单

平面与投影面的位置关系	投影特性

活动过程评价表

用于评价学生完成学习任务情况和各方面能力提升情况。

序号	项目	完成情况与能力提升评价		
		达成目标	基本达成	未达成
1	活动 1			
2	活动 2			
3	活动 3			
4	活动 4			
5	活动 5			
6	活动 6			

一、引入任务

大家小时候都玩过这样的游戏，只要一烛或一灯，甚至一轮明月，就可以通过手势的变化，创造出任何形体，如图 1-2-7 所示。在工程图中，也是运用相似的原理将物体用平面图形表示，不同之处在于工程图中是用若干个平面图形将物体的结构表达清楚。这些物体不论其复杂程度如何，都可以看成由空间几何元素点、线、面组成。各平面相交于多条棱线，各棱线又相交于点，点的投影是线、面、体投影的基础。下面从点、线、面的投影学起。

图 1-2-7 投影

二、绘制点、线、面投影

(一) 认知投影

1. 投影概念及分类

光是沿直线传播的，阳光或灯光照射物体时，在地面或墙面上会产生影像，这种投射线（如光线）通过物体，向选定的面（如地面或墙面）投射，并在该面上得到图形（影像）的方法，称为投影法。即设想将地面作为图纸平面，称为投影面；光源称为投射中心；光线为投射线，投射线通过物体，向选定的面投射；物体的影子为需要绘出的图像，称为投影（图 1-2-8）。

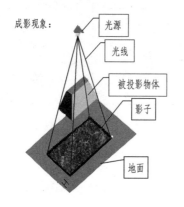 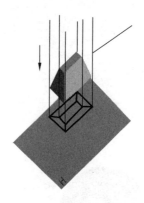

图 1-2-8 投影形成

把光由一点向外散射形成的投影，叫做中心投影，如图 1-2-9（a）所示。在一束平行光线的照射下形成的投射，叫做平行投影。平行投影分正投影和斜投影两种，其中斜投影法的投射线与投影面相倾斜，正投影法投射线与投影面相互垂直，投影如图 1-2-9（b）、（c）所示。正投影法所得到的正投影能准确反映形体的形状和大小，形体不会因为与投影面的位置关系而改变其投影的大小，度量性好，作图简便，因此正投影法是技术制图的主要理论基础。

2. 正投影法的基本特性

（1）真实性　物体上平行于投影面的平面（P），其投影反映实形，如图 1-2-10（a）所示；平行于投影面的直线（AB）的投影反映实长，如图 1-2-10（a）所示。

（2）积聚性　物体上垂直于投影面的平面（Q），其投影积聚成一条直线，如图 1-2-10（b）所示；垂直于投影面的直线（CD）的投影积聚成一点，如图 1-2-10（b）所示。

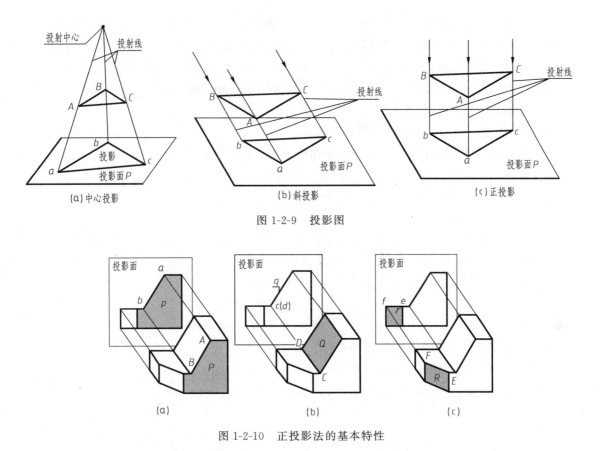

图 1-2-9 投影图

图 1-2-10 正投影法的基本特性

(3) 类似性 物体上倾斜于投影面的平面（R），其投影是原图形的类似形，如图 1-2-10 (c) 所示；倾斜于投影面的直线（EF）的投影比实长短，如图 1-2-10 (c) 所示。

（二）标注点的三面投影

三面投影体系由三个相互垂直的投影面所组成，正面用 V 表示，水平面用 H 表示，侧面用 W 表示，如图 1-2-11 所示。

如图 1-2-12（a）所示 A 点在空间中，将投影面展开（H 面向下翻转 90°，W 面向右翻转 90°）在一个平面后，A 点在展开的三个投影面中的投影标注如图 1-2-12（b）所示。

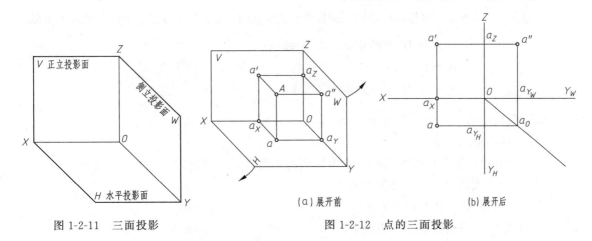

图 1-2-11 三面投影　　　　图 1-2-12 点的三面投影

① 空间点用大写字母 A、B、C、D、E……表示。
② H 面（水平投影面）投影用 a、b、c、d、e……表示。
③ V 面（直立投影面）投影用 a'、b'、c'、d'、e'……表示。
④ W 面（侧立投影面）投影用 a''、b''、c''、d''、e''……表示。

（三）归纳点的投影规律

从投影图可以看出，点的投影有如下规律。

① 点的两面投影的连线，必定垂直于相应的轴。公式表达如下：

$$\begin{cases} aa' \perp OX \\ a'a'' \perp OZ \\ aa_X = a''a_Z \end{cases}$$

② 三面投影体系可以看成空间直角坐标系，把投影面看作坐标面，把投影轴看作坐标轴。点的投影到投影轴的距离，等于空间点到相应的投影面的距离。

$$a'a_Z = aa_{Y_H} = A \text{ 点到 } W \text{ 面的距离 } Aa''$$
$$a''a_Z = a_X a = A \text{ 点到 } V \text{ 面的距离 } Aa'$$
$$a'a_X = a''a_{Y_W} = A \text{ 点到 } H \text{ 面的距离 } Aa$$

（四）已知点的两面投影求第三面投影

解法一：通过作 45°角平分线，使 $aa_X = a''a_Z$，如图 1-2-13 所示。

解法二：用圆规直接量取 $aa_X = a''a_Z$，如图 1-2-14 所示。

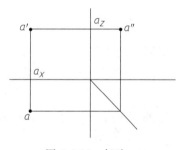

图 1-2-13　解法一

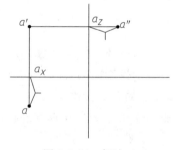

图 1-2-14　解法二

（五）归纳点的空间坐标与投影关系

已知点的 3 个坐标，可作出该点的三面投影；已知点的三面投影，可以量出该点的 3 个坐标。

$$\begin{cases} A \text{ 点到 } W \text{ 面的距离} = X \text{ 坐标} \\ A \text{ 点到 } V \text{ 面的距离} = Y \text{ 坐标} \\ A \text{ 点到 } H \text{ 面的距离} = Z \text{ 坐标} \end{cases} \Rightarrow \text{表示为 } A(X, Y, Z)$$

已知点坐标求三面投影见图 1-2-15。

（六）判断点的位置

两点的相对位置是根据两点相对于投影面的距离远近（或坐标大小）来确定的。

$$\begin{cases} X \text{ 坐标值大的点在左，小的在右。} \\ Y \text{ 坐标值大的点在前，小的在后。} \\ Z \text{ 坐标值大的点在上，小的在下。} \end{cases}$$

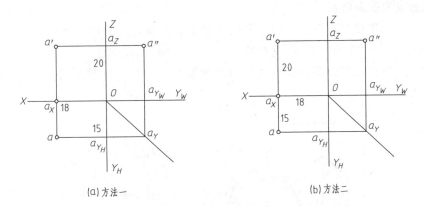

(a) 方法一　　　　　　　　(b) 方法二

图 1-2-15　已知点坐标求三面投影

注意：当两点共处于一条投射线上时，其投影必在相应的投影面上重合。这两个点被称为对该投影面的一对重影点。判断重影点的可见性时，需要看重影点在其他投影面上的投影：坐标值大的点投影可见，反之不可见。重影点的不可见点需加括号表示。

图 1-2-16 为活动 4 答案。

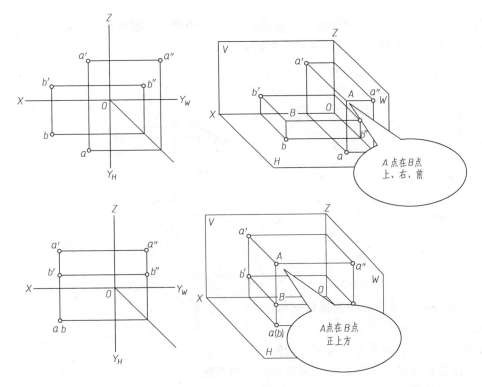

图 1-2-16　活动 4 答案

（七）认知直线的三面投影

1. 直线的三面投影

直线的投影一般仍为直线。两点确定一条直线，将两点的同面投影用直线连接，就得到直线的三面投影。注意直线的投影规定用粗实线绘制。

2. 直线上点的投影特性

直线上的点，其投影必位于直线的同面投影上，并符合点的投影规律。

如图1-2-17（a）所示，若 K 点在直线 AB 上，则 k 在 ab 上，k' 在 $a'b'$ 上，k'' 在 $a''b''$ 上。反之，若点的三面投影都落在直线的同面投影上，且其三面投影符合一点的投影规律，则点必在直线上。

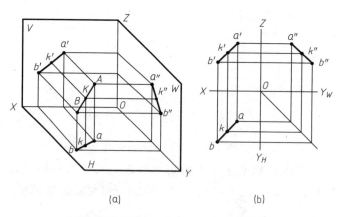

图1-2-17 直线上点的三面投影和轴测

图1-2-17（b）中，已知直线 AB 上点 K 的一个投影 k，即可根据点的投影规律，在直线的同面投影上，求得该点的另外两面投影 k' 和 k''。

活动5中（1）（2）答案如图1-2-18所示。

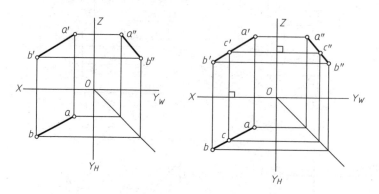

图1-2-18 活动5答案

（八）归纳不同位置直线的投影规律

按照直线对三个投影面的相对位置，可以把直线分为三类：一般位置直线、投影面平行线、投影面垂直线。后两类直线又称为特殊位置直线。

1. 一般位置直线——与三个投影面都倾斜的直线

三投影面体系中，与三个投影面都倾斜的直线称为一般位置直线。图1-2-17中的直线 AB 即为一般位置直线。一般位置直线的三面投影都倾斜于投影轴，且都不反映实长。

2. 投影面平行线——平行于一个投影面，倾斜于另外两个投影面的直线

投影面平行线又可分为三种：平行于 V 面的直线叫正平线；平行于 H 面的直线叫水平线；平行于 W 面的直线叫侧平线。表1-2-3为三种类型投影面平行线的投影特性比较。

表 1-2-3　投影面平行线的投影特性

名称	轴测图	投影图	投影特性
正平线			① $a'b'=AB$，反映 α、γ 角，反映实长 ② ab∥OX 轴，$a''b''$∥OZ 轴，短于实长
水平线			① $cd=CD$，反映 β、γ 角，反映实长 ② $c'd'$∥OX 轴，$c''d''$∥OY_W 轴，短于实长
侧平线			① $e''f''=EF$，反映 α、β 角，反映实长 ② $e'f'$∥OZ 轴，ef∥OY_H 轴，短于实长

投影面平行线的投影特性：
① 直线在与其平行的投影面上的投影，反映该线段的实长和与其他两个投影面的倾角。
② 直线在其他两个投影面上的投影分别平行于相应的投影轴，且比线段的实长短。

3. 投影面垂直线——垂直于一个投影面，平行于另外两个投影面的直线

投影面垂直线又可分为三种：垂直于 V 面的直线叫正垂线；垂直于 H 面的直线叫铅垂线；垂直于 W 面的直线叫侧垂线。表 1-2-4 为三种类型投影面垂直线的投影特性。

表 1-2-4　投影面垂直线的投影特性

名称	轴测图	投影图	投影特性
正垂线			① $a'b'$ 积聚成一点 ② ab 垂直于 OX 轴，$a''b''$ 垂直于 OZ 轴，$ab=a''b''=AB$

续表

名称	轴测图	投影图	投影特性
铅垂线			① cd 积聚成一点 ② $c'd'$ 垂直于 OX 轴，$c''d''$ 垂直于 OY_W 轴，$c'd'=c''d''=CD$
侧垂线			① $e''f''$ 积聚成一点 ② $e'f'$ 垂直于 OZ 轴，ef 垂直于 OY_H 轴，$e'f'=ef=EF$

投影面垂直线的投影特性：

① 直线在与其所垂直的投影面上的投影积聚成一点。

② 直线在其他两个投影面上的投影分别垂直于相应的投影轴，且反映该线段的实长。

（九）归纳不同位置平面的投影规律

1. 投影面平行面

空间的平面平行于一个投影面，同时垂直于另两个投影面。

$\begin{cases} 水平面：平行于 H 面，垂直于 V 面、W 面。\\ 正平面：平行于 V 面，垂直于 H 面、W 面。\\ 侧平面：平行于 W 面，垂直于 H 面、V 面。 \end{cases}$

投影面平行面的投影特性见表 1-2-5。

表 1-2-5 投影面平行面的投影特性

名称	轴测图	投影图	投影特性
正平面			① 正面投影反映实形 ② 水平投影积聚为直线并平行于 OX 轴 ③ 侧面投影积聚为直线并平行于 OZ 轴

续表

名称	轴测图	投影图	投影特性
水平面	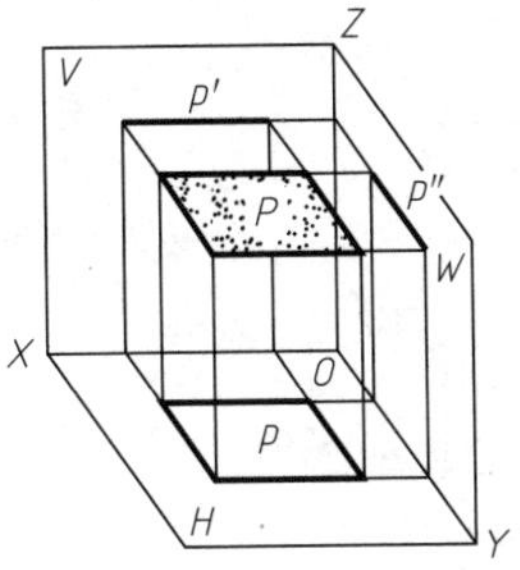	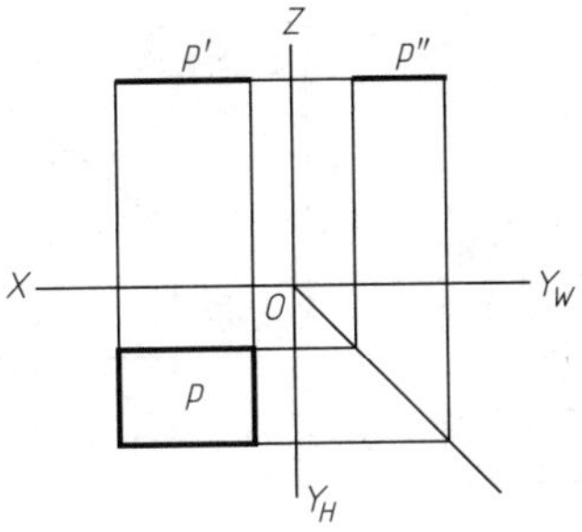	① 水平投影反映实形 ② 正面投影和侧面投影积聚为直线并分别平行于 OX、OY_W 轴
侧平面	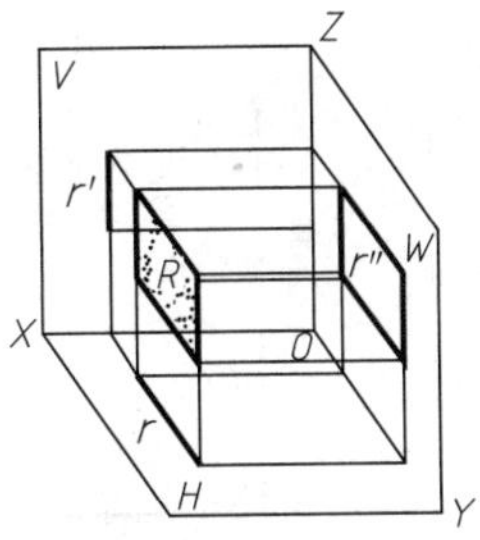	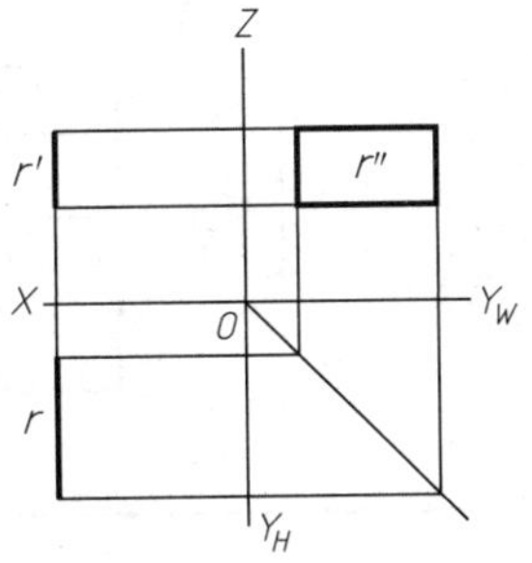	① 侧面投影反映实形 ② 水平投影积聚为直线并平行于 OY_H 轴 ③ 正面投影积聚为直线并平行于 OZ 轴

投影面平行面的投影特点：在它所平行的投影面上的投影反映其实形，另外两个投影积聚成直线并平行于相应的投影轴。（"一框两直线"）

2. 投影面垂直面

平面垂直于一个投影面，同时倾斜于另外两个投影面。

$\begin{cases} 铅垂面：垂直于 H 面，倾斜于 V、W 面。\\ 正垂面：垂直于 V 面，倾斜于 H、W 面。\\ 侧垂面：垂直于 W 面，倾斜于 H、V 面。 \end{cases}$

投影面垂直面的投影特性见表 1-2-6。

表 1-2-6 投影面垂直面的投影特性

名称	轴测图	投影图	投影特性
铅垂面	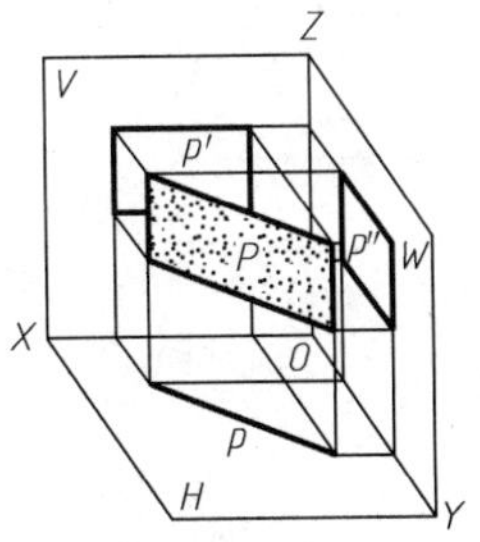	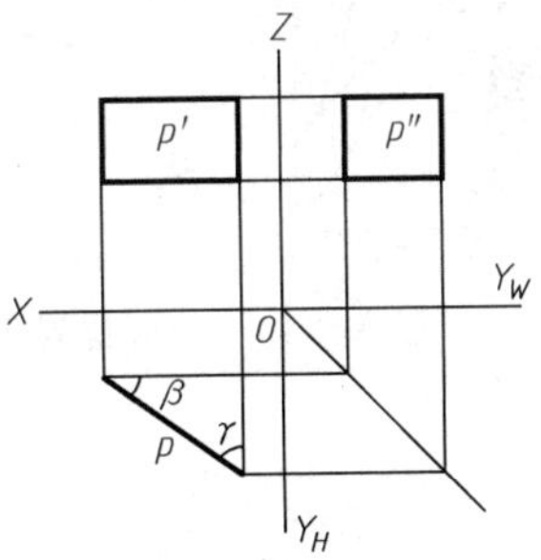	① 水平投影积聚为直线段 ② 正面和侧面投影为类似形

续表

名称	轴测图	投影图	投影特性
正垂面			① 正面投影积聚为直线段 ② 水平和侧面投影为类似形
侧垂面			① 侧面投影积聚为直线段 ② 水平和正面投影为类似形

投影面垂直面的投影特点：它所垂直的投影面上的投影积聚为直线且反映平面与另外两个投影面的倾角；其余两个投影都比实形小，但反映原平面图形的几何形状。（"两框一斜线"）

3. 一般位置平面

对三个投影面都倾斜的平面。

投影特点：不反映实形，只反映原平面图形的类似形状且小于实形。（"三个框"）

一般位置平面的投影见图 1-2-19。

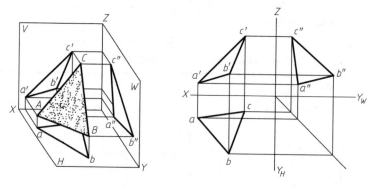

图 1-2-19　一般位置平面的投影

三、任务小结

本子任务介绍了投影的分类与特点，其中正投影方法是绘制与识读三视图用到的方法。

具体介绍了：点的三面投影规律，由两面投影作出第三面投影的方法；点的坐标与点到面的距离之间的关系；两点的相对位置；各种位置直线、平面的投影特性。

模块化考核题库

（一）填空题

1. 当空间的两点位于同一条投射线上时，它们在该投射线所垂直的投影面上的投影重合为一点，称这样的两点为对该投影面的_____。

2. 重影点判别可见性的方法为：①若两点的水平投影重合，可根据两点的_____投影判别其可见性，Z 坐标值大的点为_____（可见/不可见）；②若两点的正面投影重合，可根据两点的_____投影判别其可见性，Y 坐标值大的点为_____（可见/不可见）。

3. 点 A 的坐标为（35，20，15），则该点对 W 面的距离为_____。

4. 直线 AB 的 V、W 面投影均反映实长，该直线为_____。

5. 点 A 的坐标为（10，15，20），则该点在 V 面上方_____。

（二）选择题

1. 从 H 投影图中直接反映点到平面的距离，该平面为（　　）。
   A. 水平面　　　　B. 正平面　　　　C. 正垂面　　　　D. 铅垂面

2. 直线 AB 的正面投影反映为一点，该直线为（　　）。
   A. 水平线　　　　B. 正平线　　　　C. 铅垂线　　　　D. 正垂线

3. 一直线平行于投影面，若采用斜投影法投影该直线，则直线的投影（　　）。
   A. 倾斜于投影轴　B. 反映实长　　　C. 积聚为点　　　D. 平行于投影轴

4. 图 1-2-20 中，B 点相对于 A 点的空间位置是（　　）。
   A. 左、前、下方　B. 左、后、下方
   C. 左、前、上方　D. 左、后、上方

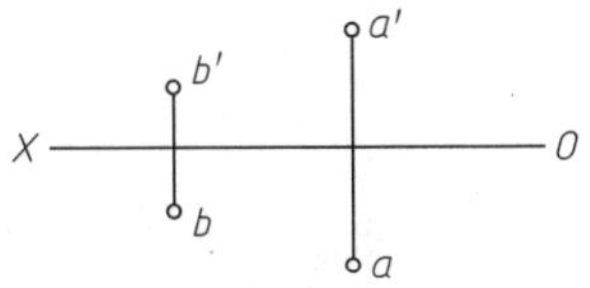

5. 直线 AB 的 V、H 面投影均反映实长，该直线为（　　）。
   A. 水平线　　　　B. 正垂线
   C. 侧平线　　　　D. 侧垂线

图 1-2-20　选择题第 4 题

6. 已知点 A（10，10，10），点 B（10，10，50），则（　　）产生重影点。
   A. 在 H 面　　　B. 在 V 面　　　C. 在 W 面　　　D. 不会

7. 正平面与一般位置平面相交，交线为（　　）线。
   A. 水平　　　　　B. 正平　　　　　C. 侧平　　　　　D. 一般位置直

8. 某平面的 H 面投影积聚成为一直线，该平面为（　　）。
   A. 水平面　　　　B. 正垂面　　　　C. 铅垂面　　　　D. 一般位置直线

9. 某直线的 V 面投影反映实长，该直线为（　　）。
   A. 水平线　　　　B. 正平线　　　　C. 侧平线　　　　D. 铅垂线

10. 直线 AB 的 W 面投影反映实长，该直线为（　　）。
    A. 水平线　　　　B. 正平线　　　　C. 侧平线　　　　D. 侧垂线

(三) 判断题

1. 两点的 V 投影能反映出点在空间的上下、左右关系。　　　　　　　　　　( )
2. 空间两直线相互平行，则它们的同面投影一定互相平行。　　　　　　　　( )
3. 投影面垂直线在所垂直的投影面上的投影必积聚成为一个点。　　　　　　( )
4. 垂直于 H 面的平面，皆称为铅垂面。　　　　　　　　　　　　　　　　( )
5. 水平投影反映实长的直线，一定是水平线。　　　　　　　　　　　　　　( )
6. 一般位置直线与三个投影面都倾斜的直线为三条缩短的斜线段。　　　　　( )

(四) 作图题

1. 见图 1-2-21，已知空间点 A、B 两点的两面投影，求其第三投影，且 A 点在 B 点的 _____ 方。

2. 见图 1-2-22，由已知点作直线的三面投影。作铅垂线 $AB=10\mathrm{mm}$，作正平线 $CD=13\mathrm{mm}$。

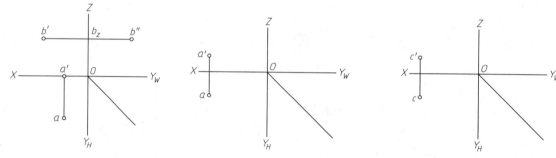

图 1-2-21　作图题第 1 题　　　　　图 1-2-22　作图题第 2 题

3. 见图 1-2-23，判断点 C 是否在 AB 直线上。

4. 见图 1-2-24，补画平面的第三投影，作出平面上点 K 的其他投影。

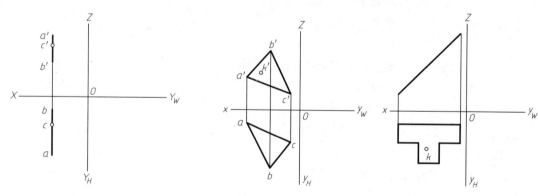

图 1-2-23　作图题第 3 题　　　　　图 1-2-24　作图题第 4 题

子任务 2　绘制几何体三视图

学习目标

能力目标

（1）能够正确判断空间立体的三视图。
（2）能绘制与识读简单几何体的三视图。
（3）能绘制简易相贯线。
（4）能根据组合体不同的表面连接关系画出正确的组合体三视图。

素质目标

（1）通过自主观看视频，找到正确答案，培养自主学习的能力。
（2）通过学习中的互联网资料搜寻、小组讨论、归纳等活动，进行充分的交流与合作，培养细致、严谨的学习态度和团结合作的科学精神。

知识目标

（1）掌握三视图的概念。
（2）掌握三视图成图原理及规律。
（3）掌握绘制几何体三视图的方法。
（4）掌握组合体表面连接关系。

学习过程要求

查阅相关资料完成任务：

活动1：查阅三视图相关资料，完成下列任务。

（1）将手中的橡皮或手机向三面投影，画出三视图，并根据以上的操作说出三视图的定义。

（2）在纸上标注主视图、左视图、俯视图。

活动2：根据图1-2-25，回答下列问题。

（1）说出图中所示的几何体各个面是什么位置的平面以及特殊位置的直线名称。

（2）画出三个几何体的三视图（尺寸自定）。

（3）分别画出图中所示三个几何体上M点在三个视图上的投影。

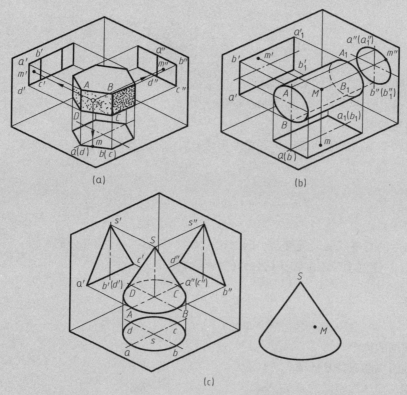

图1-2-25　活动2几何体

活动3：画图1-2-26所示几何体的三视图（尺寸自定），正三棱锥底面与水平投影面平行，后面的棱面垂直于侧投影面。

活动4：图 1-2-27 是两个圆柱体相交得到的模型，从模型中你发现了什么问题？试将这个模型的三视图画出，并指出这个相交线的三面投影。

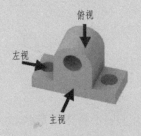
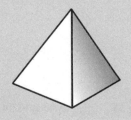

图 1-2-26　活动 3 几何体　　　　　　图 1-2-27　活动 4 模型

活动5：绘制图 1-2-28 所示几何体的三视图，注意投影关系，尺寸自定。

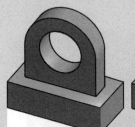
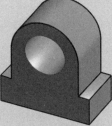
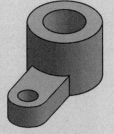
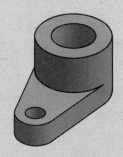

图 1-2-28　活动 5 模型

活动过程评价表

用于评价学生完成学习任务情况和各方面能力提升情况。

序号	项目	完成情况与能力提升评价		
		达成目标	基本达成	未达成
1	活动 1			
2	活动 2			
3	活动 3			
4	活动 4			
5	活动 5			

一、导入任务

大家都学过这样一句诗:"横看成岭侧成峰,远近高低各不同。"为了展示物体的形状和大小,需要从不同的角度,用多个视角去观察。图 1-2-29 中,三幅图分别是从哪个方向观察词典得到的视图?

化工生产中会用到很多设备,如图 1-2-30 所示的储罐,用以存放酸、碱、醇等提炼的化学物质。它一般需要几个视图?

图 1-2-29 词典视图

图 1-2-30 储罐图

二、绘制几何体三视图

为了能完整确切地表达物体的形状和大小,必须从多方面观察物体,在实践中,通常选择从上面、正面、左面三个方向观察物体,由此引出本子任务的主要内容——三视图。

(一) 认知三视图

1. 视图、三视图概念

物体向投影面投影所得到的图形称为视图。

如果物体向三个互相垂直的投影面分别投影,所得到的三个图形摊平在一个平面上,就是三视图,如图 1-2-31 (a)、(b) 所示。

从几何体的前面向后面正投影,得到的投影图称为几何体的正视图(主视图)。

从几何体的左面向右面正投影,得到的投影图称为几何体的侧视图(左视图)。

从几何体的上面向下面正投影,得到的投影图称为几何体的俯视图。

俯视图放在主视图的下面,长度与主视图一样;左视图放在主视图的右面,高度与主视图一样,宽度与俯视图的宽度一样,如图 1-2-31 (b) 所示。

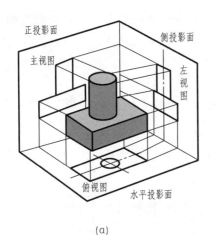 

(a)   (b)

图 1-2-31　三视图的形成

> 记忆口诀：长对正，高平齐，宽相等；主俯一样长，主左一样高，俯左一样宽。

三视图的对应关系见图 1-2-32。

2. 回转体三视图

图 1-2-33 为生活中常见圆柱体——水杯。圆柱是个回转体，两个视图就可以了。"导入任务"中的储罐图也可只用两个视图表达。

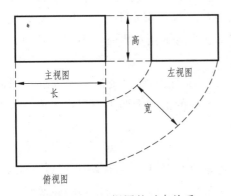 

图 1-2-32　三视图的对应关系   图 1-2-33　水杯

(二) 绘制几何体三视图和面上点的投影

1. 平面上的点和直线

点和直线在平面的几何条件是：

① 若点在平面内的一条直线上，则该点必在该平面上；

② 若直线通过平面上的两个点，或通过平面上的一个点且平行于属于该平面的任意直线，则直线在该平面上。

2. 棱柱

以正六棱柱为例。正六棱柱，由上、下两底面（正六边形）和六个棱面（长方形）组成。将其放置成上、下底面与水平投影面平行，并有两个棱面平行于正投影面。上、下两底面均为水平面，它们的水平投影重合并反映实形，正面及侧面投影积聚为两条相互平行的直线。六个棱面中的前、后两个为正平面，它们的正面投影反映实形，水平投影及侧面投影积聚为一直线。其他四个棱面均为铅垂面，其水平投影均积聚为直线，正面投影和侧面投影均为类似形。

棱柱的三视图作图方法与步骤如图 1-2-34 所示：

① 作正六棱柱的对称中心线和底面基线，画出具有形状特征的投影——水平投影（即特征视图）。

② 根据投影规律作出其他两个投影。

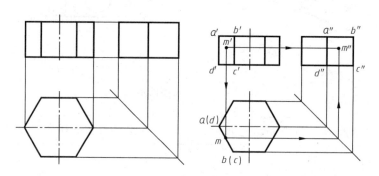

图 1-2-34　棱柱的三视图及点上投影

如图 1-2-34 所示，已知棱柱表面上点 M 的正面投影 m'，求作它的其他两面投影 m、m''。因为 m' 可见，所以点 M 必在面 $ABCD$ 上。此棱面是铅垂面，其水平投影积聚成一条直线，故点 M 的水平投影 m 必在此直线上，再根据 m、m' 可求出 m''。由于 $ABCD$ 的侧面投影为可见，故 m'' 也为可见。（注意：点与积聚成直线的平面重影时，不加括号。）

3. 圆柱

如图 1-2-35（a）所示，圆柱轴线为铅垂线，圆柱面上所有素线都是铅垂线，因而圆柱面的水平投影积聚为圆，正面和侧面投影为矩形，圆柱的上、下两端面为水平面，其水平投影反映圆的实形，正面和侧面投影积聚为直线。

圆柱的俯视图为圆，它既反映上端面（可见）及下端面（不可见）的实形，又是圆柱面的积聚性投影，圆柱面上任何点、线的水平投影都落在圆周上。主视图为一矩形线框，上、下两条直线为上、下端面圆的积聚投影，左、右两条直线为圆柱正面投影的轮廓线，它们分别是圆柱面上最左、最右素线 AB、CD 的正面投影。主视图中，以最左、最右素线为界，前半圆柱可见，后半圆柱不可见。这两条轮廓线的侧面投影与轴线的侧面投影重合，因为它们不是圆柱侧面投影的轮廓线，故其侧面投影不应画出。圆柱的左视图也是一矩形线框，但左视图中圆柱的轮廓线是圆柱面上最前、最后素线 EF、GH 的侧面投影。

图 1-2-35（b）所示为圆柱的三视图。画圆柱的三视图时，应先画出中心线、轴线和轴向定位基准（如下端面），其次画投影为圆的视图，然后再画其余两个视图。

如图 1-2-35（b）所示，已知圆柱面上点 M 的侧面投影 (m'') 和点 N 的正面投影 n'，求其另两面投影。

先判别 M、N 的空间位置。

由 (m'') 的位置可知 M 点位于前半圆柱面的右半部分，根据圆柱面水平投影的积聚性可求得 m，由 m 和 m'' 可求出 m'，由于点位于前半圆柱面上，故 m' 可见。

由 n' 可知 N 点位于圆柱面的最右素线上,可在最右素线的同名投影上求得 n 和 n'',由于最右素线的侧面投影不可见,故 n'' 不可见。求得结果见图 1-2-35 (c)。

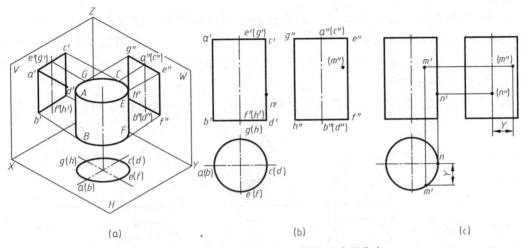

图 1-2-35 圆柱的轴测图、三视图和表面取点

4. 圆锥

圆锥由圆锥面和底面(圆形平面)围成。圆锥面上连接锥顶点和底圆圆周上任一点所得到的直线皆称为圆锥面的素线。

图 1-2-36 (a) 所示的圆锥,其轴线为铅垂线,底面为水平圆,其水平投影反映实形(不可见),另两面投影积聚为直线。

图 1-2-36 (b) 所示为圆锥的三视图。圆锥面的三个投影都没有积聚性,其水平投影与底圆的水平投影重合,圆锥面正面投影的轮廓线为最左、最右素线 SA、SB 的正面投影,圆锥面的正面投影落在三角形线框内。以 SA、SB 为界,前半圆锥面可见,后半圆锥面不可见,最左、最右两素线的侧面投影与轴线的侧面投影重合,不应画出。

画圆锥的三视图时,应先画出中心线、轴线和轴向基准线(底面)。然后画出投影为圆的俯视图,再根据圆锥的高度画出锥顶点的投影,进而画出其他两个非圆视图。

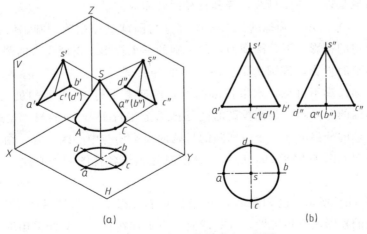

图 1-2-36 圆锥的轴测图和三视图

如图 1-2-37 所示，已知圆锥上 M 点的正面投影 m'，求其另两个投影。由于圆锥面的投影没有积聚性，且 M 点不处在最外轮廓素线上，必须利用辅助线求点的投影。

方法一：辅助素线法。

如图 1-2-37 所示，过锥顶和 M 点所作辅助线 SI 是圆锥面上的一条素线（直线）。作出该辅助素线的投影，即在图 1-2-37（b）中连接 $s'm'$ 并延长，与底面圆周交于 $1'$，再求出 $s1$ 和 $s''1''$。根据直线上点的作图方法，可在 $s1$ 和 $s''1''$ 上求得 m 和 m''。需注意：利用辅助素线法作的辅助线必须过锥顶。

由 m' 可知 M 点位于右半圆锥面上，则 m'' 不可见，但水平投影 m 可见。

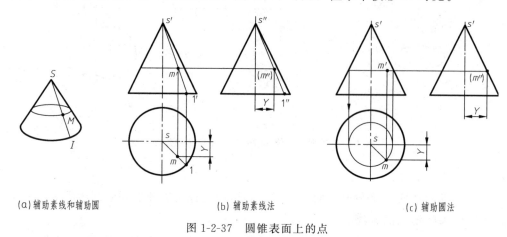

(a) 辅助素线和辅助圆　　(b) 辅助素线法　　(c) 辅助圆法

图 1-2-37　圆锥表面上的点

方法二：辅助圆法。

如图 1-2-37（a）所示，在圆锥面上作出过 M 点的水平辅助圆，然后在图 1-2-37（c）中过 m' 作垂直于轴线的直线，即辅助圆的正面投影。辅助圆的水平投影反映实形，该圆的半径可由其正面投影决定。根据点的投影规律，可在该圆上求得 m，由 m' 和 m 可求得 m''。

所求点位于圆锥的最外轮廓素线（如最左、最右、最前、最后素线）上时，不必作辅助线，可直接在该素线或底面的投影上求点。

5. 圆球

圆球可以看成是以一圆作母线，绕其直径回转而成的。

如图 1-2-38（a）所示，圆球的三个视图都是与圆球直径相等的圆，但它们分别是从三个方向投射时所得的投影，不是圆球面上同一圆的三个投影。正面投影的圆是球面上平行于 V 面的最大轮廓圆的投影，该圆为前、后半球的分界圆，以它为界，前半球的正面投影可见，后半球的正面投影不可见；水平投影的圆是球面上平行于 H 面的最大轮廓圆的投影，该圆为上、下半球的分界圆；侧面投影的圆是球面上平行于 W 面的最大轮廓圆的投影，该圆为左、右两半球的分界圆。三个轮廓圆的另两面投影均与中心线重合，图中不应画出。

圆球的三视图如图 1-2-38（b）所示，画图时先画出各视图的中心线，然后以相同半径画圆即可。

如图 1-2-38（b）所示，已知圆球上 M 点的正面投影 m'，求其另两投影。

由于圆球面的投影没有积聚性，且圆球面上也不存在直线，只能采用辅助圆法，即在圆球面上过 M 点作平行于投影面的辅助圆（水平圆、正平圆和侧平圆）。先分析 M 的空间位置。由 m' 可知，M 点位于前半球的右上部，如图 1-2-38（c）所示。过 M 点作辅助圆，然后在图 1-2-38（b）中过 m' 作垂直于 OZ 轴的直线 $1'2'$，它是水平辅助圆的积聚投影，以其长度为直径可作出辅助圆的水平投影。根据点的投影规律，由 m' 在辅助圆的右前部位可求得 m，由 m' 和 m 可求得 m''。由于 M 点位于上半球，则 m 可见；由于 M 点位于右半球，则 m'' 不可见。

所求点处在平行于任一投影面的最大轮廓圆上时，不必作辅助圆，可直接在该轮廓圆的投影上求点的投影。

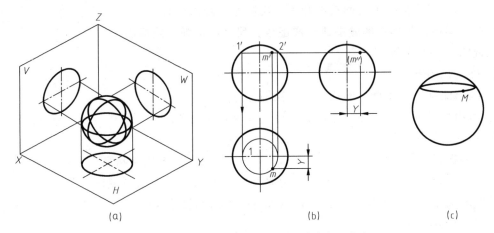

图 1-2-38 圆球的轴测图、三视图及表面取点

图 1-2-39 为活动 3 物体三视图。

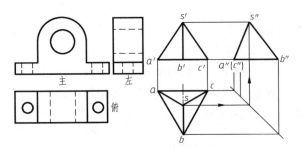

图 1-2-39 活动 3 物体三视图

6. 正三棱锥

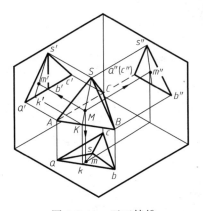

图 1-2-40 正三棱锥

正三棱锥，它的表面由一个底面（正三角形）和三个侧棱面（等腰三角形）围成，设将其放置成底面与水平投影面平行，并有一个棱面垂直于侧投影面，如图 1-2-40 所示。由于锥底面 △ABC 为水平面，所以它的水平投影反映实形，正面投影和侧面投影分别积聚为直线段 $a'b'c'$ 和 $a''(c'')b''$。棱面 △SAC 为侧垂面，它的侧面投影积聚为一段斜线 $s''a''(c'')$，正面投影和水平投影为类似形 △$s'a'c'$ 和 △sac，前者为不可见，后者可见。棱面 △SAB 和 △SBC 均为一般位置平面，它们的三面投影均为类似形。

棱线 SB 为侧平线，棱线 SA、SC 为一般位置直线，棱线 AC 为侧垂线，棱线 AB、BC 为水平线。

作图方法与步骤如下：

① 作正三棱锥的对称中心线和底面基线，画出底面△ABC 水平投影的等边三角形（即特征视图）。

② 根据正三棱锥的高度定出锥顶 S 的投影位置，然后在正面投影和水平投影上用直线连接锥顶与底面四个顶点的投影，即得四条棱线的投影。

③ 根据投影规律，由正面投影和水平投影作出侧面投影。

7. 在视图中，被挡住的轮廓线画成虚线，尺寸线用细实线标出

三视图的作图步骤：

① 确定视图方向。

② 画出能反映物体真实形状的一个视图。

③ 运用长对正、高平齐、宽相等的原则画出其他视图。

④ 检查，加深，加粗。

由三视图描述几何体（或实物原型），一般先根据各视图想象从各个方向看到的几何体形状，然后综合起来确定几何体（或实物原型）的形状，再根据三视图"长对正、高平齐、宽相等"的关系，确定轮廓线的位置，以及各个方向的尺寸。

（三）绘制相贯线

异径两圆柱相交，得到的交线为相贯线，相贯线为马鞍形空间曲线，在投影非圆的视图上，可以用圆弧近似画出。在实际作图的过程中为了方便起见，对常见的圆柱与圆柱的相贯线采用近似画法。

近似画法的要领概括如下：以大圆柱的半径为半径，在小圆柱的轴线上找圆心，向着大圆柱轴线弯曲画圆弧（及以圆弧来代替）。

大多数情况下的相贯线是零件加工后自然形成的交线，所以，零件图上的相贯线实质上只起示意的作用，在不影响加工的情况下，还可以采用模糊画法表示相贯线。

活动 4 相贯线投影图见图 1-2-41。

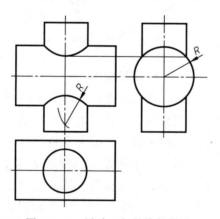

图 1-2-41 活动 4 相贯线投影图

化工设备有很多类似结构，如图 1-2-42 所示换热器与三通。

图 1-2-42 换热器与三通

若两个圆柱直径相同，相贯线是直线，如等径三通的相贯线。等直径圆柱相交、三通见图 1-2-43。等径圆柱相交相贯线见图 1-2-44。

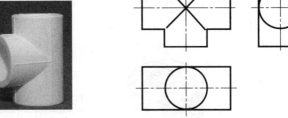

图 1-2-43 等直径圆柱相交、三通　　　　图 1-2-44 等径圆柱相交相贯线

（四）绘制不同表面连接方式组合体

任何复杂的物体，从形体角度看，都可认为是由若干个基本形体按一定的连接方式组合而成的。由两个或两个以上基本形体组成的物体，称为组合体。组合体中的各个基本形体表面有多种组合方式。

1. 两表面不平齐

当相邻两形体的表面不平齐时，应存在分界面，在俯视图和左视图中都表达出来，在主视图中其分界处应画分界线，如图 1-2-45 所示。

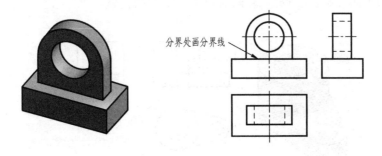

图 1-2-45 组合体两表面不平齐

2. 两表面平齐

当相邻两形体的表面平齐时，无分界面，在俯视图和左视图中积聚为一条直线，在主视图中就没有分界线，如图 1-2-46 所示。

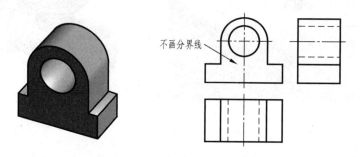

图 1-2-46　组合体两表面平齐

3. 两表面相交

当相邻两形体的表面相交时，相交处有交线，在主视图中应画出交线，该交线在俯视图中积聚为一点，在左视图中与轮廓线重合。如图 1-2-47 所示组合体，底板的侧面与圆柱面是相交关系，故在主、左视图中相交处应画出交线。

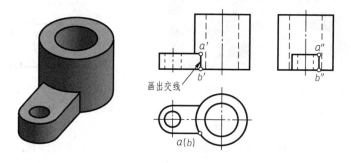

图 1-2-47　组合体两表面相交

4. 两表面相切

当相邻两形体的表面相切时，其分界处光滑连接，相切处不画分界线，而切点则是区分两形体的分界点。如图 1-2-48 所示组合体，它是由底板和圆柱体组成，底板的侧面与圆柱面相切，在相切处形成光滑的过渡，因此主视图和左视图中相切处不应画线，此时应注意两个切点 A、B 的正面投影 a'、(b') 和侧面投影 a''、b'' 的位置。

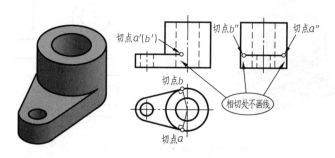

图 1-2-48　组合体两表面相切

三、任务小结

本子任务介绍了三视图的定义、投影规律、简单几何体三视图的画法、组合体表面连接关系、相贯线的概念及绘制方法。其中三视图之间的投影规律为正视图与俯视图"长对正"，正视图与侧视图"高平齐"，俯视图与侧视图"宽相等"。该投影规律非常重要，需要牢记。此外，还需注意在画几何体的三视图时，能看得见的轮廓线或棱用实线表示，看不见的轮廓线或棱用虚线表示。

模块化考核题库

（一）填空题

1. 基本视图的"三等关系"为：＿＿＿＿视图＿＿＿＿；＿＿＿＿视图＿＿＿＿；＿＿＿＿视图＿＿＿＿。

2. 主视图所在的投影面称为＿＿＿＿，简称＿＿＿＿，用字母＿＿＿＿表示。俯视图所在的投影面称为＿＿＿＿，简称＿＿＿＿，用字母＿＿＿＿表示。左视图所在的投影面称为＿＿＿＿，简称＿＿＿＿，用字母＿＿＿＿表示。

3. 工程上常采用的投影法是平行投影法和＿＿＿＿法，其中平行投影法按投射线与投影面是否垂直又分为＿＿＿＿和＿＿＿＿。

（二）选择题

1. 在三视图中，主视图反映物体的（　　）。
 A. 长和宽　　　　　B. 长和高　　　　　C. 宽和高

2. 主视图与俯视图（　　）。
 A. 长对正　　　　　B. 高平齐　　　　　C. 宽相等

3. 为了将物体的外部形状表达清楚，一般采用（　　）个视图来表达。
 A. 三　　　　　　　B. 四　　　　　　　C. 五

4. 三视图是采用（　　）得到的。
 A. 中心投影法　　　B. 正投影法　　　　C. 斜投影法

5. 能够正确反映物体长、宽、高尺寸的正投影工程图为三视图，包含（　　）等基本视图。
 A. 主视图　　　　　B. 俯视图　　　　　C. 左视图

6. 三视图的投影规律是（　　）。
 A. 主视图、俯视图长对正
 B. 主视图、左视图高平齐
 C. 俯视图、左视图宽相等

（三）作图题

1. 见图1-2-49，补画俯、左视图中的漏线，标出立体图上 A、B、C 三点的两面投影，并填空：AB 是＿＿＿＿线，BC 是＿＿＿＿线，CA 是＿＿＿＿线。

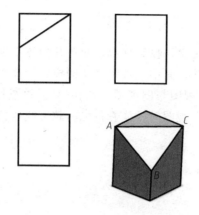

图 1-2-49 作图题第 1 题

2.见图 1-2-50，已知正三棱台的主、俯视图，作左视图，并填空：

三棱台各棱线中有 _____ 条水平线，_____ 条正平线，_____ 条正垂线，_____ 条一般位置直线。

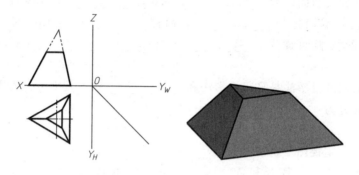

图 1-2-50 作图题第 2 题

（四）绘制三视图

图 1-2-51 所示四种形体，分别是化工设备中四种零件的立体图，图（a）、（b）、（c）、（d）所示形体分别为筒体、椭圆形封头、补强圈、法兰盘。绘出它们的三视图并标注尺寸。

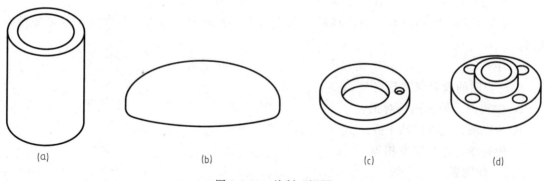

图 1-2-51 绘制三视图

子任务 3 用 AutoCAD 绘制简单平面图形

学习目标

能力目标

(1) 能绘制简单二维图形。
(2) 能调用、输入常用的编辑、修改命令。
(3) 能按照情况选取需要的命令。

素质目标

(1) 通过查阅资料,动手操作完成任务,培养自学的能力。
(2) 通过学习中的互联网资料搜寻、小组讨论、练习、考核等活动,进行充分的交流与合作,培养团队协作意识和吃苦耐劳的精神。

知识目标

(1) 掌握常用二维绘图命令的使用方法,能绘制简单二维图形。
(2) 掌握常用图形编辑命令的使用方法。
(3) 掌握利用夹点对图形进行快速编辑的方法。
(4) 掌握常用修改命令的使用方法。

学习过程要求

查阅资料,使用 AutoCAD 绘制图 1-2-52~图 1-2-57 所示的图形(不标注尺寸)。

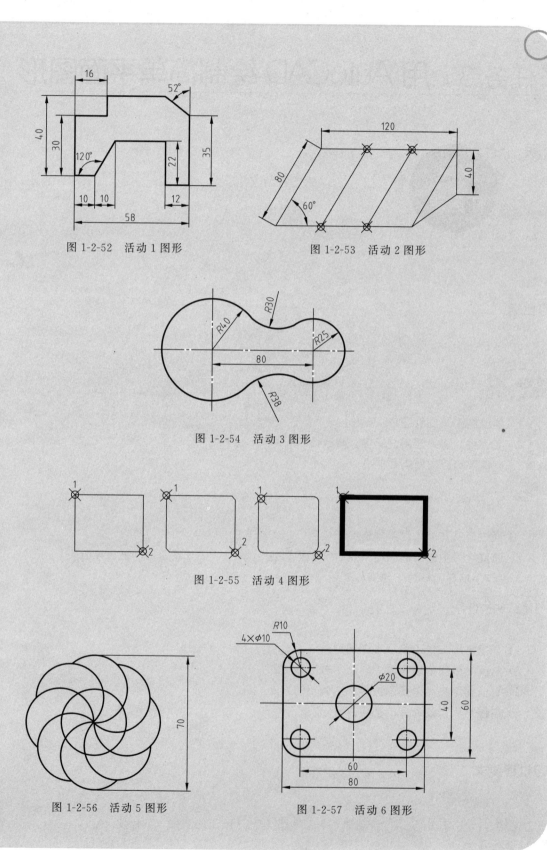

图 1-2-52 活动 1 图形

图 1-2-53 活动 2 图形

图 1-2-54 活动 3 图形

图 1-2-55 活动 4 图形

图 1-2-56 活动 5 图形

图 1-2-57 活动 6 图形

活动过程评价表

用于评价学生完成学习任务情况和各方面能力提升情况。

序号	项目	完成情况与能力提升评价		
		达成目标	基本达成	未达成
1	活动1			
2	活动2			
3	活动3			
4	活动4			
5	活动5			
6	活动6			

一、用 AutoCAD 绘制平面图形

(一) 直线绘制命令操作

1. 命令调用方式

- 菜单方式：【绘图】→【直线】。
- 图标方式：✎。
- 键盘输入方式：LINE。

2. 操作过程

命令：Line（回车）

指定第一点：（输入一点作为线段的起点）

指定下一点或 [放弃（U）]：

指定下一点或 [放弃（U）]：

指定下一点或 [闭合（C）/放弃（U）]：

(二) 正交命令操作

1. 命令功能

限定光标在任何位置都只能沿水平或竖直方向移动，即只能绘制出水平线和垂直线，不能绘制斜线。

2. 命令调用方式
- 键盘：按 F8 键。
- 图标方式：正交。
- 键盘输入方式：ORTHO。

3. 活动 2 画图操作步骤

① 单击绘图工具栏上【直线】按钮，指定第一点坐标 0，0 ↙
② 指定下一点或［放弃（U）］：@ 10，0 ↙
③ 指定下一点或［放弃（U）］：@ 20＜60 ↙
④ 指定下一点或［闭合（C）/放弃（U）］：@ 26，0 ↙
⑤ 指定下一点或［闭合（C）/放弃（U）］：@ 0，-22 ↙
⑥ 指定下一点或［闭合（C）/放弃（U）］：@ 12，0 ↙
⑦ 指定下一点或［放弃（U）］：@ 0，35 ↙
⑧ 单击鼠标右键结束直线命令。
⑨ 再单击绘图工具栏上【直线】按钮，指定第一点坐标：0，0 ↙
⑩ 指定下一点或［闭合（C）/放弃（U）］：@ 0，30 ↙
⑪ 指定下一点或［闭合（C）/放弃（U）］：@ 16，0 ↙
⑫ 指定下一点或［放弃（U）］：@ 0；10 ↙
⑬ 指定下一点或［放弃（U）］：@ 40，0 ↙
⑭ 单击鼠标右键结束直线命令。
⑮ 鼠标选取第一次直线命令结束时的最后一点，用相对极坐标绘制一条倾斜角为 142°的、与第二次直线命令绘制的最后一条线相交的斜线。
⑯ 使用修剪命令，得到最终图形。

（三）点绘制命令操作

1. 单点绘制命令
命令调用方式：
- 菜单方式：【绘图】→【点】→【单点】。
- 键盘输入方式：POINTE。

2. 多点绘制命令
命令调用方式：
- 菜单方式：【绘图】→【点】→【多点】。
- 图标方式：．。

3. 调整点的样式和大小
命令调用方式：
- 菜单方式：【格式】→【点样式】。

点样式见图 1-2-58。

4. 定数等分点绘制命令
命令调用方式：

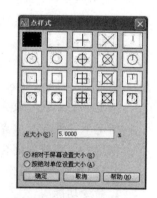

图 1-2-58 点样式

- 键盘输入方式：DIVIDE。
- 菜单方式：【绘图】→【点】→【定数等分】。

5. 定距等分点绘制命令

命令调用方式：

- 菜单方式：【绘图】→【点】→【定距等分】。
- 键盘输入方式：MEASURE。

（四）圆绘制命令操作

1. 命令调用方式

- 菜单方式：【绘图】→【圆】。
- 图标方式：◎。
- 键盘输入方式：CIRCLE。

2. 操作过程

AutoCAD 提供了 6 种绘制圆的方法。

① 圆心、直径法。

命令：CIRCLE

指定圆的圆心或 [三点（3P）/两点（2P）/相切、相切、半径（T）]：（输入一点作为圆心）↙

指定圆的半径或 [直径（D）]：D↙

指定圆的直径：（输入圆的直径）

② 圆心、半径法。

③ 三点法。

命令：CIRCLE

指定圆的圆心或 [三点（3P）/两点（2P）/相切、相切、半径（T）]：3p↙

指定圆上的第一个点：（输入圆的第一点）

指定圆上的第二个点：（输入圆的第二点）

指定圆上的第三个点：（输入圆的最后一点）

④ 两点法。

⑤ 相切、相切、半径法。

⑥ 相切、相切、相切法。

命令：CIRCLE

指定圆的圆心或 [三点（3P）/两点（2P）/相切、相切、半径（T）]：3p↙

指定圆上的第一个点：_tan 到　（利用捕捉方式选择与圆相切的第一条直线）

指定圆上的第二个点：_tan 到　（利用捕捉方式选择与圆相切的第二条直线）

指定圆上的第三个点：_tan 到　（利用捕捉方式选择与圆相切的第三条直线）

（五）圆弧绘制命令操作

1. 命令调用方式

- 菜单方式：【绘图】→【圆弧】。
- 图标方式：⌒。
- 键盘输入方式：ARC。

2. 操作过程

圆弧的画法有多种，最常用的有以下 3 种方法。

① 三点法。

命令：ARC

指定圆弧的起点或 [圆心（C）]：（输入圆弧起点）

指定圆弧的第二个点或 [圆心（C）/端点（E）]：（输入圆弧上除起点或端点外的任意一点）

指定圆弧的端点：（输入圆弧端点）

② 起点、端点、半径法。

命令：ARC

指定圆弧的起点或 [圆心（C）]：（输入圆弧起点）

指定圆弧的第二个点或 [圆心（C）/端点（E）]：E↙

指定圆弧的端点：（输入圆弧端点）

指定圆弧的圆心或 [角度（A）/方向（D）/半径（R）]：R↙

指定圆弧的半径：（输入圆弧半径）↙

③ 起点、端点、角度法。

指定圆弧的起点或 [圆心（C）]：（输入圆弧起点）

指定圆弧的第二个点或 [圆心（C）/端点（E）]：E↙

指定圆弧的端点：（输入圆弧端点）

指定圆弧的圆心或 [角度（A）/方向（D）/半径（R）]：A↙

指定包含角：（输入圆弧包含角）↙

3. 活动 3 画图操作步骤

① 单击绘图工具栏上【圆】按钮⊙，指定圆的圆心或 [三点（3P）/两点（2P）/相切、相切、半径（T）]：0，0↙。

② 指定圆的半径或 [直径（D）]：40↙。

③ 回车键重复圆命令，指定圆的圆心或 [三点（3P）/两点（2P）/相切、相切、半径（T）]：80，0↙。

④ 指定圆的半径或 [直径（D）]：25↙。

⑤ 回车键重复圆命令，指定圆的圆心或 [三点（3P）/两点（2P）/相切、相切、半径（T）]：T↙。

⑥ 指定对象与圆的第一个切点：（选择第一个圆）。

⑦ 指定对象与圆的第二个切点：（选择第二个圆）。

⑧ 指定圆的半径：30↙。

（六）矩形绘制命令操作

1. 命令调用方式

- 菜单方式：【绘图】→【矩形】。

- 图标方式：▭。

- 键盘输入方式：RECTANGLE。

2. 选项

倒角（C）/标高（E）/圆角（F）/厚度（T）/线宽（W）：

指定第一个角点或［倒角（C）/标高（E）/圆角（F）/厚度（T）/宽度（W）］：

3. 绘制活动 4 图形

这四个图形分别是：普通矩形，倒角矩形，圆角矩形，有宽度矩形。

① 对角点法 @X，Y。

② 倒角。

命令：_rectang

当前矩形模式： 倒角＝5.0000×5.0000

指定第一个角点或［倒角（C）/标高（E）/圆角（F）/厚度（T）/宽度（W）］：c

指定矩形的第一个倒角距离＜5.0000＞：10

指定矩形的第二个倒角距离＜5.0000＞：5

指定第一个角点或［倒角（C）/标高（E）/圆角（F）/厚度（T）/宽度（W）］：40，40

指定另一个角点或［面积（A）/尺寸（D）/旋转（R）］：100，100

③ 圆角。

命令：_rectang

当前矩形模式： 宽度＝1.0000

指定第一个角点或［倒角（C）/标高（E）/圆角（F）/厚度（T）/宽度（W）］：f

指定矩形的圆角半径＜0.0000＞：2

指定第一个角点或［倒角（C）/标高（E）/圆角（F）/厚度（T）/宽度（W）］：

指定另一个角点或［面积（A）/尺寸（D）/旋转（R）］：

④ 宽度。

命令：_rectang

当前矩形模式:宽度＝2.0000

指定第一个角点或［倒角（C）/标高（E）/圆角（F）/厚度（T）/宽度（W）］：w

指定矩形的线宽＜2.0000＞：1

指定第一个角点或［倒角（C）/标高（E）/圆角（F）/厚度（T）/宽度（W）］：

指定另一个角点或［面积（A）/尺寸（D）/旋转（R）］：

（七）阵列对象

有矩形阵列、环形阵列等多种阵列方式。

1. 矩形阵列

矩形阵列对象是指将选定的对象以矩形方式进行多重复制。

（1）命令调用方式

- 命令行：

菜单方式：【修改】→【阵列】→【矩形阵列】。

工具栏："修改" ｜ ▫▫ （矩形阵列）。

- 图标方式：▫▫。

- 键盘输入方式：ARRAYRECT。

(2) 操作过程

命令：ARRAYRECT（回车）

选择对象：（选择要阵列的对象）

选择对象：↙（也可以继续选择阵列对象）

为项目数指定对角点或 [基点 (B)/角度 (A)/计数 (C)] <计数>：

2. 环形阵列

环形阵列是指将选定的对象围绕圆心实现多重复制。

（八）修剪对象

1. 命令调用方式

- 命令行：

菜单方式：【修改】→【修剪】→【矩形阵列】。

工具栏："修改" | ⊢ （修剪）。

- 图标方式：⊢ 。

- 键盘输入方式：TRIM。

2. 操作过程

命令：TRIM（回车）

选择剪切边…

选择对象或 <全部选择>：（选择作为剪切边的对象；直接按 Enter 键则选择全部对象）

选择对象↙（可以继续选择对象）

选择要修剪的对象，或按住 Shift 键选择要延伸的对象，或 [栏选 (F)/窗交 (C)/投影 (P)/边 (E)/删除 (R)/放弃 (U)]：

（九）活动 5 图形绘制

图 1-2-56 外面由 8 段相同的圆弧构成；使用环形阵列命令快速绘制。操作：

① 先画一个直径为 35 的圆，然后向上复制 [如图 1-2-59 (a) 所示]。

② 使用"环形阵列"命令，阵列出 8 个圆 [见图 1-2-59 (b)]。

③ 使用"修剪"命令，修剪出一段圆弧后，删除多余的圆 [见图 1-2-59 (c)]。

④ 再次使用"环形阵列"命令，阵列出 8 个圆弧，添加尺寸标注 [见图 1-2-59 (d)]。

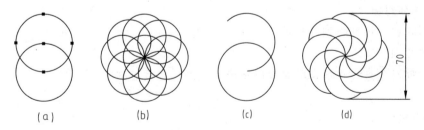

图 1-2-59　活动 5 图形绘制

（十）夹点编辑

1. 夹点的含义

夹点是指图形实体上的一些特征点，在未执行命令时选择对象，此时对象会出现一些蓝色的小方框标记，这些方框标记称为夹点。在激活夹点的状态下，用户无需输入相应的编辑命令，即可方便地对图形实体进行复制、移动、拉伸、旋转、缩放和镜像。

2. 夹点的显示

系统默认夹点的显示状态，也可通过"工具"菜单中"选项"对话框"选择"选项卡设置夹点的显示、大小、颜色等。

3. 利用夹点编辑对象

在命令状态下单击所编辑对象，出现蓝色温点，点击其中一个温点使其成为热点，即红色的点（表示被激活），只能对激活的夹点进行操作，系统默认操作效果是拉伸命令，出现以下提示：

拉伸

指定拉伸点或 [基点（B）/复制（C）/放弃（U）/退出（X）]：

此时，进入夹点编辑的第一种模式——拉伸，若单击空格或回车键，则切换到下一种编辑模式，循环切换。也可在激活夹点后单击鼠标右键，弹出菜单。

（十一）活动 6 图形绘制

1. 绘图基本步骤

新建文件；设置作图区域；设置图层；图形绘制；标注尺寸；图形编辑、修改；保存图形。

2. 绘制步骤

（1）新建文件

① 选择菜单"文件"→"新建"，弹出"AutoCAD 2016"窗口，建立尺寸为150mm×150mm 的新图形文件。

② 选择菜单"文件"→"另存为"，弹出对话框，选择文件的保存路径，键入文件名"圆角"，选择文件类型"*.dwg"类型。

（2）设置作图区域

① 命令：limits

重新设置模型空间界限：

指定左下角点或 [开（ON）/关（OFF）] ⟨0.0000, 0.0000⟩ ✓

指定右上角点 ⟨420.000, 297.0000⟩：150, 150 ✓

命令：✓（重复 limits 命令）

LIMITS

重新设置模型空间界限：

指定左下角点或 [开（ON）/关（OFF）] ⟨0.0000, 0.0000⟩：ON（设置越界报警功能）

② 命令：ZOOM（作图区域设置好以后应全屏显示一次）

指定窗口角点，输入比例因子（nX 或 nXP），或

[全部（A）/中心点（C）/动态（D）/范围（E）/上一个（P）/比例（S）/窗口（W）]（实时）：a ✓

（3）绘制图形

第一步，绘制矩形及中心线，结果如图 1-2-60 所示。

① 命令：rectang

指定第一个角点或 [倒角 (C)/标高 (E)/圆角 (F)/厚度 (T)/宽度 (W)]：f ↙

指定矩形的圆角半径 (0.0000)：10 ↙

指定第一个角点或 [倒角 (C)/标高 (E)/圆角 (F)/厚度 (T)/宽度 (W)]：40, 40 ↙

指定另一个角点：@80, 60 ↙

② 命令：line

指定第一点：（捕捉矩形上边水平线中心点）

指定下一点或 [放弃 (U)]：（捕捉矩形下边水平线中心点）

指定下一点或 [放弃 (U)]：↙

③ 命令：↙

LINE 指定第一点：（捕捉矩形左边垂直线中心点）

指定下一点或 [放弃 (U)]：（捕捉矩形右边垂直线中心点）

指定下一点或 [放弃 (U)]：↙

④ 命令：lengthen

选择对象或 [增量 (DE)/百分数 (P)/全部 (T)/动态 (DY)]：dy

选择要修改的对象或 [放弃 (U)]：（选择水平中心线的一端）

指定新端点：（拉长中心线到合适长度）

选择要修改的对象或 [放弃 (U)]：（选择水平中心线的另一端）

指定新端点：（拉长中心线到合适长度）

重复上述操作，将垂直中心线调整到合适的长度，见图 1-2-60。

第二步，绘制圆 ϕ20、ϕ10 及其中心线，结果如图 1-2-61 所示。

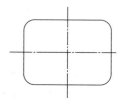

图 1-2-60　绘制矩形及中心线

① 命令：circle

指定圆的圆心或 [三点 (3P)/两点 (2P)/相切、相切、半径 (T)]：（捕捉中心线交点）

指定圆的半径或 [直径 (D)]：d

指定圆的直径：20

② 命令：offset

指定偏移距离或 [通过 (T)] (1.0000)：20

选择要偏移的对象或（退出）：（选择水平中心线）

指定点以确定偏移所在一侧：（在选择的水平中心线上方指定一点）

选择要偏移的对象或（退出）：↙

③ 命令：↙（重复偏移命令）

OFFSET

指定偏移距离或 [通过 (T)] (20.0000)：30

选择要偏移的对象或（退出）：（选择垂直中心线）

指定点以确定偏移所在一侧：（在选择的垂直中心线左边指定一点）

选择要偏移的对象或（退出）：↙

④ 命令：circle

指定圆的圆心或 [三点 (3P)/两点 (2P)/相切、相切、半径 (T)]：（捕捉左上角两条中心线交点）

指定圆的半径或［直径（D）］(10.0000)：d
指定圆的直径（20.0000）：10

⑤ 命令：lengthen

选择对象或［增量（DE）/百分数（P）/全部（T）/动态（DY）］：dy
选择要修改的对象或［放弃（U）］：（选择 ϕ10 圆中水平中心线的一端）
指定新端点：（拉长中心线到合适长度）
选择要修改的对象或［放弃（U）］：（选择水平中心线的另一端）
指定新端点：（拉长中心线到合适长度）
重复上述操作，将垂直中心线调整到合适的长度，见图 1-2-61。

第三步，用矩形阵列画出其他三个 ϕ10 圆及其中心线。

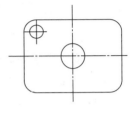

图 1-2-61　绘制两圆及其中心线

单击"修改"工具栏中"阵列"命令，弹出"阵列"对话框，选中矩形阵列单选按钮，进入"矩形阵列"选项卡，设置如下：行为 2，列为 2，行偏移为－40，列偏移为 60，阵列角度为 0。设置完毕后单击"选择对象"按钮，对话框消失，返回绘图窗口，用窗口选择方式选中 ϕ10 圆及其中心线，回车结束选择后，对话框重新出现，单击"确定"按钮，则绘出其余三个小圆及其中心线。

（4）保存图形　选择"文件"菜单中"保存"命令，保存图形。

二、任务小结

本子任务介绍了常用图形编辑、修改命令的使用方法以及利用夹点对图形进行快速编辑。通过本任务的学习，读者应能够熟练地绘制简单二维图形。

（一）其他图形编辑命令

1. 多边形绘制命令

（1）命令调用方式

- 菜单方式：【绘图】→【正多边形】。
- 图标方式：⬠。
- 键盘输入方式：POLYGON。

（2）绘制如图 1-2-62 所示图形

2. 圆环绘制命令

命令调用方式：

- 菜单方式：【绘图】→【圆环】。
- 键盘输入方式：DONUT。

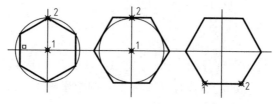

(a) 绘制内切多边形　　(b) 绘制外切多边形　　(c) 用"边"绘制多边形

图 1-2-62　多边形绘制

3. 构造线绘制命令

(1) 命令功能　绘制一条一端无限延长的直线，它不受缩放的影响，可用作绘图过程的辅助线。

(2) 命令调用方式

- 菜单方式：【绘图】→【构造线】。
- 图标方式：⟋。
- 键盘输入方式：XLINE。

例如绘制如图 1-2-63 所示图形。

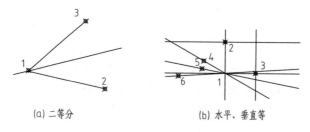

(a) 二等分　　　　　　(b) 水平、垂直等

图 1-2-63　构造线绘制

4. 射线绘制命令

(1) 命令功能　射线是以某点为起点，且在单方向上无限延长的直线，它不受缩放的影响，可用作绘图过程的辅助线。

(2) 命令调用方式

- 菜单方式：【绘图】→【射线】。
- 键盘输入方式：RAY。

5. 多线绘制命令

命令调用方式：

- 菜单方式：【绘图】→【多线】。
- 图标方式：⟋。
- 键盘输入方式：MLINE。

(二) 其他修改命令

1. 镜像对象

(1) 命令功能　将选定的对象相对于镜像线进行镜像复制，如图 1-2-64 所示。

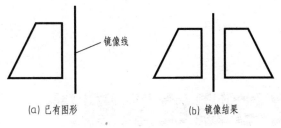

(a) 已有图形　　　　　(b) 镜像结果

图 1-2-64　镜像对象

(2) 命令调用方式
- 菜单方式：【修改】→【镜像】。
- "修改"工具栏：镜像。

2. 延伸对象

(1) 命令功能　延伸对象是指将指定的对象延伸到另一对象（称为边界边）上。

(2) 命令调用方式
- 菜单方式：【修改】→【延伸】。
- "修改"工具栏：-/（延伸）。
- 键盘输入方式：EXTEND。

3. 缩放对象

(1) 命令功能　缩放对象是指将指定的对象相对于指定点（基点）按指定的比例放大或缩小。

(2) 命令调用方式
- 菜单方式：【修改】→【缩放】。
- "修改"工具栏：（比例）。

4. 旋转对象

(1) 命令功能　旋转对象是指将指定的对象绕指定的点（基点）旋转指定的角度。

(2) 命令调用方式
- 菜单方式：【修改】→【旋转】。
- "修改"工具栏：（旋转）。
- 键盘输入方式：ROTATE。

5. 合并对象

(1) 命令功能　合并对象是指将多个对象合并成一个对象。

(2) 命令调用方式
- 菜单方式：【修改】→【合并】。
- "修改"工具栏：（合并）。
- 键盘输入方式：JOIN。

任务三
绘制螺纹与螺纹紧固件

化工生产机器的零件可以分为三种,分别是标准件、常用件和一般零件。标准件是指形状、结构、尺寸、材料等都标准化的机件,如螺纹紧固件、键、销等。螺纹紧固件在法兰连接、螺纹连接中应用很广泛。标准零件以规定画法表示,不单独画零件图。常用件是指部分重要参数标准化的机件,如齿轮、弹簧等。常用件也以规定画法表示,不单独画零件图。本任务主讲螺纹及紧固件,其余标准件和常用件也会涉及。

学习目标

能力目标

(1)能绘制螺栓连接、双头螺柱连接的简化画法。
(2)能够按绘图规范绘制内外螺纹并对螺纹进行标记与标注。
(3)能识读直齿圆柱齿轮及其啮合、滚动轴承、弹簧、销的规定画法。

素质目标

(1)通过查阅螺纹标准,养成一定的行为准则及好的职业素养。
(2)通过学习中的互联网资料搜寻、小组讨论、练习、考核等活动,进行充分的交流与合作,培养团队协作意识和吃苦耐劳的精神。

知识目标

（1）掌握内外螺纹的规定画法、代号和标注方法。
（2）掌握螺栓连接、双头螺柱连接的简化画法。
（3）了解直齿圆柱齿轮及其啮合、滚动轴承、弹簧、销的规定画法。

学习过程要求

查阅相关资料完成任务：

活动 1：
（1）写出生活中常见的螺纹及螺纹的用途。
（2）在图 1-3-1 中标注出内外螺纹的五要素。

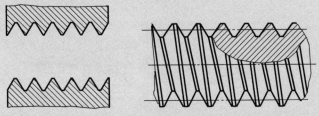

图 1-3-1　活动 1 图形

（3）抄画内外螺纹的规定画法，并总结规律。

活动 2：学习普通螺纹和管螺纹标记方法，填写表 1-3-1、表 1-3-2。

表 1-3-1　活动 2 表格（一）

螺纹标记	螺纹种类	大径	螺距	导程	线数	旋向	公差代号
M18-6h							
M18×1-5g6g							
M18-7H-LH							
B18×6-7e-LH							
Tr38×16（P8）-8H							

表 1-3-2　活动 2 表格（二）

螺纹标记	螺纹种类	尺寸代号	大径	螺距	旋向	公差等级
G1A						
R11/2						—
Rc1-LH						—
Rp2						—

活动 3：按比例画法画图，选择合适连接紧固件将图 1-3-2 所示的两个零件连接。

活动 4：查阅资料，找出表 1-3-3 中各图对应的标准件和常用件，并说明用途。

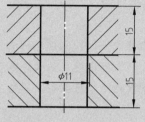

图 1-3-2　活动 3 图形

表 1-3-3　活动 4 表格

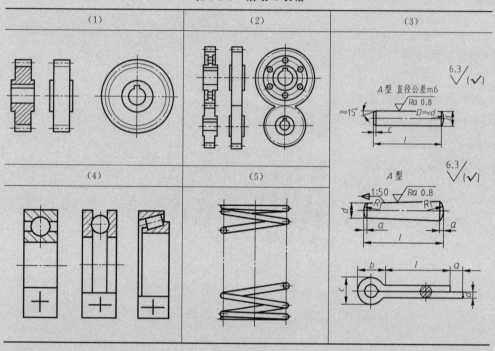

活动过程评价表

序号	问题	完成情况		
		达成目标	基本达成	未达成
1	活动 1			
2	活动 2			
3	活动 3			
4	活动 4			

一、导入任务

图 1-3-3 所示为齿轮泵,将其拆卸下来,可以看到很多零部件。在机器和设备中,经常需要用到螺栓、螺母、齿轮、键、滚动轴承、弹簧等标准件和常用件。螺纹不仅在工业生产中是必不可少的,在生活中也经常见到。下面介绍螺纹和螺纹紧固件。

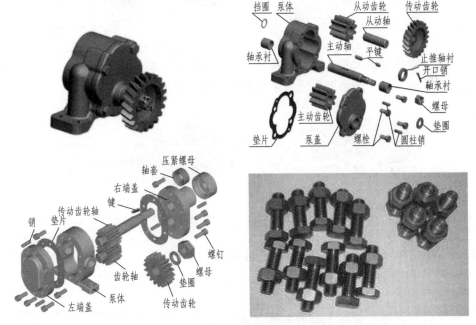

图 1-3-3 齿轮泵拆卸图及螺栓、螺母

二、绘制螺纹及紧固件

(一)螺纹及螺纹用途认知

螺纹用途非常广泛,想一想:如果没有螺纹,笔套可以牢固地连在笔杆上吗?可乐瓶盖可以牢固地连在可乐瓶上吗?螺纹的第一个用途就是起到"连接固定"的作用。在日常生活中,螺纹还有另外一个用途——传递动力,如千斤顶,搬动手柄对螺杆加一个转矩,则螺杆旋转并产生很大轴向推力以举起重物。螺纹作用如图 1-3-4、图 1-3-5 所示。

(二)螺纹的形成及五要素认知

螺纹在生活中用途很广,那么螺纹是如何形成的呢?

想象手中拿一根铁丝,然后拿一圆柱形橡皮泥,用铁丝绕起来,在橡皮泥上形成了螺旋线,圆柱形橡皮泥叫螺旋体。假如铁丝比较锋利,在橡皮泥上会形成槽,如果沿着槽多次环绕，槽会很深，没有绕到的地方形成凸起，绕到的地方形成沟槽，想象最后螺旋体的形状：旋转后的橡皮泥表面凸起很像螺栓表面的螺纹。由此可以得出螺纹的定义：螺纹是圆柱或圆锥表面上沿着螺旋线形成的具有规定牙型的连续凸起或沟槽。

 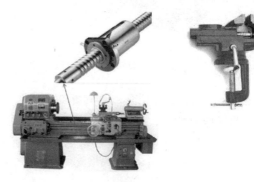

图 1-3-4　生活中螺纹的应用　　　　　图 1-3-5　生产实习中的螺纹应用

实际生产中螺纹是由刀具（丝锥或板牙）与工件做相对旋转运动，并由先形成的螺纹沟槽引导着刀具（或工件）做轴向移动加工出来的，如图 1-3-6、图 1-3-7 所示。

图 1-3-6　车外螺纹　　　　　图 1-3-7　车内螺纹

螺纹的 5 个基本要素（螺纹的牙型、公称直径、线数、螺距、旋向）如下所述。螺纹如图 1-3-8 所示。

（1）牙型

牙型角（α）：在螺纹牙型上，两相邻牙侧间的夹角。

螺纹的牙型通常有三角形（60°）、矩形（90°）、梯形（30°）、锯齿形（33°）等，如图 1-3-9 所示。三角形螺纹用于连接，矩形、梯形、锯齿形螺纹用于传动。

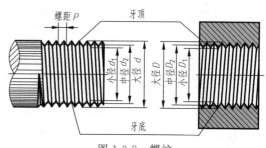

图 1-3-8　螺纹

（2）螺纹公称直径（大径、中径、小径）

螺纹大径：与外螺纹牙顶和内螺纹牙底相切的假想圆柱的直径。外螺纹用 d，内螺纹用 D 来表示螺纹大径。

螺纹小径：与外螺纹牙底和内螺纹牙顶相切的假想圆柱的直径。外螺纹用 d_1，内螺纹用 D_1 来表示螺纹小径。

螺纹中径：假想圆柱的直径，该圆柱通过牙型上沟槽和凸起相等的地方。外螺纹用 d_2，内螺纹用 D_2 表示螺纹中径。

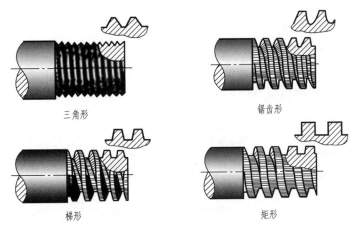

图 1-3-9　螺纹牙型

（3）线数（n）　由一条螺旋线形成的螺纹为单线螺纹；由两条或两条以上的螺旋线形成的螺纹为多线螺纹，如图 1-3-10 所示。生活中笔杆和笔套上的螺纹一般是单线螺纹，水杯盖上的螺纹一般是多线螺纹。

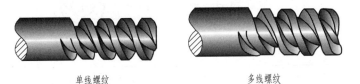

图 1-3-10　螺纹的线数

（4）螺距 P　相邻两牙对应两点间的轴向距离，如图 1-3-11 所示。

图 1-3-11　螺纹的螺距和导程

导程 P_h：同一条螺旋线上相邻两牙对应两点间的轴向距离。

单线螺纹 $P_h=P$；多线螺纹 $P_h=n\times P$。

（5）旋向的判断

① 成对配合的螺纹旋向的判断：顺着螺杆旋紧的方向看，顺时针为右旋，逆时针为左旋。

② 单个螺纹旋向的判断：如图 1-3-12 所示。

牙型、大径和螺距是决定螺纹结构的最基本要素，称为螺纹三要素。凡三要素符合国家标准的，称为标准螺纹。

左旋　　　　　右旋

图 1-3-12　螺纹旋向

仅牙型符合国家标准的，称为特殊螺纹。内外螺纹配合的条件是啮合的内外螺纹五要素必须完全相同。

（三）内、外螺纹及螺纹连接规定画法

由于螺旋面绘制困难且螺纹牙都是用标准道具加工出来的，因此采用简化画法画螺纹。用简化画法绘制螺纹需要画出哪些结构？接下来介绍内、外螺纹及螺纹连接的规定画法。

螺纹的规定画法见表 1-3-4。

表 1-3-4　螺纹的规定画法

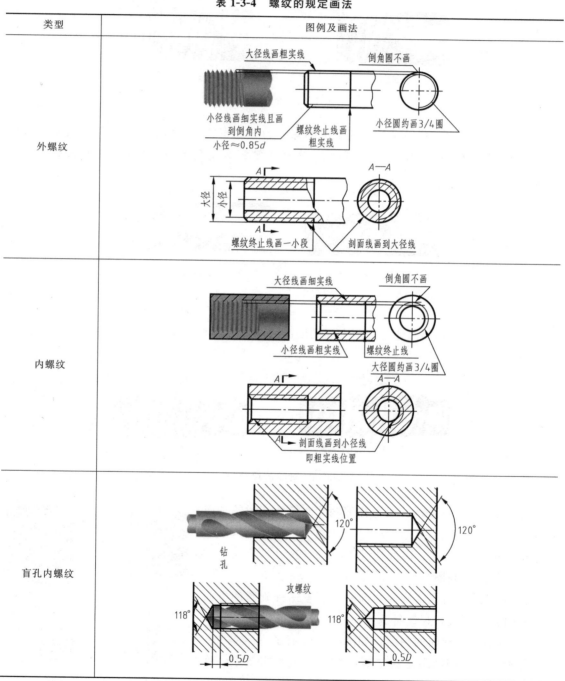

类型	图例及画法
盲孔内外螺纹旋合	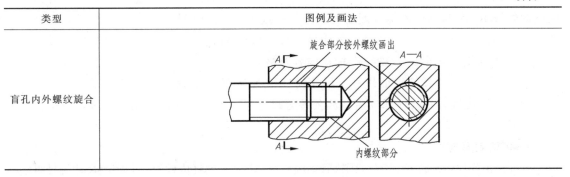

内、外螺纹口诀：

表示螺纹两条线，一条粗来一条细；
摸得着的画粗线，摸不着的画细线，
螺纹终止用粗线；若用剖视图表示，
剖面线要到粗线。

注意：螺纹不画牙型，非标准螺纹用局部视图或局部放大图表示。

内、外螺纹的旋合画法：在剖视图中，内、外螺纹的旋合部分应按外螺纹的规定画法绘制，其余不重合的部分按各自原有的规定画法绘制。必须注意的是，表示内、外螺纹大径的细实线和粗实线，以及表示内、外螺纹小径的粗实线和细实线应分别对齐。在剖切平面通过螺纹轴线的剖视图中，实心螺杆按不剖绘制。

连接画法小结：一是"以外为主"，二是"粗细对齐"。

（四）螺纹标记

1. 普通螺纹

螺纹标记由三部分组成：螺纹代号-公差带代号-旋合长度代号。

螺纹代号是由螺纹特征代号和尺寸代号组成。粗牙普通螺纹用字母 M 及公称直径表示；细牙普通螺纹用字母 M 与公称直径×螺距表示。当螺纹为左旋时，标注左旋代号"LH"；右旋不标注。

例：M24 表示公称直径为 24mm 的粗牙普通螺纹；M24×1.5-LH 表示公称直径为 24mm，螺距为 1.5mm 的左旋细牙普通螺纹。

螺纹公差带代号包括中径和顶径公差带代号。当中径和顶径公差带代号不同时，则分别标注；相同时，则需注出一个。

例：M10-5g6g（5g 为外螺纹中径公差带代号，6g 为外螺纹顶径公差带代号）；M10×1-6H（6H 为内螺纹中径和顶径公差带代号）。

普通螺纹旋合长度代号用字母 S（短）、N（中等）、L（长）或数值表示。旋合长度为中等时，可不加标注。

例：M20-5g6g-40，M10-5g6g-S-LH。

2. 55°管螺纹

根据其密封性，55°管螺纹可分为 55°用螺纹密封的管螺纹和 55°非螺纹密封的管螺纹两类。

（1）55°用螺纹密封的管螺纹 圆锥内螺纹 R_c 和与圆锥内螺纹配合的圆锥外螺纹 R_2、圆柱内螺纹 R_p 和与圆柱内螺纹配合的圆锥外螺纹 R_1，其标记格式为：

螺纹特征代号 尺寸代号-旋向代号

（2）55°非螺纹密封的管螺纹 标记内容及格式：

螺纹特征代号 尺寸代号-公差等级代号-旋向代号

螺纹特征代号为 G。外螺纹需标注公差等级代号，有 A、B 两个精度等级，内螺纹不标注此代号。

3. 60°密封管螺纹

其标记由螺纹特征代号 NPT（圆锥管螺纹）或 NPSC（圆柱内螺纹）和螺纹尺寸代号组成。管螺纹的右旋螺纹不标旋向代号，左旋螺纹标"LH"。

（五）螺纹标记的图样标注（图 1-3-13）

1. 公称直径以 mm 为单位的螺纹

公称直径以 mm 为单位的螺纹标注在螺纹大径的尺寸线上或注在螺纹大径尺寸线的引出线上。

2. 管螺纹

其标注在大径处的引出线上或对称中心线处的引出线上。

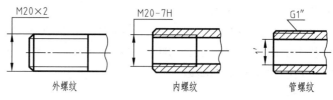

图 1-3-13 螺纹标记的图样标注

（六）螺纹紧固件认知

在前面介绍过，螺纹有紧固的作用。常见的螺纹紧固件有螺栓、螺柱、螺母、螺钉、垫片等，用于两个零件间的可拆连接。由于这类零件都是标准件，通常只需用简化画法画出它们的装配图，同时给出它们的规定标记。根据其标记即可在标准手册中查出结构和尺寸。几种常见的螺纹紧固件及标记格式见图 1-3-14 及表 1-3-5。

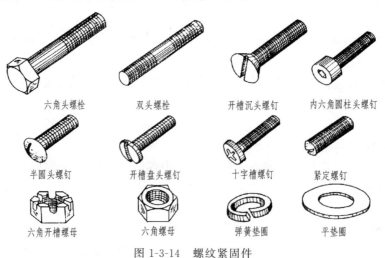

图 1-3-14 螺纹紧固件

表 1-3-5 螺纹紧固件及标记格式

名称	图例	规定标记示例
六角头螺栓	M12, 50	螺栓 GB/T 5780 M12×50
内六角圆柱头螺钉	M16, 40	螺钉 GB/T 70.6 M16×1.5×40
双头螺柱	M12, 50	螺柱 GB/T 899 M12×50

(七) 紧固连接认知

紧固连接形式有：螺栓连接、螺柱连接和螺钉连接。图 1-3-15（a）、（b）、（c）所示分别为螺栓、螺柱和螺钉连接。

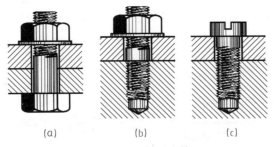

图 1-3-15 紧固连接

1. 螺栓连接

螺栓连接是将螺栓杆身穿过两个被连接件上的通孔，然后套上垫圈，拧紧螺母，从而使两个被连接件连接在一起的一种可拆连接方式，其画法如图 1-3-16 所示。连接的各部分尺寸从标准中都可查到，除螺栓长度 L 需计算查表取标准值外，螺栓紧固件的各部分都与螺

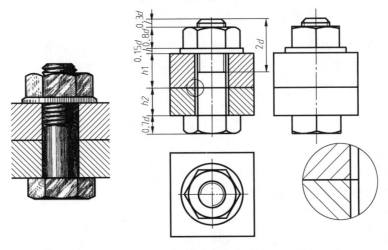

图 1-3-16 螺栓连接的画法

栓直径 d 成一定比例，画法步骤如图 1-3-17 所示。画图时需要注意几点：

① 被连接件的孔径＝1.1d，被连接件的孔与螺栓杆之间有空隙。

② 两块板的剖面线方向相反。

③ 剖切面过轴线剖切标准件，螺栓、垫圈、螺母按不剖画。

④ 螺栓杆末端伸出螺母的端部一段距离（0.3d），保证螺纹连接后不至于太短而削弱连接强度，太长而不便于装配，因此要合理设置螺栓长度，可按 $L=h_1+h_2+0.15d+0.8d+0.3d$ 计算，然后查表取标准值。（h_1 和 h_2 为被连接件的厚度。）

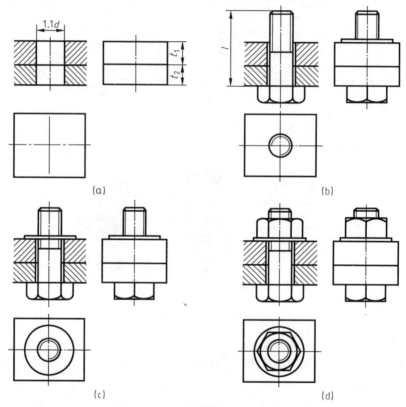

图 1-3-17　螺栓连接的画法步骤

2. 螺柱连接

螺柱连接常用的紧固件有双头螺柱、螺母、垫圈。其一般用于被连接件之一较厚，不适合加工成通孔，且要求连接力较大的情况。其上部较薄零件加工成通孔。画法见图 1-3-18。

螺柱拧入基体端的螺纹长度 b_m 由被连接件的材料决定。

钢：　　　　　　　　　　　　　$b_m=d$

铸铁：　　　　　　　　　　　　$b_m=1.25d$ 或 $1.5d$

铝等其他金属及有色合金：　　　$b_m=2d$

螺柱有效长度应按 $L_{计}=δ+0.15d+0.8d+0.3d$ 确定，计算出的数值须查表后取标准值，所得的长度为螺柱的有效长度 L。

3. 螺钉连接

螺钉连接多用于受力不大的零件的连接，且用于不经常拆装的场合。被连接件之一为通孔而另一零件一般为不通的螺纹孔。螺钉连接简化画法如图 1-3-19 所示。

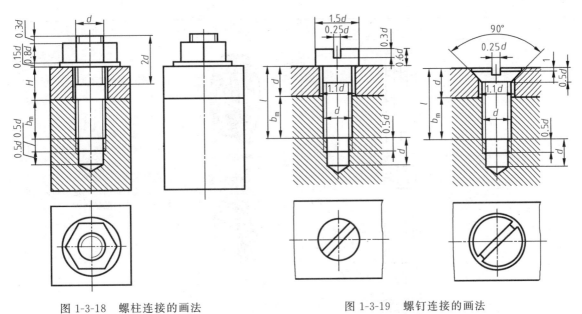

图 1-3-18　螺柱连接的画法　　　　　图 1-3-19　螺钉连接的画法

（八）其他标准件与常用件认知（表 1-3-6）

表 1-3-6　其他标准件与常用件

名称	画法	实物	用途
圆柱齿轮			用于两平行轴间的传动
齿轮啮合			
深沟球			一般由外（上）圈、内（下）圈和排列在内（上）、外（下）圈之间的滚动体（有钢球、圆柱滚子、圆锥滚子等）及保持架四部分组成。一般情况下，外圈装在机器的孔内，固定不动；内圈套在轴上，随轴转动

续表

名称	画法	实物	用途
推力球轴承			一般由外（上）圈、内（下）圈和排列在内（上）、外（下）圈之间的滚动体（有钢球、圆柱滚子、圆锥滚子等）及保持架四部分组成。一般情况下，外圈装在机器的孔内，固定不动；内圈套在轴上，随轴转动
圆锥滚子轴承			
弹簧			属于常用件。它主要用于减震、夹紧、承受冲击、储存能量和测力等。其特点是受力后产生较大的弹性形变，去除外力后能恢复原状
圆柱销			圆锥销和圆柱销通常用于零件间的连接与定位，开口销与槽型螺母配合使用，起防松的作用。销还可以作为安全装置中的过载剪断元件
圆锥销			
开口销			

三、任务小结

本子任务介绍了螺纹的概念、要素、规定画法和标注方法；螺栓连接、双头螺柱连接的简化画法；直齿圆柱齿轮及其啮合、滚动轴承、弹簧、销的规定画法。其中螺栓、螺母、螺钉、垫圈、键、销、滚动轴承等，结构和尺寸都已标准化，这种零部件称为标准件；而齿轮、弹簧等部分结构和尺寸标准化的零部件称为常用件。

模块化考核题库

（一）填空题

1. 螺纹的基本要素有_____、_____、_____、_____、_____共五个。

2. 标准螺纹是指_____三者均符合国家标准的螺纹；特殊螺纹是指_____符合标准，但_____或_____不符合标准的螺纹；非标准螺纹是指_____不符合标准的螺纹。

3. 在用剖视图表达内外螺纹连接时，旋合部分按_____螺纹的画法绘制，其余部分仍按_____表示。

4. 一般地，代表螺纹尺寸的直径是指螺纹的_____径，即称为_____直径。

5. 非螺纹密封的管螺纹的外螺纹的公差等级分_____和_____两种。

6. 螺纹标记 G1/2 中，G 是_____代号，表示_____螺纹，1/2 应称为_____。螺纹 R3/8 中 R 是_____代号，表示_____。

（二）作图题

分析图 1-3-20（a）～（d）中画法的错误，并在其下方画出正确的图形。

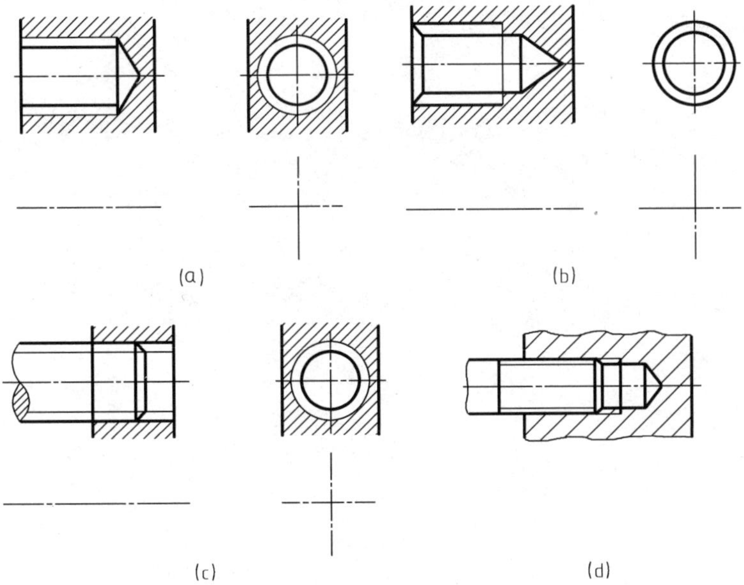

图 1-3-20 作图题

（三）根据给定的条件，写出螺纹的标记，并分别在图 1-3-21～图 1-3-23 中进行正确的标注

1. 普通螺纹：$d=20$，右旋，中径公差带为 5g，顶径公差带为 6g，短旋合长度。
2. 55°密封管螺纹，尺寸代号为 1/2，右旋。
3. 梯形螺纹，$D=40$，$P=6$，左旋，中径公差带为 7H，单线，中等旋合长度。

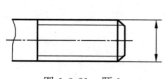

图 1-3-21　题 1

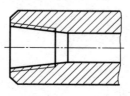

图 1-3-22　题 2

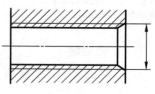

图 1-3-23　题 3

任务四
绘制轴承座

轴承座是常用的机械零件。轴承座可以看成是由若干个简单几何体通过叠加、切割等方式组合而成。通过绘制轴承座三视图可以掌握组合体读图与绘图及尺寸标注等相关知识。

子任务 1 识读与绘制轴承座三视图

学习目标

 能力目标

（1）能利用轴承座等组合体的形体分析方法读图与绘图。
（2）能绘制轴承座等组合体三视图。
（3）能对轴承座等组合体进行尺寸标注。
（4）能正确识读组合体三视图。

素质目标

（1）通过绘制与识读轴承座等组合体三视图，培养空间想象力。
（2）通过学习中的互联网资料搜寻、小组讨论归纳等活动，进行充分的交流与合作，培养细致、严谨的学习态度和团结合作的科学精神。

知识目标

（1）理解轴承座等组合体的组合形式和形体分析方法。
（2）理解各形体之间的表面连接关系。
（3）理解组合体三视图的投影规律。
（4）掌握组合体的尺寸种类和标注要求。
（5）掌握轴承座等组合体三视图绘制与读图方法。

学习过程要求

查阅相关资料完成任务：
活动 1：绘制轴承零件三视图。
根据已给出的轴承座模型（图 1-4-1），完成下列任务：
1. 说出该轴承座的组成部分以及它们是由哪几个基本几何体通过何种方式得到的。绘制出这几个基本体的三视图。
2. 说出这几个组成部分是如何组成轴承座这个零件的以及连接表面的连接关系。

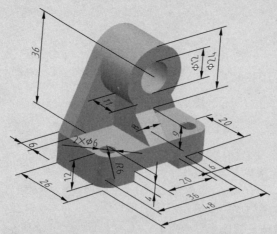

图 1-4-1　活动 1 轴承座模型

3. 编写绘制该轴承座三视图的方案。
4. 绘制轴承座零件三视图。

活动 2：完成轴承座零件图中的尺寸标注，要求尺寸标注正确、清晰、合理。

活动 3：组合体的读图方法。

对照在之前活动中绘制的轴承座零件三视图，想象出轴承座的结构形状。

1. 试依次描述出视图中的各个图形元素（线框、图线）表示的含义。

2. 看轴承座三视图（图 1-4-2），说出轴承座零件可以分解成几部分。对分解出的每一部分，逐一根据"三等"关系，找出在各个视图上的投影，想象出形状。

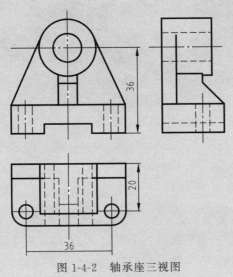

图 1-4-2　轴承座三视图

活动过程评价表

用于评价学生完成课前学习任务情况和各方面能力提升情况。

序号	活动	完成情况与能力提升评价		
		达成目标	基本达成	未达成
1	活动 1			
2	活动 2			
3	活动 3			

一、导入任务

化工设备分为两种，一种是静设备，另外一种是动设备。静设备指的是像储存设备、换热器、塔设备这样的没有驱动机带动的非转动或移动的设备，而动设备恰恰相反。轴、轴承、轴承座在动设备中是不可缺少的。轴承的主要功能是支撑机械旋转体，降低其运动过程中的摩擦系数，并保证其回转精度。轴承座是用来支撑轴承的，固定轴承的外圈，仅仅让内圈转动，外圈保持不动，始终与传动的方向保持一致（比如电机运转方向），并且保持平衡，如图1-4-3所示。轴承座结构比较复杂，下面介绍如何识读与绘制轴承座零件三视图。

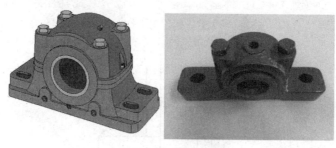

图 1-4-3 轴承座

二、绘制轴承座

（一）组合体认知

如图1-4-4所示，该轴承座由底板、支承板、肋板与套筒组成。底板是由长方体被空间平面多次切割后得到的。长方体被三个平面（一个平行于H面，两个平行于W面）在左右对称处、下方从前到后切去一个小长方体，同时左右两个前角被一个与H面垂直的柱面切成1/4柱面形状，另外在长方体左右对称处偏前的位置又分别被两个与H面垂直的柱面切去两个小圆柱，至此就形成了底板这样一个简单形体。支承板由三角板穿孔得到。肋板由立方体切割得到。套筒（轴承孔）由圆柱体挖去同轴的直径较小的圆柱体得到。这四部分叠加得到了该轴承座。

分析各部分的相对位置如下：底板固定好之后，支承板处在底板的上方左右对称处，且两者后表面平齐摆放；套筒处在支承板之上左右对称处，且前、后表面与支承板为平齐摆放；肋板在底板之上左右对称处、支承板之前、套筒之下摆放。

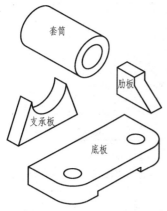

图 1-4-4 轴承座组合体

类似于轴承座，任何机器零件从形体角度分析，都是由一些基本体经过叠加、切割、穿孔或几种方法的综合等方式组合而成的。

将组合方式分为叠加型、切割型和综合型三种基本形式，如图1-4-5所示。

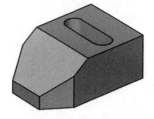

图 1-4-5 组合体

经过分析得知，底板与支承板的前表面连接方式是不平齐的，底板与支承板、套筒的后表面连接方式是平齐的，肋板与套筒和支承板的表面是相交的，套筒与支承板的两表面是相切的。

（二）轴承座零件视图选择

1. 零件的视图选择要求

合理的零件视图表达方案应该做到：表达正确、完整、清晰、简练，易于看图。

2. 视图选择的原则

① 表示零件结构和形状信息量最多的那个视图应作为主视图。选择能较多地反映组合体的形状特征（各组成部分的形状特点和相互关系）的方向作为主视图的投射方向。

② 在满足要求的前提下，使视图的数量为最少，力求制图简便。

③ 尽量避免使用虚线表示零件的结构。

④ 避免不必要的细节重复。

3. 视图选择的方法和步骤

（1）分析零件的结构及功用

① 分析零件的功能及其在部件和机器中的位置、工作状态、运动方式、定位和固定方法及它和相邻零件的关系。

② 分析零件的结构。分析零件各组成部分的形状及作用，进而确定零件的主要形体。

③ 分析零件的制造过程和加工方法、加工状态。从零件的材料、毛坯制造工艺、机械加工工艺乃至于装配工艺等各个方面对零件进行分析。

（2）选择主视图　主视图是三视图中最重要的一个视图，选择视图时，首先要选择主视图。主视图选择的原则如下。

① 结构特征原则。主视图要以结构形状特征为重点，兼顾形状特征选取。

② 工作位置原则。主视图与工作位置一致，便于想象出零件的工作情况，了解零件在机器或部件中的功用和工作原理，有利于画图和读图。

③ 加工位置原则。加工位置是指零件机械加工时在机床上的装夹位置。主视图与加工位置一致，便于加工时看图，便于加工和测量，有利于加工出合格的零件。

主视图的选择，往往综合考虑上述三个原则。若要确定零件的安放位置，应首先考虑加工位置，其次考虑工作位置。

图 1-4-6 中，哪幅图比较适合做轴承座的主视图？

按照主视图的选择原则，可选 A 向或 B 向。

（3）其他视图选择

① 对于主视图中尚未表达清楚的主要结构形状，应优先选用俯视图、左视图等基本视图，并在基本视图上作剖视。

② 次要的局部结构可采用局部视图、局部剖视、断面图、局部放大图及简化画法等表示法，并尽可能按投影关系配置视图，以利于画图和读图。

③ 避免重复表达。每个视图应有表达重点。

（三）轴承座三视图绘制

1. 画图要点

① 分清主次，先画主要部分，后画次要部分；

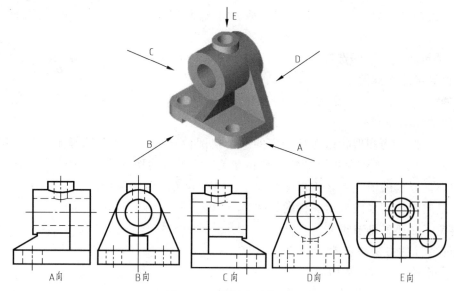

图 1-4-6 轴承座的视图

② 在画每一部分时,先画反映该部分特征的视图,后画其他视图;

③ 严格按照投影关系,三个视图配合起来画出每一部分的投影。

2. 画图步骤

(1) 选比例、定图幅

① 根据实物的大小和复杂程度,确定绘图比例,在表达清晰的前提下,尽量选用 1∶1 的比例,以方便绘图;

② 确定图幅的大小时需要考虑到视图所占的面积、图距、尺寸标注的位置以及标题栏;

③ 应把各视图均匀地布置在图幅上,并为尺寸标注预留适当的空隙。

(2) 布置视图位置、画基准线　画出主要中心线和基准线,从而确定视图位置,完成视图整体布局;按照形体分析,逐个画出各个形体的基本视图,而不是先画好整个组合体的一个视图再画另外一个,以避免多画和漏画。

(3) 画底稿,逐个画出各形体的三视图　用细线画出各个部分的各投影,先特征视图,后其他视图;先外表形状,后内部形状;先主要结构,后次要结构;先形体,后交线。要注意几个视图同时画,保持长对正、高平齐、宽相等的投影对应关系。

(4) 检查、描深　完成全图。

轴承座零件绘图步骤示例见图 1-4-7。

像绘制轴承座这样,把零部件假想分解为若干基本形体或组成部分,然后一一弄清它们的形状、相对位置及连接方式,从而正确而迅速地绘制组合体的视图,这种思考和分析的方法称为形体分析法。

(四) 零件尺寸标注

1. 标注尺寸的基本要求

尺寸是加工和检验零件的依据。标注尺寸有哪些基本要求呢?

正确:尺寸标注符合国家标准的规定,即严格遵守国家标准《机械制图》的规定。

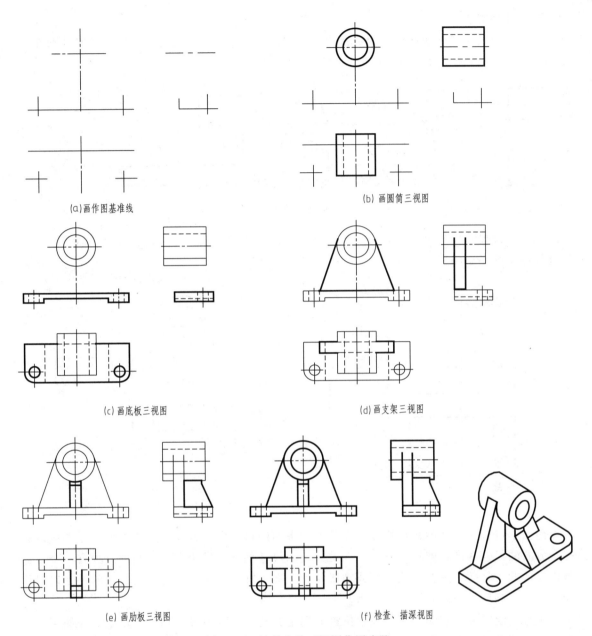

(a) 画作图基准线　　(b) 画圆筒三视图

(c) 画底板三视图　　(d) 画支架三视图

(e) 画肋板三视图　　(f) 检查、描深视图

图 1-4-7　轴承座的三视图作图步骤

完全：尺寸标注要完整，要能完全确定出物体的形状和大小，不遗漏，不重复，即尺寸不多、不少。

清晰：尺寸的安排应适当，以便于看图、寻找尺寸和使图面清晰。

合理：合理就是标注尺寸时，既要满足设计要求，又要符合加工测量等工艺要求。

2. 标注尺寸的基本规则

① 尺寸数值为零件的真实大小，与绘图比例及绘图的准确度无关。

② 以毫米为单位，如采用其他单位，则必须注明单位名称。

③ 每个尺寸一般只标注一次，并应标注在最能清晰地反映该结构特征的视图上。

3. 尺寸种类

（1）**定形尺寸**　确定零件各组成部分大小的尺寸，称为定形尺寸。基本几何体形体的尺寸标注如图 1-4-8 所示。轴承座定形尺寸标注见图 1-4-9。

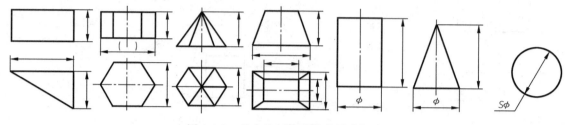

图 1-4-8　基本几何体形体的尺寸标注

（2）**定位尺寸**　确定零件各组成部分之间相对位置的尺寸，称为定位尺寸。轴承座定位尺寸标注见图 1-4-10。

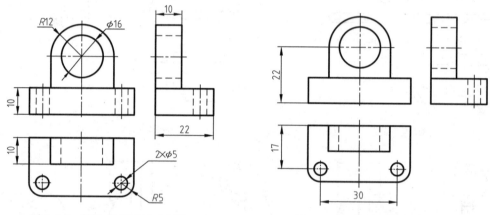

图 1-4-9　轴承座定形尺寸标注　　　　　图 1-4-10　轴承座定位尺寸标注

前面学过标注尺寸的起点称为尺寸基准。平面图形有两个方向的尺寸基准，零件应该有三个方向的尺寸基准，即长、宽、高三个方向的尺寸基准，每个方向的基准至少有一个，通常以零件的对称面、重要的安装面或轴线作为基准。轴承座的长度、宽度方向的尺寸以对称面为基准，高度方向以底板安装面为基准。

用来确定零件在装配体中的理论位置而选定的基准，称为设计基准；根据零件加工、测量的要求选定的基准，称为工艺基准。

（3）**总体尺寸**　确定零件外形大小的总长、总宽、总高的尺寸，称为总体尺寸，如图 1-4-11 所示。

先标注定形尺寸，然后标注定位尺寸，最后标注总体尺寸。

对于具有圆弧或圆孔的结构，只标注圆弧或圆孔的定位尺寸，而不直接注出总体尺寸，如图 1-4-12 中的尺寸 22、36。

4. 注意事项

① 各形体的定形和定位尺寸，应尽量集中标注在该形体特征最明显的视图上。

② 回转体的尺寸，一般应标注在非圆视图上，半径必须标注在投影为圆弧的视图上，但应尽量避免标注在虚线上。

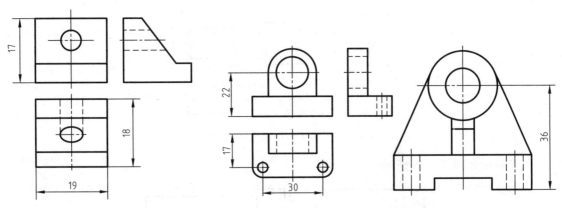

图 1-4-11 轴承座总体尺寸标注　　　　图 1-4-12 圆孔结构标注

③ 尺寸应尽量标注在视图之外，个别较小的尺寸可注在视图内部。

④ 主要尺寸应从主要基准直接注出，见图 1-4-13。主要尺寸指影响产品性能、工作精度和配合的尺寸。非主要尺寸指非配合的直径、长度、外轮廓尺寸等。例如，轴承座的轴承孔的高度是影响轴承座工作性能的主要尺寸，加工时必须保证其加工精度，应直接以底面为基准标注出来，不能是其他尺寸之叠加。因为在加工零件时，会有误差，若不直接标注重要尺寸而是以其他尺寸叠加方式表示，误差也会积累，设计要求难以保证。轴承座的螺栓孔之间的距离也是需要直接标注出来的。

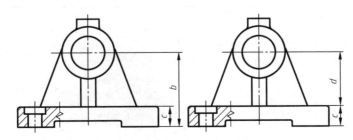

图 1-4-13 主要尺寸从主要基准直接注出

⑤ 尺寸标注不能标成闭环，见图 1-4-14。

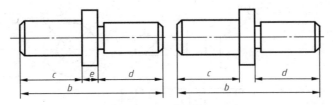

图 1-4-14 尺寸标注不能标成闭环

长度方向的尺寸 b、c、e、d 首尾相接，构成一个封闭的尺寸链。

由于加工时，尺寸 c、d、e 都会产生误差，这样所有的误差都会积累到尺寸 b 上，不能保证尺寸 b 的精度要求。这时候应挑选一个最不重要的尺寸不标注，让所以尺寸误差累积在此处。

⑥ 应尽量符合加工顺序。若没有特殊要求，尺寸标注要考虑便于加工和测量，如图 1-4-15 所示。

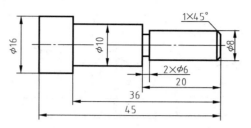

图 1-4-15 尺寸标注便于加工、测量

加工顺序如图 1-4-16 所示。

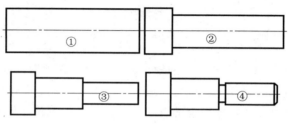

图 1-4-16 加工顺序

5. 尺寸标注的步骤（见表 1-4-1）

表 1-4-1 尺寸标注步骤

（1）形体分析、选择尺寸基准	
（2）标注各个形体的定形尺寸	

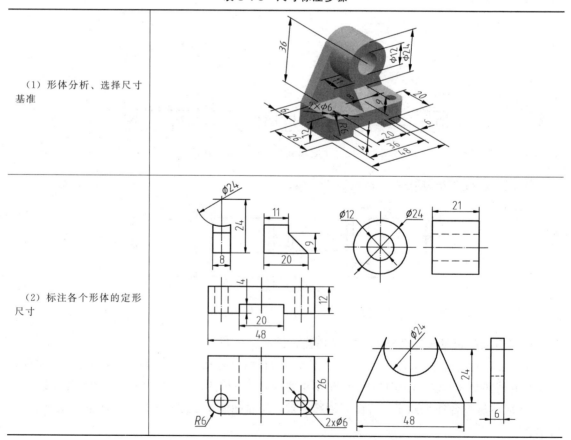

续表

（3）标注定位尺寸	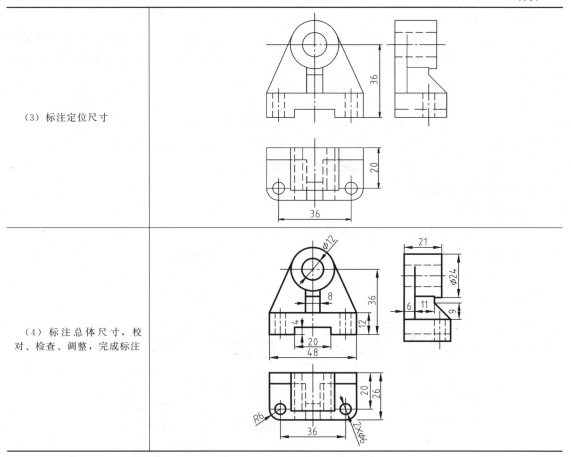
（4）标注总体尺寸，校对、检查、调整，完成标注	

（五）组合体三视图的基本要领认知

画图是将三维形体表示成二维图形，看图也就是常说的读图，它正好是画图的一个逆过程，是根据平面图形（视图）想象出空间物体的结构形状。

1. 必须把几个视图联系起来分析

从图 1-4-17 可以看出一个视图只能反映物体的一个方向的形状，因此一个视图或两个视图通常不能确定物体的形状，看图时必须将几个视图联系起来。

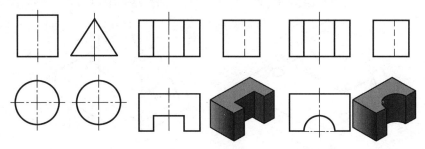

图 1-4-17 视图需联系起来

2. 要善于找出特征视图

特征视图是最能充分反映物体的形状特征的那个视图。组成物体的各部分特征通常分布在不同视图中。读图时要先找出特征视图。

3. 要把握视图中形体之间线框和图线的含义

（1）视图上每一个封闭线框，一般表示物体的一个面的投影 每个封闭线框在另外两个图中都有投影，且符合投影关系。有投影联系的三个封闭线框，一般表示构成组合体某简单形体的三个投影。读图时需要把将这几个投影联系起来分析。

（2）视图中图线的含义 有可能是具有积聚性表面的投影；也有可能是表面与表面交线的投影；还有可能是曲面的轮廓线的投影。看图时需判断视图中的图线属于上述哪一种情况的投影，并找到其在其他视图中对应的投影，将这三个视图联系起来分析。

（3）相邻两图框的含义 相邻两图框一般表示两个面。

（六）形体分析法认知

1. 形体分析法

形体分析法是根据视图的特点和基本形体的投影特征，把物体分解成若干个简单的形体，分析出组成形式后，再根据它们的相对位置和组合关系加以综合，构成一个完整的组合体，如图 1-4-18 所示。

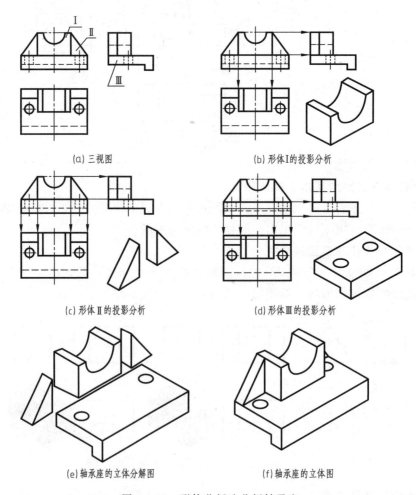

图 1-4-18 形体分析法分析轴承座

2. 形体分析法的分析步骤

① 认识视图，抓住特征。从主视图入手，将组合体分成几部分。

② 分析投影，联想形体。将分解出的每一部分，逐一根据"三等"关系，找出其在各个视图上的投影，想象出形状。

③ 综合起来，想象形体。根据三视图分析各部分相对位置和组合形式，综合想象组合体的结构形状。

三、任务小结

本子任务围绕轴承座零件的三视图展开，主要学习了：轴承座等组合体的组合形式和形体分析方法；各形体之间的表面连接关系；组合体三视图的投影规律；组合体的尺寸种类和标注要求；轴承座等组合体三视图绘制与读图方法等内容。

模块化考核题库

用 A4 图纸，绘图比例 1∶1，绘制图 1-4-19 所示耳式支座的三视图并进行尺寸标注，绘制图框线、标题栏。

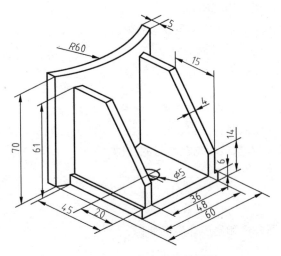

图 1-4-19　耳式支座的轴测图

子任务 2　用 AutoCAD 绘制轴承座零件

学习目标

能力目标

（1）能熟练使用常用的绘图命令和修改命令。
（2）能熟练使用状态栏常用工具。
（3）能熟练用 AutoCAD 绘制轴承座等组合体。

素质目标

（1）通过查阅资料，动手操作完成任务，培养自学的能力。
（2）通过学习中的互联网资料搜寻、小组讨论、练习、考核等活动，进行充分的交流与合作，培养团队协作意识和吃苦耐劳的精神。

知识目标

（1）掌握常用的绘图命令和修改命令的使用。
（2）掌握状态栏常用工具的使用。
（3）掌握用 AutoCAD 绘制轴承座等组合体的方法。

学习过程要求

查阅相关资料完成任务：

模块一
零件图识读与绘制

活动 1：编写用 AutoCAD 软件绘制图 1-4-20 所示零件三视图的步骤。

活动 2：用 AutoCAD 软件绘制图 1-4-20 所示零件三视图。

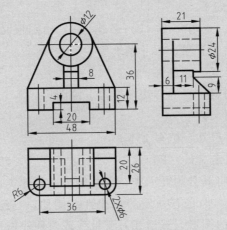

图 1-4-20　轴承座三视图

活动过程评价表

序号	活动	完成情况		
		达成目标	基本达成	未达成
1	问题 1			
2	问题 2			

一、任务导入

在前面的任务中，介绍了如何识读与绘制轴承座零件的三视图，用手绘制该三视图花费了很长时间，本次任务用 AutoCAD 软件绘制该三视图，绘制的步骤是否一致呢？是否需要一些新的命令呢？

二、任务内容

（一）AutoCAD 绘图步骤认知

一般绘制工程图的步骤如下：

① 开机进入 AutoCAD，点击文件（F）/新建（N）给图形文件起名；

② 设置绘图环境，如绘图界限、尺寸精度等；

③ 设置图层、线型、线宽、颜色等；

④ 使用绘图命令或精确定位点的方法在屏幕上绘图；

⑤ 使用编辑命令修改图形；

⑥ 进行图形填充及标注尺寸，填写文本；

⑦ 完成整个图形后，点击文件（F）/保存（S）进行存盘，然后退出 AutoCAD。

零件千变万化，但可以将其分为几大类，例如轴类、箱体类以及板类零件等。各种类型零件的绘制过程有多种方法，但也有一定的规律性。例如，当绘制对称零件（如轴、端盖等）时，可以先绘制其一半的图形，然后相对于轴线或对称线做镜像；当绘制沿若干行和若干列均匀排列的图形（如螺栓孔）时，也可以先绘制其中一个图形，然后利用阵列来得到其他图形；当绘制有 3 个视图的零件时，可以利用栅格显示、栅格捕捉、正交的方式绘制，也可以利用射线按投影关系先绘制一些辅助线，再绘制零件的各个视图。

因此，绘制此次任务的三视图，不但要熟练运用 AutoCAD 各种绘图命令和编辑命令，还要熟练运用辅助绘图工具，如目标捕捉（OSNAP）、正交（ORTHO）等。

（二）绘图、修改命令和工具操作

1. 倒角

倒角是指在两条直线之间绘制出倒角。

命令：CHAMFER。

菜单："修改" | "倒角"。

工具栏："修改" | ◰（倒角）。

执行 CHAMFER 命令，AutoCAD 提示：

选择第一条直线或 [放弃（U）/多段线（P）/距离（D）/角度（A）/修剪（T）/方式（E）/多个（M）]：

(1) 选择第一条直线　选择进行倒角的第一条直线。

(2) 多段线（P）　对整条多段线创建倒角。

(3) 距离（D）　设置倒角距离。

2. 创建圆角

创建圆角是指在两个对象（直线或曲线）之间绘制出圆角。

命令：FILLET。

菜单："修改" | "圆角"。

工具栏："修改" | ◰（圆角）。

执行 FILLET 命令，AutoCAD 提示：

选择第一个对象或 [放弃（U）/多段线（P）/半径（R）/修剪（T）/多个（M）]：

（1）选择第一个对象　要求选择用于创建圆角的第一个对象。

（2）多段线（P）　对二维多段线创建圆角。

（3）半径（R）　设置圆角半径。

3. 打断对象

打断对象是指将对象在某点处打断（即一分为二），或在两点之间打断对象，即删除位于两点之间的那部分对象。

命令：BREAK。

菜单："修改" | "打断"。

工具栏："修改" | ▣（打断于点），"修改" | ▣（打断）。

执行 BREAK 命令，AutoCAD 提示：

选择对象：（选择操作对象）

指定第二个打断点或［第一点（F）］：

（1）指定第二个打断点　确定第二断点，即以选择对象时的拾取点为第一断点，再确定第二断点来打断对象。

（2）第一点（F）　重新确定第一断点。

4. 图形特性编辑

在 AutoCAD 中，用户可以对图形对象预先指定相关特性，还可以对已绘制图形进行特性编辑，查看和修改对象特性。

（1）"图层"工具栏和"对象特性"工具栏　如图 1-4-21 所示，这两个工具栏提供了快速查看和修改所有对象都具有的通用特性的选项，通用特性指对象所在的图层、图层特性、颜色、线型、线宽以及打印样式等。此方式不能改变锁定图层上的对象特性。

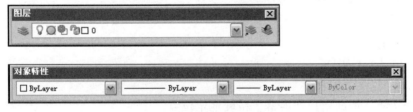

图 1-4-21　"图层"工具栏和"对象特性"工具栏

（2）特性命令

命令：PROPERTIES、DDMODIFY 或 CH。

菜单：修改→特性。

图标：标准工具栏中 ▣。

光标菜单：选中对象，单击右键选择"特性"选项或双击对象。

（3）"特性匹配"命令　将一个源对象的特性匹配到其他目标对象上，如图层的特性。

命令：MATCHPROP、PRINTER 或 MA。

菜单：修改→特性匹配。

图标：标准工具栏中 ▣。

5. 拉伸对象

利用拉伸功能，可以拉伸（或压缩）对象，使其长度发生变化。

命令：STRETCH。

菜单："修改" | "拉伸"。

工具栏："修改" | ▣（拉伸）。

6. 移动对象

将选定的对象从一个位置移动到另一位置。

命令：MOVE。

菜单："修改" | "移动"。

工具栏："修改" |（移动）。

（三）辅助绘图工具操作

AutoCAD 为用户提供了多种绘图的辅助工具，如栅格、捕捉、正交、极轴追踪和对象捕捉等，这些辅助工具类似于手工绘图时使用的方格纸、三角板，可以更容易、更准确地创建和修改图形对象。

1. 正交命令

（1）命令功能　限定光标在任何位置，都只能沿水平或竖直方向移动，即只能绘制出水平线和垂直线，不能绘制斜线。

（2）命令调用方式

键盘：按 F8 键。

图标方式：正交。

键盘输入方式：ORTHO。

2. 栅格命令

（1）命令功能　在屏幕上显示栅格，相当于在绘图区域铺了一张坐标纸。

（2）命令调用方式

键盘：按 F7 键。

状态栏：栅格。

键盘输入方式：GRID。

3. 捕捉命令

（1）命令功能　帮助用户在屏幕上精确地定位点。

（2）命令调用方式

键盘：按 F9 键。

状态栏：捕捉。

键盘输入方式：SNAP。

注：捕捉命令一般和栅格命令配合使用，对于提高绘图精度有重要作用。

4. 极轴追踪命令

（1）命令功能　按设定的极坐标角度增量来追踪特征点。

（2）命令调用方式

键盘：按 F10 键。

状态栏：极轴。

5. 对象追踪命令

（1）命令功能　当自动捕捉到图形中一个特征点后，再以这个点为基点沿设置的极坐标角度增量追踪另一点，并在追踪方向上显示一条辅助线，可以在该辅助线上定位点。

(2) 命令调用方式　状态栏：**对象追踪**。

(四) 轴承座三视图绘制

首先进行形体分析，该轴承座由底板、支承板、肋板、套筒组成。接下来用形体分析的方法绘制该轴承座三视图。

1. 设置绘图环境

① 打开 AutoCAD 2016，新建一张 A4（297×210）图纸。

② 满屏释放。

命令：z　回车（或"视图"→"缩放"→"全部"）

ZOOM

指定窗口的角点，输入比例因子（nX 或 nXP），或者［全部（A）/中心（C）/动态（D）/范围（E）/上一个（P）/比例（S）/窗口（W）/对象（O）］＜实时＞：a　回车

③采用"矩形"命令画图纸的边框和图框。边框的两对角点的坐标为（0，0）和（297，210）；图框的两对角点的坐标为（5，5）和（292，205）。

2. 创建图层

在"图层特性管理器"对话框中新建"粗实线""细实线""中心线"等图层，并设置相应的颜色、线型和线宽。

命令：在"图层"工具栏中单击"图层特性管理器"按钮，屏幕上弹出"图层特性管理器"对话框。

① 单击"新建"按钮，出现层名为"图层1"的图层，将层名改为"中心线"。

② 设置新建层的颜色。单击该层中的"白色"，弹出"选择颜色"对话框，选取红色并确定。

③ 设置新建层的线型。单击该层中的"Continuous"，弹出"选择线型"对话框，单击"加载（L）"按钮，弹出"加载或重载线型"对话框，选择需要加载的点画线线型名 CENTER，确定后回到"选择线型"对话框，选取点画线，确定后回到"图层特性管理器"。

3. 分别建立数字和汉字的文字样式

国家标准《机械工程　CAD 制图规则》中规定，汉字采用长仿宋体，输出时一般都采用正体，数字和字母一般都采用"gbenor.shx"。建立两种文字样式的操作步骤如下。

① 单击样式工具栏中的图标按钮，弹出"文字样式"对话框。单击"新建"，弹出"新建文字样式"对话框，在样式名中输入代表数字和字母的文字样式名"西文"并确认，返回"文字样式"对话框。在"字体名"下拉列表中选取"gbenor.shx"，"大字体"下拉列表中选择"gbcbig.shx"，其他默认，单击"应用"。

② 再次单击"新建"，弹出"新建文字样式"对话框，在样式名中输入"汉字"并确认，返回"文字样式"对话框。在"字体名"下拉列表中选取"长仿宋体"，"高度"值仍为"0"，"宽度因子"设为"1"，"倾斜角度"值为"0"，单击"应用"并"关闭"。

4. 绘制轴承座三视图（表1-4-2）

表 1-4-2　CAD 轴承座绘制步骤

步骤	详细步骤	示例
（1）绘制底板三视图	① 底板俯视图。用"矩形命令"绘制底板的俯视图，矩形大小用矩形两个对角点控制，以任意一点为起点后输入相对坐标，"@48，26"，"回车"	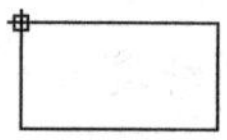
	② 底板的主、左视图。几何体三视图需要满足投影规律，因此需要借助构造线或是状态栏中的"追踪命令"画底板的剩下两个视图。 打开状态栏中的"追踪命令"，输入"矩形命令"后在俯视图矩形的左上角点停留1s，追踪与该点成对正的点，然后左键单击作为起点，输入"@48，12"，然后"回车"。 左视图同样用"矩形命令"追踪捕捉与主视图上点高平齐的点，左键单击，输入"@26，12"，然后"回车"	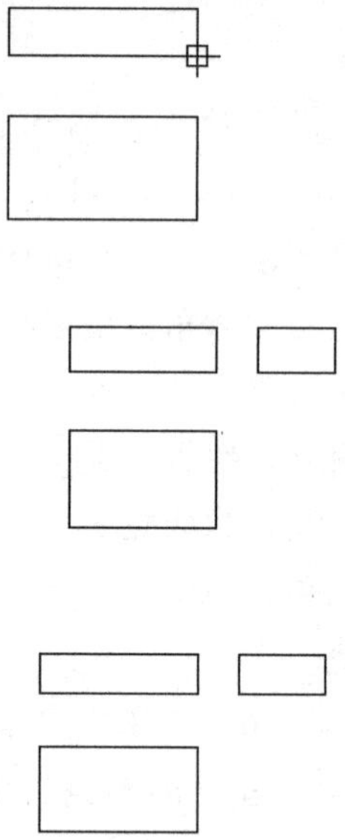
（2）绘制轴承孔	① 轴承孔主视图。先绘制有圆的视图。在该视图中，在"点画线图层"上绘制尺寸基准，由于轴承孔轴线的高是36，在主视图中底板矩形下边用"直线命令"描画一样长的直线，使用"偏移命令"，将该直线偏移36。在该图层绘制竖直中心线。 在"粗实线图层"，用粗实线绘制圆筒的反映圆的视图，左键单击作为圆心，键盘输入半径12，然后右键重复"圆命令"左键单击圆心，半径是6，"回车"	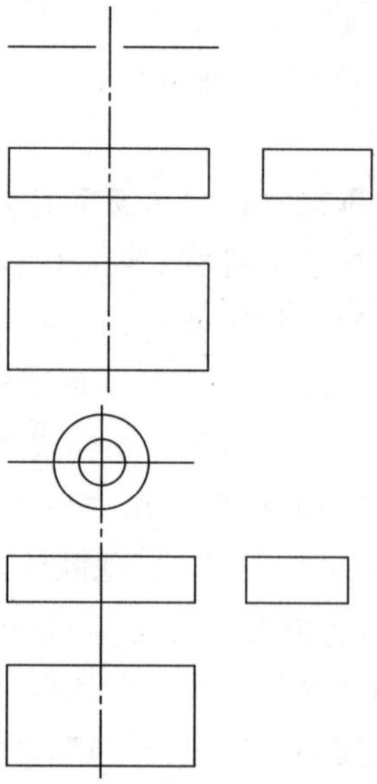

续表

步骤	详细步骤	示例
（2）绘制轴承孔	② 轴承孔左视图。轴承孔的左视图不仅高平齐，支承板、轴承孔以及底板的后侧面也是平齐的。将"正交"打开，以轴承孔主视图最下面的点作为直线的起点，在左视图矩形左上点停留1s后光标向上移动，取追踪线和要绘制直线的交点作为直线的终点绘制"直线"，以直线终点作为矩形的起点，绘制长度是21、宽是24的"矩形"。绘制好后把这条高平齐的辅助线删去，用夹点命令将点画线拉长。 绘制圆筒的虚线，当前图层设为"虚线图层"，用"直线命令"从轴承孔内圆最下面的点画到左视图轴承孔边框，再继续用"直线命令"，画圆筒内部的转向轮廓线，Delete键删除视图外两条线	
	③ 轴承孔俯视图。仍是利用长对正投影规律，分别在粗实线和细实线图层，利用直线、追踪和捕捉命令绘制轴承孔轮廓线。打开状态栏的线宽	

续表

步骤	详细步骤	示例
（3）绘制支承板	① 支承板的俯视图、主视图。支承板前侧面距离后侧面的宽是 6。在粗实线图层，先用"直线命令"在底板上描画一条直线，然后使用"偏移命令"偏移 6。绘制的直线与轴承座零件的三视图有区别，中间还有一段虚线，这条虚线需要根据主视图切点的位置长对正绘制。 绘制主视图支承板的两个侧面。关闭正交，通过捕捉切点绘制直线（若捕捉不了切点，在状态栏中点击捕捉右键设置切点的捕捉）。通过该切点，打开正交，长对正下来捕捉垂足绘制直线。 辅助线对正的是切点的位置，两切点中间应该是虚线，把当前图层调到虚线图层，在两个垂足也就是切点之间绘制上虚线，虚线在这里被粗实线遮住了，利用夹点工具将粗实线缩短到虚线的位置，右半部分用镜像或者直接用粗实线再画出来，利用夹点工具，在粗线延长线上虚线要空 1mm	

续表

步骤	详细步骤	示例
（3）绘制支承板	② 支承板左视图。先把后侧面直线绘制出来，需要注意要满足与主视图切点高平齐的投影规律，利用"追踪命令"绘制该直线，其后使用"偏移命令"把这条线偏移。支承板的前侧面就只到达了切点位置。利用夹点工具将转向轮廓线缩短	
（4）绘制肋板	① 肋板主视图。用中心线偏移，或者单独画一条直线偏移。输入偏移距离4，对偏移后直线加粗。肋板主视图棱线的高度是9，在底板矩形上边对应位置绘制一条短线，左键单击选上，将它的中间节点向上移动，输入9并回车	
	② 肋板左视图。绘制肋板左视图，打开正交、追踪命令，输入直线命令，以主视图轴承孔与肋板截交线位置的点为追踪的起点，追踪至左视图肋板的第二条交线，以该交点为直线起点，绘制长11的直线。接着向下绘制垂直直线，利用追踪使该段直线与主视图对应结构高平齐，继续绘制直线，画到底板最前端。该视图的截交线在其主视图聚集成点，整个肋板把轴承孔的下转向轮廓线包在里面了，截交线露出来，删除该部分的转向轮廓线	
	③ 肋板俯视图。俯视图肋板的宽是8，用粗实线绘制，两个交点向前绘制直线，长度为20，接着绘制肋板中间的棱线。将被轴承孔挡住部分肋板的棱线改为虚线。支承板的部分包在整个肋板里面，支承板的虚线需要用打断命令打断或者用修剪命令修剪。删去两条偏移辅助线	

续表

步骤	详细步骤	示例
（5）绘制底板上的圆角、槽以及孔	单击圆角命令，输入 r 并回车，输入倒角半径 6，回车，点击要倒角的两条边。 圆角内部有直径为 6 的孔，长度位置是 36，宽度位置是 20，利用偏移命令绘制孔的轴线位置。细点画线交点位置就是圆心，在粗实线图层绘制圆。圆孔在主视图和左视图的视图同样用偏移、修剪、直线命令绘制。 绘制底板槽，同圆孔绘制方法类似，对中心线和底板矩形的底边偏移，修剪后改到相应的图层	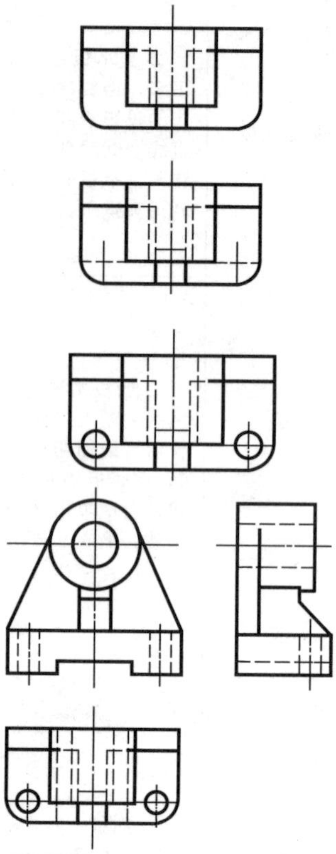

三、任务小结

本子任务继续介绍了一些常用的绘图命令和修改命令的使用，同时还介绍了状态栏常用工具的使用和 AutoCAD 绘制轴承座等组合体的方法。通过本子任务的学习，读者应该能够熟练使用 AutoCAD 绘制组合体三视图。

模块化考核题库

用 AutoCAD 绘制子任务 1 中耳式支座（图 1-4-19）的三视图。

任务五 绘制法兰

法兰连接是化工生产装置的常用连接方式,法兰盘又是法兰连接的主要结构。法兰盘是盘状类零件,采用准确的表达方式将这类零件的结构表达清楚以及读懂这类零件的零件图都是化工专业学生需要掌握的。

子任务 1 识读与绘制法兰零件图

学习目标

能力目标

(1)能绘制法兰零件工作图。
(2)能识读法兰零件图。
(3)能读懂并绘制剖面图。

机械制图与CAD

素质目标

（1）通过制定法兰绘图方案，培养分析问题、解决问题的能力。
（2）通过学习中的互联网资料搜寻、小组讨论、练习、考核等活动，进行充分的交流与合作，培养团队协作意识和吃苦耐劳的精神。
（3）绘制法兰盘零件图时，严格按照机械制图国家标准执行，培养规范意识，养成严谨、细致的工作作风。

知识目标

（1）掌握法兰盘零件的视图表达方法。
（2）掌握法兰盘零件草图绘制与识读的基本方法与步骤。
（3）了解零件的简化画法。
（4）掌握剖视图的概念、种类及标注。

学习过程要求

查阅相关资料完成任务：
活动1：
（1）查阅网上资料，说出法兰的含义及作用。
（2）仔细观察给出的带尺寸的法兰模型（图1-5-1），利用自己所学知识，制定绘制法兰的方案，完成表1-5-1填写，要求将法兰结构表示清楚。

表1-5-1 活动1表单

步骤	绘制内容	视图的表达形式	注意事项
1			
2			
3			
4			
5			

（3）说出该法兰的螺栓孔绘制方法。
（4）绘制法兰零件视图并进行尺寸标注。
活动2：图1-5-2是法兰零件图，请参照在上个活动中绘制的法兰三视图，试读该零件图，并查阅资料完成下列任务。

（1）说出该零件图的组成部分。

（2）依照自己绘制的法兰视图，写出你读懂了该零件图的哪些部分以及读图步骤。

（3）完成下列填空。

① 看标题栏：

从标题栏可知，该零件叫_____，用来连接管道类零件，属于_____类零件。

② 视图分析：

表达方案由_____图和_____图组成，_____图采用全剖视图，_____采用基本视图表达。主视图已将_____的内、外部形体结构表达清楚了，内部形体由几段不同直径的_____体组成，最大孔径_____一般由_____刀完成。

最右端内孔径为_____，端部加工有_____。外部形体由几段不同直径的_____体组成，最大直径φ120柱体上加工有_____个φ11的台阶孔。

③ 分析尺寸：

法兰盘的外形整体尺寸是_____。法兰盘轴向尺寸基准是_____，注出了尺寸_____、_____等。径向尺寸基准是_____，注出了尺寸_____、_____、_____、_____、_____、_____等。φ120柱体上台阶孔的台阶深是_____，孔径是_____。

活动过程评价表

序号	活动	完成情况		
		达成目标	基本达成	未达成
1	活动1			
2	活动2			

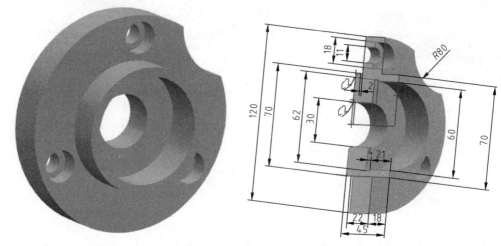

图 1-5-1 法兰模型图

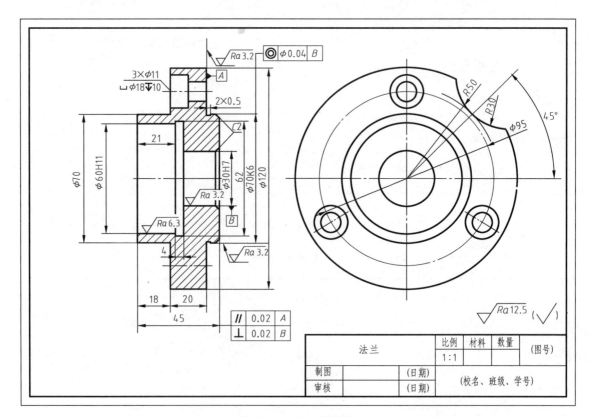

图 1-5-2 法兰零件图

一、任务导入

法兰连接在工厂随处可见,图 1-5-3 所示分别是图 (a) 连接塔节与塔节的容器法兰,图 (b) 连接接管的管法兰,图 (c) 连接封头与筒体、管箱与筒体的容器法兰,图 (d) 连接接管的管法兰。下面来学习如何识读与绘制法兰零件图。

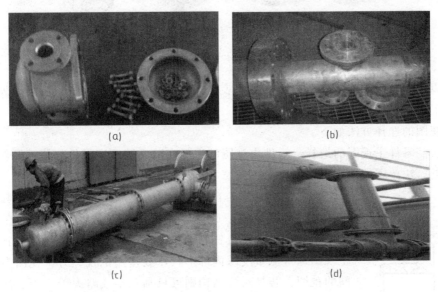

图 1-5-3 法兰

二、任务内容

(一) 法兰及作用认知

法兰,通常是指在一个类似盘状的金属体的周边开上几个固定用的孔用于连接其他东西,如图 1-5-4 所示。

法兰是轴与轴之间相互连接的零件,用于管端之间的连接;也有用在设备进出管口上的法兰,用于两个设备之间的连接,如减速器、筒体法兰。

(二) 法兰零件表达方案选择

在前面轴承座零件的绘制与识读中,我们知道要想绘制零件,就要进行视图的选择。当然将零件结构表达清楚不止有视图这一种表示方法,还有剖视图、断面图等其他表示方法。所以要根据零件的结构特点,选用适当的表示方法。零件的表达方案的选择,应首先考虑看图方便。由于零件的结构形状是多种多样的,所以在画图前,应对零件进行结构形状分析,结合零件的工作位置和加工位置,选择最能反映零件形状特征的视图作为主视图,并选好其

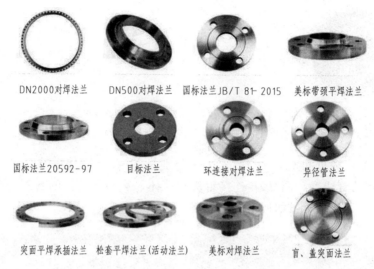

图 1-5-4 法兰

他视图,以确定一组最佳的表达方案。确定表达方案的原则是:在完整、清晰地表示零件形状的前提下,力求制图简便。

法兰视图的选择方法如下。

(1) 法兰零件主视图的选择　零件主视图的选择在前文轴承座零件部分已经叙述过,这里不再重复。法兰零件图应怎么选取主视图?

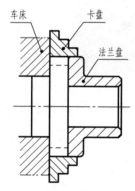

图 1-5-5　法兰盘在车床上用卡盘夹持加工

为使生产时便于看图,法兰等盘状零件的主视图按其在车床上加工时的位置摆放。此类零件的主要回转面和端面都在车床上加工,因此也按加工位置和轴向结构形状特征原则选择主视图,并且主视图通常侧重反映内部形状,故多用剖视。另一视图多用投影为圆的视图,若是对称结构则可只画一半或略大于一半。法兰盘在车床上用卡盘夹持加工如图 1-5-5 所示。

(2) 选择其他视图　一般来讲,仅用一个主视图是不能完全反映零件的结构形状的,必须选择其他视图,包括剖视、断面、局部放大图和简化画法等各种表达方法(这些表达方法在后文均会介绍)。主视图确定后,对其表达未尽的部分,再选择其他视图予以完善表达。具体选用时,应注意以下几点:

① 根据零件的复杂程度及内、外结构形状,全面地考虑还应需要的其他视图,使每个所选视图具有独立存在的意义及明确的表达重点,注意避免不必要的细节重复,在明确表达零件的前提下,使视图数量为最少。

② 优先考虑采用基本视图,当有内部结构时应尽量在基本视图上作剖视;对尚未表达清楚的局部结构和倾斜部分结构,可增加必要的局部(剖)视图和局部放大图;有关的视图应尽量保持直接投影关系,配置在相关视图附近。

③ 按照视图表达零件形状要满足正确、完整、清晰、简便的要求,进一步综合、比较、调整、完善,选出最佳的表达方案。

(三) 剖视图认知

法兰零件图中为了反映轴向内部结构，采用了全剖视图，这种新的表达方法可以用于更直观、更清楚地了解工件内部的结构。剖视图是如何形成的呢？

假想用一个剖切平面在适当的位置把机件剖开，再把处于观察者和剖切平面之间的部分移去，将其余部分向投影面进行投影得到的图形，称为剖视图，如图 1-5-6 所示。

与视图相比，剖视图有什么特点呢？通过图 1-5-7 可以看到，剖过之后，主视图孔的轮廓线由虚线变成实线，与剖切平面相接触的零件部分绘制了剖面线（剖面符号用间隔相等的、均匀的、与主轮廓线或剖面区域对称线成 45°角的细实线）。剖视图中，俯视图还有箭头、短线和大写的字母，这都表示什么含义？这就涉及剖视图的画法与标记。

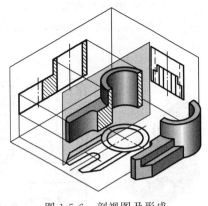

图 1-5-6 剖视图及形成

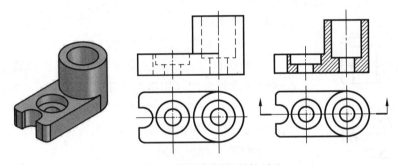

图 1-5-7 视图与剖视图的对比

1. 剖视图的画法

① 确定剖切面的位置。

② 将处在观察者和剖切面之间的部分移去，而将其余部分全部向投影面投射；不同的视图可以同时采用剖视。

③ 在剖面区域内画上剖面符号；剖视图中的虚线一般可省略，如图 1-5-8 所示。

2. 画剖视图需要注意的问题

① 剖切机件的剖切面必须垂直于相应的投影面。

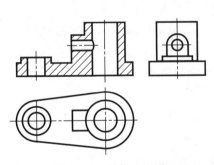

图 1-5-8 零件三视图

② 机件的一个视图画成剖视后，其他视图的完整性不应受到影响，如图 1-5-8 所示。

③ 剖切后的可见结构一般应全部画出。

④ 在剖视图上对于已经表达清楚的结构，其虚线可以省略不画。但如果仍有表达不清的部位，其虚线则不能省略。在没有剖切的视图上虚线的问题也按照同样的原则处理。

⑤ 物体材料不同，剖面符号也不相同。金属材料用间隔相等的、均匀的、一般与主轮廓线或剖面区域对称线成 45°角的细实线，如图 1-5-8 所示。在同一张图样上，相同机件的剖面线方向和间隔都应相同。当机件的主轮廓与水平方向成 45°角时，剖切面的倾斜程度应改为 30°或 60°。

⑥ 要明确空心和实心部分。剖切面画在实心部分，但是若剖切平面平行于肋板特征面、轮辐长度方向剖切，肋板和轮辐不画剖面线，而用实线将它们与相邻部分分隔开，如图 1-5-9、图 1-5-10 所示。

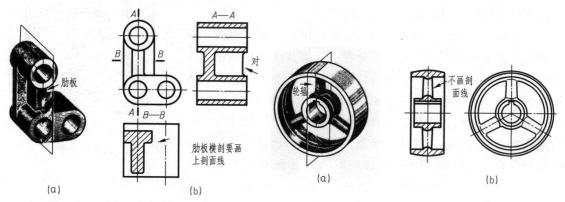

图 1-5-9　肋板在剖视图中的画法　　　　图 1-5-10　轮辐在剖视图中的画法

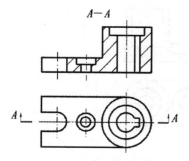

图 1-5-11　剖视图的画法

3. 剖视图的标注

（1）标注要素（图 1-5-11）

① 剖切符号：粗剖切面起、讫和转折位置（用粗短画线表示）及投影方向（用箭头或粗短画线表示）的符号。

② 字母：剖视图上方的"×—×"为剖视图的名称，在视图中能找到对应的名称，×为大写拉丁字母。

③ 箭头：投射方向。

（2）标注情况

① 全标：指三要素全部标出，这是基本规定。

② 不标：同时满足三个条件时，三要素均不标注。单一剖切平面通过机件的对称平面或基本对称平面剖切；剖视图按投影关系配置；剖视图与相应的视图间没有其他图形隔开。

③ 省标：仅满足不标条件的后两个，可省略表示投影方向的箭头。

4. 全剖、半剖、局部剖视图

按照剖切范围不同，剖视图可以分为全剖、半剖、局部剖视图。

（1）全剖视图（图 1-5-12）

概念：用剖切面完全地剖开机件所得到的视图，称为全剖视图。

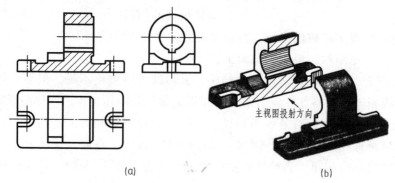

图 1-5-12　全剖视图的画法

适用场合：一般用于外形比较简单，内部结构比较复杂的机件。

注意要点：因剖视图已将机件的内部结构表达清楚，其他视图不必画出虚线。

（2）半剖视图（图1-5-13）

概念：当物体具有对称平面时，向垂直于对称平面的投影面上投射所得的图形，以对称中心线为界，一半画成剖视图，另一半画成视图，这种剖视图称为半剖视图。

适用场合：用于内外结构都比较复杂的机件。

注意要点：

① 半个视图与半个剖视图之间的分界线用细点画线表示，而不能画成粗实线。

② 机件的内部结构形状已在剖视图中表达清楚，在另一半的视图中一般不再画出细虚线。

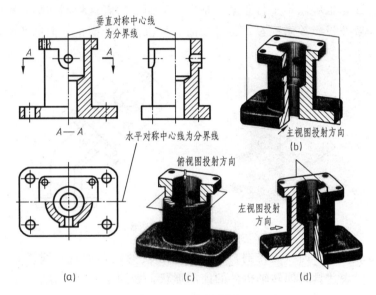

图1-5-13 半剖视图

（3）局部剖视图（图1-5-14）

概念：用剖切平面局部地剖开机件所得的视图，称为局部剖视图。

适用场合：在只对机件的某一部分剖开时采用。

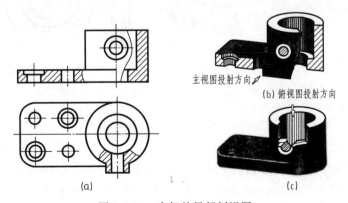

图1-5-14 支架的局部剖视图

注意要点:

① 局部剖视图用波浪线分界,波浪线应画在机件的实体上,不能超出实体轮廓线,也不能画在机件的中空处。

② 在一个视图中局部视图的数量不宜过多,在不影响外形表达的情况下,可在较大范围内画成剖视图,以减少局部视图的数量。

③ 波浪线不应画在轮廓线的延长线上,也不能用轮廓线代替,或与图样上其他图线重合。

5. 剖切平面的种类及适用条件

剖视图应尽量多地表达出机件的内部结构,因此,可使用一定数量的剖切面,有以下几种剖切面。

(1) 单一剖切平面　该剖切平面是最常见的剖切形式,如图 1-5-15 所示。它可以平行于某一基本投影面,也可以不平行于某一基本投影面。后者这种剖切形式称为斜剖,斜剖所画出的剖视图一般按投影关系配置,也可按需要将机件旋转摆正,但标注要加旋转符号。

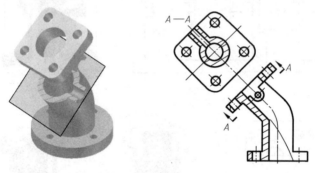

图 1-5-15　单一剖切面

(2) 两相交的剖切平面(旋转剖)　用两个相交的剖切面(交线垂直于某一基本投影面)剖开机件,以表达具有回转轴机件的内部形状,如图 1-5-16 所示。

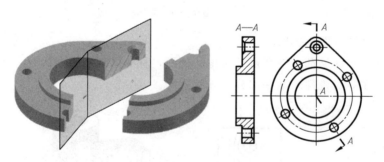

图 1-5-16　相交剖切面

应注意的问题:

① 两剖切面的交线一般应与机件的轴线重合。

② 在剖切面后的其他结构仍按原来位置投射。

(3) 几个平行的剖切平面(阶梯剖)　如图 1-5-17 所示,当机件上具有几种不同的结构要素(如孔、槽等),它们的中心线排列在几个互相平行的平面上时,宜采用几个平行的剖切面剖切。

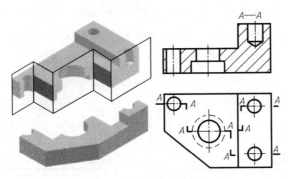

图 1-5-17　平行剖切面

(四) 回转体上均匀分布的肋板、孔、轮辐等结构的画法

在剖视图中，当零件回转体上均匀分布的肋、轮辐、孔等结构不处于剖切平面上时，可将这些结构旋转到剖切平面的位置，再按剖开后的对称形状画出，如图 1-5-18 所示。在图 1-5-18（a）主视图中右边对称画出肋板，左边对称画出小孔中心线（旋转后的）。在图 1-5-18（b）中，虽然没剖切到四个均布的孔，但仍将小孔沿定位圆旋转到正平（平行于 V 面）位置进行投射，且小孔采用简化画法，即画一个孔的投影，另一个只画中心线。

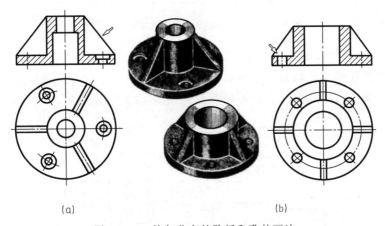

(a)　　　　　　　　　　　　　　(b)

图 1-5-18　均匀分布的肋板和孔的画法

(五) 简化画法及其他规定画法认知

制图时，在不影响对零件完整和清晰表达的前提下，应力求制图简便。国家标准还规定了一些简化画法及其他规定画法，简单介绍如下。

① 在不致引起误解时，对于对称零件的视图可只画一半或四分之一，但需画对称符号，如图 1-5-19 所示。

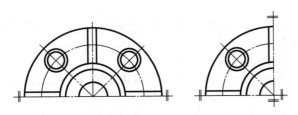

图 1-5-19　简化画法及其他规定画法（一）

② 当零件具有若干相同结构，并按一定规律分布时，只需画出几个完整的结构，其余用细实线连接。若干直径相同，且成规律分布的孔，可以仅画一个或几个，其余只需用点画线表示其中心位置，在零件图中注明孔的总数，如图 1-5-20 所示。

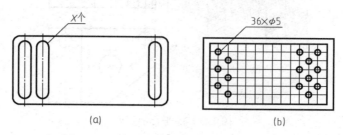

图 1-5-20　简化画法及其他规定画法（二）

③ 当图形不能充分表达平面时，可用平面符号（相交的两条细实线）表示，如图 1-5-21 所示。

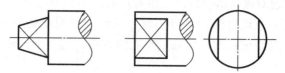

图 1-5-21　简化画法及其他规定画法（三）

④ 零件的滚花部分，可以只在轮廓线附近用细实线示意画一小部分，并在零件图上或技术要求中注明具体要求。较长的零件，如轴、杆、型材、连杆等，沿长度方向的形状一致或按一定规律变化时，可以断开后缩短绘制，如图 1-5-22 所示。

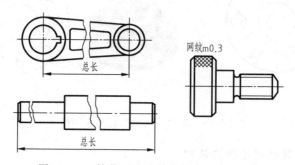

图 1-5-22　简化画法及其他规定画法（四）

在不致引起误解时，零件图中小圆角、锐边的小倒圆或 45°小倒角允许省略不画，但必须注明尺寸或在技术要求中加以说明，如图 1-5-23 所示。

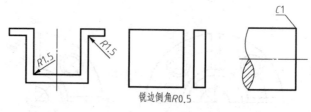

图 1-5-23　简化画法及其他规定画法（五）

零件上斜度不大的结构,当在一个图形中已表达清楚时,其他图形可以只按小端画出,如图 1-5-24(a)所示。圆柱形法兰和类似零件上均匀分布的孔可按图 1-5-24(b)所示方法表示。

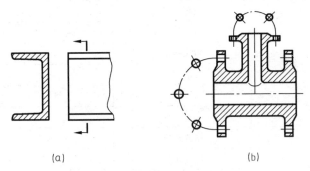

图 1-5-24　简化画法及其他规定画法(六)

(六) 法兰零件三视图绘制

法兰零件如图 1-5-25 所示。绘图步骤:

① 画图框和标题栏。

② 确定视图位置,画出视图的中心线、基准线—轮廓线—倒角。

③ 选择尺寸基准,画尺寸线。

机械制图评分细则见表 1-5-2。

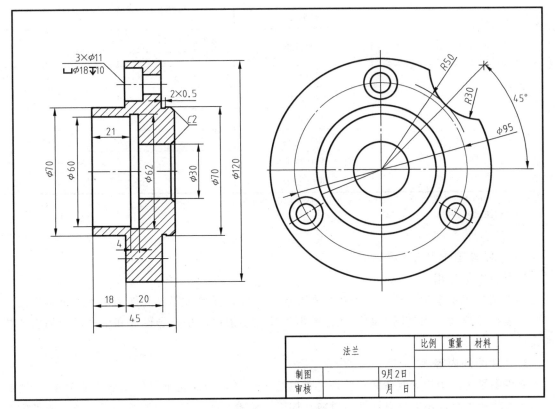

图 1-5-25　法兰零件

表 1-5-2 机械制图评分细则

序号	项目	小项	占分	得分
1	图幅 3 分	尺寸正确	3	
2	图框 6 分	边距正确	1	
		形状矩形	1	
		粗实线型	1	
		光滑均匀	1	
		无断头线	1	
		无出头线	1	
3	标题栏 9 分	格式正确	2	
		尺寸正确	2	
		形状矩形	1	
		线型正确	2	
		文字整齐	1	
		项目齐全	1	
4	视图 49 分	表达正确完整	每个视图 10 分，共 20 分	
		视图配置	8	
		中心对称线	2	
		轴线	2	
		剖面线	2	
		各种线型	每画错一条扣 1 分，扣完 15 分为止	
5	标注 33 分	尺寸界线	3	
		尺寸线	3	
		箭头形状	3	
		数字书写	5	
		标注清晰	4	
		漏标/重标	15	

注：1. 基本的投影关系错误，图形倾斜或扭曲，徒手作图者为 0 分；
2. 没有标注尺寸者为 0 分；
3. 没有完成图样者为 0 分。

（七）零件图作用与内容认知

1. 零件图的作用

零件图是表示零件结构、大小及技术要求的图样。任何机器或部件都是由若干零件按一定要求装配而成的。零件图是制造和检验零件的主要依据，是指导设计和生产部门的重要技术文件。

2. 零件图的内容

零件图是生产中指导制造和检验该零件的主要图样，因此它不仅仅要表达清楚零件的内、外结构形状和大小，还需要对零件的材料、加工、检验、测量提出必要的技术要求。零件图必须包含制造和检验零件的全部技术资料。因此，一张完整的零件图一般应包括以下几项内容：

（1）一组图形　用适当的表达方法正确、完整、清晰和简便地表达出零件内外形状的图形，其中包括机件的各种表达方法，如视图、剖视图、断面图、局部放大图和简化画法等。

（2）完整的尺寸　正确、完整、清晰、合理地注出制造零件所需的全部尺寸。

（3）技术要求　零件图中必须用国家规定的代号、数字、字母和文字注解，简明准确地说明制造和检验零件时在技术指标上应达到的要求，如表面粗糙度、尺寸公差、形位公差、材料和热处理、检验方法以及其他特殊要求等。技术要求的文字一般注写在标题栏上方图纸空白处。（这部分在轴零件图中会详细介绍）

（4）标题栏　标题栏应配置在图框的右下角。填写的内容主要有零件的名称、材料、数量、比例，以及审核、批准者的姓名、日期等。标题栏的尺寸和格式已经标准化，可参见有关标准。

(八) 零件图识读

1. 概括了解

首先必须读标题栏，从标题栏了解零件的名称、图号及绘图比例等。了解了零件的名称，再结合视图就可以从形状、作用方面联想起曾见过的类似零件和功能；了解零件选用什么材料可作为选用刀具的依据之一；从比例中可知道此零件的实际大小。

由图 1-5-2 标题栏可知，活动中的零件图中的零件是法兰，画图比例 1∶1。该法兰零件结构比较简单，大致由两部分组成：一个是空心圆柱体，另一个是一定厚度的开了孔的圆盘。

2. 分析表达方案

首先找出主视图。这是由于主视图一般能反映零件主要形状特征，尺寸也相对集中。然后了解零件采用了哪些表达方法，弄清各视图之间的投影配置关系及表达重点。看剖视图、断面图则必须找到其剖切平面的位置；斜视图和局部视图应找到对应的投影方向；局部放大图应找到被放大部位。在此基础上，想象出零件的大致形状。

法兰的内部结构用全剖视图表示。法兰盘零件选用两个基本视图来表达，即轴向内部结构和端面形状结构。

3. 分析形体，想象零件的结构形状

应用形体分析的方法，根据图形特点将零件划分为几个组成部分，弄清各部分由哪些基本形体组成，再分析各形体的变化情况和细小结构，找到对应的视图，想象出结构，最后将各部分综合起来想象出零件完整的结构形状。

视图和尺寸分别表达了同一零件的形状和大小，读图时应把视图、尺寸和形体结构分析密切结合起来了解。

4. 分析尺寸和技术要求

先找出长、宽、高三个方向尺寸的主要基准，再了解各形体的定位、定形尺寸及尺寸偏差，弄清各个尺寸的作用，在分析完成以上几个步骤后，零件的大小和形状就已确定。了解技术要求，明确加工和测量方法，掌握零件质量指标。

5. 归纳总结

通过上述看图步骤，综合结构形状、尺寸和技术要求，即可对该零件的整体及部分的各方面要求有一个完整的了解。

三、任务小结

本子任务结合法兰零件讲授了法兰盘零件的表达方法、法兰盘零件草图绘制与识读的基本方法和步骤、零件结构的简化画法,讲授了一种表达方法——剖视图,介绍了剖视图的概念、种类及标注。

模块化考核题库

简化画法的简化原则是（　　）。
A. 必须保证不致引起误解　　B. 应避免不必要的视图和剖视图
C. 必须不会产生理解的多意性　　D. 应避免使用虚线表示不可见的结构

子任务2　用AutoCAD绘制法兰零件图

学习目标

◎ **能力目标**

（1）能设置尺寸样式。
（2）能进行尺寸编辑和尺寸标注。
（3）能按要求绘制法兰。
（4）能正确定义块以及插入块。
（5）能熟练使用绘图与修改命令。

◎ **素质目标**

（1）通过查阅资料,动手操作完成任务,培养自学的能力。
（2）通过学习中的互联网资料搜寻、小组讨论、练习、考核等活动,进行充分的交流与合作,培养团队协作意识和吃苦耐劳的精神。
（3）通过绘制零件图,培养一丝不苟的学习态度。

> 知识目标

（1）掌握与法兰图样有关的尺寸样式的设置方法。
（2）掌握与法兰图样有关的形体尺寸标注命令的使用方法。
（3）掌握与法兰图样有关的尺寸标注编辑命令的使用方法。
（4）掌握块的概念及定义块、插入块的操作步骤。
（5）掌握绘制法兰的方法。

学习过程要求

查阅相关资料完成任务：

活动 1：编写绘制轴零件的方案。本活动选择 A4 图纸，绘图比例 1∶1，图层和线型设置如表 1-5-3 所示，全局线型比例 1∶1。表单见表 1-5-4。

表 1-5-3　图层、线型设置

图层名	线型	线宽
粗实线	Continuous	0.5
细实线	Continuous	0.25
虚线	HIDDEN	0.25
中心线	CENTER	0.25
文字	Continuous	0.25
尺寸	Continuous	0.25

表 1-5-4　活动 1 表单

步骤	内容	备注
1		
2		
3		
4		
5		

活动 2：查阅资料，按要求绘制法兰零件图（图 1-5-26），图中标注样式如表 1-5-5 所示。

表 1-5-5　标注样式设置

名称	机械	名称	机械
基线间距	4	文字高度	3
箭头样式	实心闭合	文字对齐	ISO 标准
箭头大小	3	主单位精度	视图纸需要确定
文字样式	数字	主单位小数分隔符	"."（句点）

活动过程评价表

用于评价学生完成学习任务情况和各方面能力提升情况。

序号	项目	完成情况与能力提升评价		
		达成目标	基本达成	未达成
1	活动1			
2	活动2			

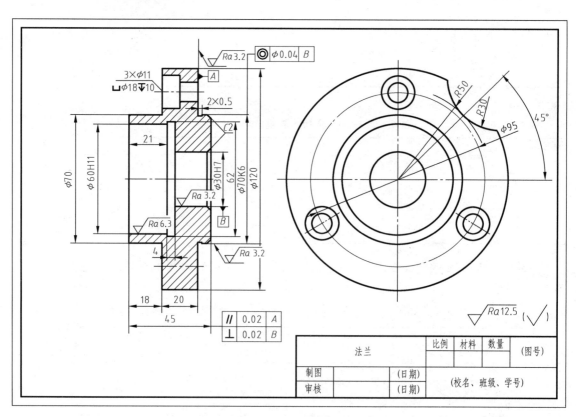

图 1-5-26 法兰零件图

一、导入任务

法兰是化工设备中用于支承、定位或进行密封的常用部件，一般用主视图和左视图表示，如任务单中的法兰零件图所示。如何用 AutoCAD 绘制法兰零件图？本子任务介绍相关内容。

二、用 AutoCAD 绘制法兰零件图

（一）表面粗糙度（仅介绍画法）绘制

可以将表面粗糙度定义成带属性的"块"，存放在图形库中，需要时用"块插入"命令调用这些块，从而提高工作效率。插入时应注意块的大小和方向以及相应的属性值。

1. 块定义

块定义用于指导当前图形中一个或若干个实体构成一个块。

命令格式：

① 命令：Block。

②【绘图】→【块】→【创建】→弹出"块定义"对话框。

③ 在绘图工具栏中单击图标 。

2. 插入块

块定义完成后，可以将其插入到图形文件中。通过对话框形式在图形中的指定位置插入一个已定义的块，如图 1-5-27 所示。

图 1-5-27 插入块

命令格式：

① 命令：Insert。

②【插入】→【块】→弹出"插入"对话框。

③ 在绘图工具栏中单击图标。

3. 绘制表面粗糙度符号：

国家标准《机械制图 表面粗糙度符号、代号及其注法》(GB/T 131—2006) 中对粗糙度符号的各部分尺寸有详细的规定，如图 1-5-28 所示，各部分尺寸与图纸中数字和字母的高度有一一对应关系。

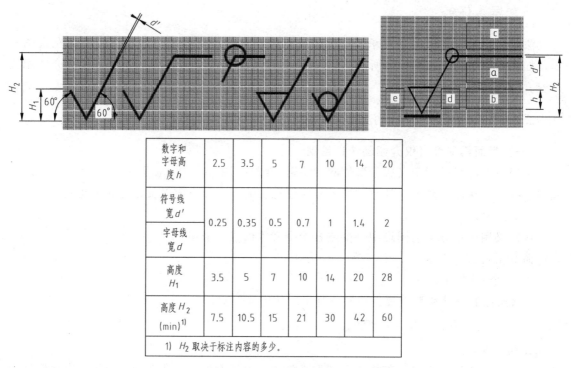

数字和字母高度 h	2.5	3.5	5	7	10	14	20
符号线宽 d'	0.25	0.35	0.5	0.7	1	1.4	2
字母线宽 d							
高度 H_1	3.5	5	7	10	14	20	28
高度 H_2 (min)[1]	7.5	10.5	15	21	30	42	60

1) H_2 取决于标注内容的多少。

图 1-5-28 数字和字母格式

在此，以数字高度 3.5 为例，具体绘制方法如表 1-5-6 所示。

表 1-5-6 粗糙度符号绘制步骤

① 任意绘制水平线段，如图 (a) 所示，取线段中点为起点，绘制 60°和 120°斜线，将水平线段分别向上偏移 5 和 11 [图 (b)]。 修剪和删除多余的线条，最终结果如图 (c) 所示	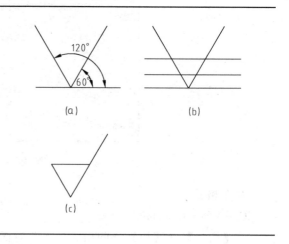

续表

② 菜单【绘图】→【块】→【定义属性…】，打开"属性定义"对话框，对话框中各部分的设置如右图所示。

单击"拾取点"按钮，AutoCAD 将隐藏"属性定义"对话框而切换到图形窗口，在表面粗糙度符号水平线左上方取一点。AutoCAD 返回到"属性定义"对话框，在"属性定义"对话框中，单击"确定"按钮

③ 在命令行输入"WBLOCK"，回车，打开"写块"对话框。利用此对话框，可以将绘制的图形和属性一起定义成图块，并存入指定的位置。

在"写块"对话框中，单击"拾取点"按钮，设置"基点"为粗糙度符号的下尖点；单击"选择对象"按钮，选择整个图形；在"目标"设置区中输入文件名、图块存放位置及插入单位。上述内容如右图"写块"对话框中所示

（二）尺寸标注

1. 尺寸标注的基本要素

（1）尺寸线　用于指示标注的方向，用细实线绘制。

（2）尺寸界线　用于表示尺寸度量的范围。

（3）尺寸箭头　用于表示尺寸度量的起止。

（4）尺寸文本　用于表示尺寸度量的值。

（5）形位公差　由形位公差符号、公差值、基准等组成，一般与引线同时使用。

（6）引线标注　从被标注的实体引出直线，在其末端可添加注释文字或形位公差。

2. 尺寸标注样式

（1）命令调用方式

菜单方式：【格式】→【标注样式】。

图标方式：【标注】→ ⊬⊣ 。

键盘输入方式：DIMSTYLE。

（2）管理标注样式　窗口内容。

（3）创建新的标注样式

① 直线和箭头设置：可对尺寸线、尺寸界线、尺寸箭头和圆心标记等进行设置。

② 文字设置：设置尺寸文本的显示形式和文字的对齐方式。

③ 调整设置：可设置尺寸文本、尺寸箭头、指引线和尺寸线的相对排列位置。

④ 主单位设置：可设置基本标注单位格式、精度以及标注文本的前缀或后缀等。

⑤ 换算单位设置：可设置替代测量单位的格式和精度以及前缀或后缀。

⑥ 公差设置：可设置尺寸公差的标注格式及有关特征参数。

3. 尺寸标注的方法

（1）线性标注

① 命令功能：用于标注水平尺寸、垂直尺寸和旋转尺寸。

② 命令调用方式：

菜单方式：【标注】→【线性】。

图标方式：【标注】→ ⊢⊣。

键盘输入方式：DIMLINEAR。

（2）对齐标注

① 命令功能：用来标注斜面或斜线的尺寸。

② 命令调用方式：

菜单方式：【标注】→【对齐】。

图标方式：【标注】→ ⸝。

键盘输入方式：DIMALIGNED。

（3）基线标注

① 命令功能：用来标注自同一基准处测量的多个尺寸。

② 命令调用方式：

菜单方式：【标注】→【基线】。

图标方式：【标注】→ ⊟。

键盘输入方式：DIMBASELINE。

（4）连续标注

① 命令功能：用来标注图中出现在同一直线上的若干尺寸。

② 命令调用方式：

菜单方式：【标注】→【基线】。

图标方式：【标注】→ ⊟。

键盘输入方式：DIMBASELINE。

（5）直径尺寸标注　命令调用方式：

菜单方式：【标注】→【直径】。

图标方式：【标注】→ ⊘。

键盘输入方式：DIMDIAMETER。

（6）半径尺寸标注　命令调用方式：

菜单方式：【标注】→【半径】。

图标方式：【标注】→⊙。

键盘输入方式：DIMRADIUS。

（7）角度尺寸标注

① 命令功能：用来标注角度尺寸。在角度标注中也允许采用基线标注和连续标注。

② 命令调用方式：

菜单方式：【标注】→【角度】。

图标方式：【标注】→△。

键盘输入方式：DIMANGULAR。

（8）引线标注

① 命令功能：用来进行引出标注。

② 命令调用方式：

菜单方式：【标注】→【引线】。

图标方式：【标注】→↗。

键盘输入方式：QLEADER。

（9）快速尺寸标注　可快速创建一系列标注。

4. 尺寸标注编辑

① 用 DIMEDIT 命令编辑尺寸标注。

② 用 DDEDIT 命令编辑尺寸标注。

③ 用 DIMTDEIT 命令编辑尺寸标注。

④ 用 PROPERTIES（对象特性）命令编辑尺寸标注。

（三）形位公差调用与标注

1. 形位公差的调用

① 选择【标注】→【公差】后，弹出"形位公差"对话框。

② 选择【标注】→【引线】后，选择公差，在里面选中"公差"，点击"确定"。

③ 输入快捷键 LE，空格，再选择设置 S，在里面选中"公差"，点击"确定"。

2. 形位公差的标注方法

① 选择【标注】→【公差】后，弹出"形位公差"对话框，如图 1-5-29（a）所示。

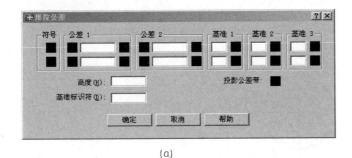
(a)

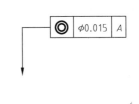
(b)

图 1-5-29　形位公差的标注

② 单击"符号"按钮，选取"同轴度"符号"◎"。

③ 在"公差 1"中单击左边黑方框，显示"φ"符号，在中间白框内输入公差值"0.015"。

④ 在"基准 1"中左边白方框内输入基准代号字母"A"。

⑤ 单击"确定"按钮，退出"形位公差"对话框。

⑥ 用旁注线命令（LEADER）绘指引线，结果如图 1-5-29（b）所示。

注意：用引线命令可同时画出指引线并注出形位公差，步骤如下。

① 在 AutoCAD 界面选择引线命令，快捷键 LE 空格，再选择设置 S，如图 1-5-30 所示。

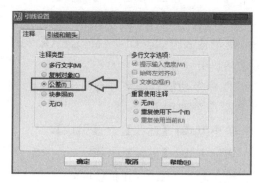

图 1-5-30 引线命令绘制形位公差（一）

② 弹出"引线设置"对话框，在里面选中"公差"，点击"确定"。

③ 画出引线，弹出"形位公差"对话框，填入自己需要的形位公差，格式如图 1-5-31 所示，点击"确定"。

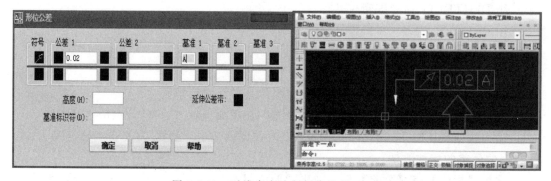

图 1-5-31 引线命令绘制形位公差（二）

（四）填充命令操作

图 1-5-32 所示断面图需要使用填充命令。

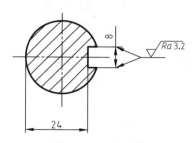

图 1-5-32 断面图

1. 调用【图案填充】命令

（1）命令：BHATCH。

（2）菜单：绘图→图案填充。

（3）图标：绘图工具栏中的 。

2. 填充步骤

命令：H（或单击图标）（弹出"图案填充和渐变色"对话框，见图 1-5-33）。

 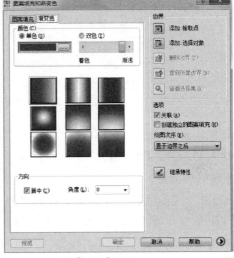

(a)"图案填充"选项卡　　　　　　(b)"渐变色"选项卡

图 1-5-33　图案填充和渐变色

（点选"图案（P）"下拉列表框，选择 ANSI31 图案。）

单击"添加：拾取点"按钮，系统显示：

拾取内部点或 [选择对象（S）/删除边界（B）]：

（按回车键→系统再次弹出"图案填充和渐变色"对话框→单击"确定"完成。）

注意：可以通过多种方式选取边界：

① 单击"添加：拾取点"按钮。

② 单击"添加：选择对象"按钮。如果没有选择上边界，需要注意边界是否是封闭的。

（五）盘类零件尺寸标注示意（见图 1-5-34）

1. 线性尺寸标注：2，10，4，48，70，82

2. 直径符号"ϕ"的输入

① 命令行输入"ed"，<回车>；

② 选择注释对象"48"，弹出"多行文字编辑器"对话框；

③ 单击【符号】按钮，选择直径 ϕ%%C；

④【确定】。

3. 均布小孔"6×ϕ7"标注

① 工具栏：【标注】｜【直径标注】；

② 选择圆，标注"ϕ7"；

③ 命令行：输入"ed"，<回车>；

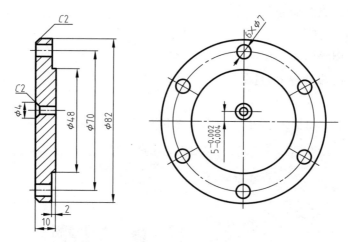

图 1-5-34 盘类零件尺寸标注示意图

④ 选择注释对象"$\phi 7$",弹出"多行文字编辑器"对话框;

⑤ 输入"6×",【确定】。

4. 快速引线标注:$C2$、$2 \times 45°$

① 工具栏:【标注】|【快速引线标注】;

② <回车>,弹出"引线设置"对话框;

③ 单击【引线和箭头】。【引线】:直线。【箭头】:无。【确定】;

④ 单击【附着】,选择"最后一行下划线",【确定】;

⑤ 指定第一点;

⑥ 指定第二点;

⑦ <回车>,弹出"多行文字编辑器"对话框;

⑧ 输入"$2 \times 45°$","$C2$"与"$2 \times 45°$"方法相同。

5. 公差"$\phi 5_{-0.004}^{-0.002}$"的标注

① 工具栏:【标注】|【标注样式】;

② 单击【替代】按钮,弹出"替代当前样式"对话框;

③ 单击【公差】按钮,弹出"公差格式"对话框;

(方式:极限偏差。精度:0.000。上偏差:−0.002。下偏差:−0.004。)

(高度比例:0.5。垂直比例:下。)

④【确定】;

⑤ 线性标注:5。

(六)法兰零件图绘制

法兰盘一般用主视图和左视图两个基本视图表示。主视图一般为轴向剖视图,表达轴向剖面的结构,其上面分布有螺孔等部件;左视图是径向视图,表达外形特征。

1. 绘图前的准备工作

绘图应尽量采用1∶1比例,假如需要一张1∶5的机械图样,通常的作法是:先按1∶1比例绘制图形,然后用比例命令(SCALE)将所绘图形缩小到原图的1/5,再将缩小后的图形移至样板图中。如果没有所需样板图,则应先设置绘图环境。设置包括绘图界限、单位、图层、颜色和线型、文字及尺寸样式等内容。

2. 绘图分析

法兰盘主要有主视图和左视图两个图形，一般同时绘制两个图形，但为了讲解方便，在此先讲解左视图的绘制过程，再讲述主视图的绘制过程。

① 绘制左视图可以用如下几种方法。

方法1：直接用圆命令绘制不同直径的同心圆，然后利用极轴，并设置增量角，绘制出左视图中一个螺孔，然后用环形阵列方式得到其他螺孔。

方法2：绘制出其中一个圆后，用偏移的方法绘制出其他同心圆，利用极轴，绘制出左视图中一个螺孔，然后用复制的方法得到其他螺孔。但使用该方法时应捕捉出各个螺孔的正确位置。

方法3：用上述的任意一种方法绘制得到同心圆和左视图中的一个螺孔后，还可以使用镜像的方法得到其他螺孔。

② 绘制主视图的方法有如下几种。

方法1：因为主视图为上下对称图形，可以先用偏移、修剪命令得到其上半部分，然后用镜像命令得到整个法兰盘的主视图，最后删除镜像后多余的线段即可。

方法2：用坐标法直接得到法兰盘主视图的外部轮廓，然后用偏移命令绘制出其内部线条，最后对其进行修剪。

3. 绘制步骤

本书绘制两个视图都将使用方法1。下面详细介绍"法兰盘"的绘制步骤。

（1）绘制左视图

① 在"常用"选项卡下"图层"面板中选择"中心线"层。单击"绘图"面板中的直线按钮，打开正交模式（或直接按F8功能键），绘制一条水平中心线，然后用同样的方法绘制一条竖直中心线，如图1-5-35（a）所示。

② 选择"图层"面板中"粗实线"层。单击"绘图"面板中的 ⊘ 按钮，绘制一个直径为30mm的圆。再用同样的方法绘制直径为62mm、70mm、100mm、120mm的同心圆。注意绘制圆命令默认输入数值为半径。

再次选择"中心线"层设置为当前层。用同样的方法绘制直径为95mm、160mm的辅助圆。绘制结果如图1-5-35（b）所示。

③ 用鼠标右键单击状态栏中的"极轴追踪"按钮，在弹出的快捷菜单中选择"设置"选项。在"增量角"下拉列表框中选择"45"，选中"启用极轴追踪"后，单击"确定"按钮。

④ 单击"绘图"面板中的构造线按钮，绘制呈45°的辅助线。

⑤ 以中心线与直径95mm的圆交点为圆心绘制直径为11mm、18mm的同心圆（螺栓孔），绘制结果如图1-5-35（c）所示。

⑥ 画好这个孔之后就不需要再依次画其他的圆孔了，像这种在一条轨道上的图形可以用阵列来完成。首先选择"阵列"，在"阵列"中选择"环形阵列"，因为要在圆形的轨道上画图。单击"常用"选项卡下"修改"面板中的阵列按钮，选择直径为11mm、18mm的圆，按回车键，选择中心线的交点为环形阵列的中心点；将"项目"面板中"项目数"文本框中数值改为"3"，在"填充"文本框中输入"360"，回车键确认后，按Esc键退出该命令，即可得到如图1-5-35（d）所示的其他几个螺栓孔。

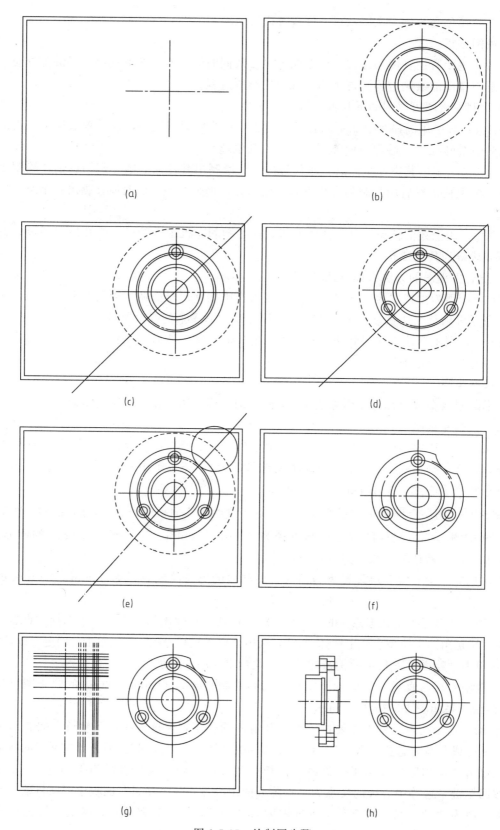

图 1-5-35 绘制圆步骤

⑦ 以 45°构造线和直径为 160mm 的圆的交点为圆心绘制半径为 30mm 的圆，再用修剪命令绘制 R30 的圆弧缺口，绘制步骤见图 1-5-35（e），结果如图 1-5-35（f）所示。

（2）绘制主视图　在绘制完法兰盘的左视图后即可绘制其主视图，该图主要由法兰盘左视图偏移、修剪得到。

① 使用"修改"面板中的复制命令对水平中心线进行复制。

② 用偏移命令对复制后的水平中心线分别偏移 15mm、30mm、31mm、34.5mm、35mm、60mm 和 47.5mm。将偏移后的圆孔的轴线再次分别向上、向下偏移 5.5mm、9mm。

③ 用同样的方法，对竖直中心线分别偏移 100mm，得到主视图最右边的轮廓线，将偏移后的竖直中心线分别偏移 2mm、5mm、7mm、17mm、20mm、24 mm、27mm、45mm，偏移得到主视图中的辅助线段，得到如图 1-5-35（g）所示图形。

④ 选择"图层"面板中"粗实线"层。选中所有线段，单击"修改"面板中的修剪按钮，进行修剪。

⑤ 绘制倒角 C2，执行倒角命令。

⑥ 单击"修改"面板中的镜像按钮。

⑦ 删除图中用于作图的辅助线，得到主视图 1-5-35（h）。

（3）标注尺寸与图案填充

① 设置尺寸标注样式：

- 点击"格式"下拉菜单"标注样式"或单击"样式"工具栏中"标注样式"按钮，弹出"标注样式管理器"对话框。单击"新建"按钮，进入"创建新标注样式"对话框，在"新样式名"一栏中输入"机械"，单击"继续"进入"新建标注样式"对话框。
- 分别进入"线""符号与箭头""文字"和"调整"选项，修改某些选项相应的值。
- 单击"确定"，返回"标注样式管理器"对话框，单击"新建"按钮，再次进入"创建新标注样式"对话框，在"用于"一栏中选取"直径标注"选项。"直径标注"子样式需打开"文字"选项，将"文字对齐"方式选为"ISO 标准"。

② 标注尺寸。将图层下拉列表中"细实线"层设置为当前层，进行线性尺寸、表面粗糙度、公差标注。

③ 绘制剖面线，执行"图案填充"命令，在"类型和图案"中选择"ANSI31"图案，填充剖面线。

④ 进行表面粗糙度、形位公差、倒角标注。

（4）绘制标题栏，填写文字　根据标题栏的尺寸，采用"直线""偏移"和"修剪"命令完成标题栏的绘制，并填写上文字。

三、任务小结

本子任务通过用软件绘制法兰零件图这个活动，介绍了：设置尺寸样式、尺寸编辑和尺寸标注；利用块命令插入表面粗糙度；常见的之前未介绍的绘图与修改命令；软件绘制法兰步骤与方法等内容。

模块化考核题库

绘制三通管零件图(图1-5-36)。

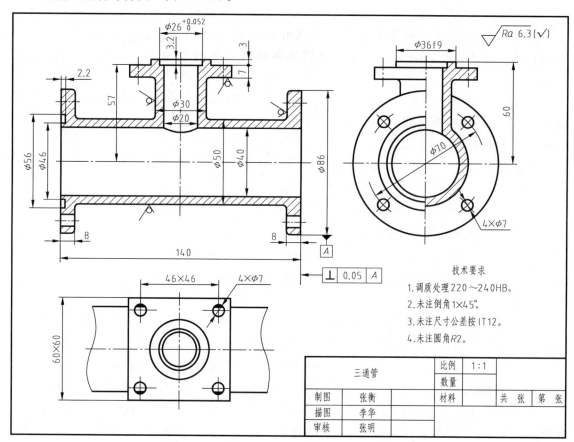

图 1-5-36　三通管零件图

绘制要求：

① 按 1:1 比例绘制如图 1-5-36 所示的"三通管零件图"，并以文件名"三通管零件.dwg"保存。

② 按表 1-5-7 设置图层，作图时各图素按不同用途置于相应图层中。

③ 表面粗糙度符号做成外部块。技术要求：字号为 5，字体为仿宋体。技术要求内容：字高为 3，字体为仿宋体。

表 1-5-7　图层设置

层名	颜色	线型	线宽	用途
0	默认设置	默认设置	0.35mm	绘制轮廓线
中心线	红色	Center	默认设置	绘制中心线
标注	蓝色	Continuous	默认设置	绘制尺寸
剖面线	黄色	Continuous	默认设置	绘制细线、剖面线
文本	紫色	Continuous	默认设置	绘制文本

任务六
绘制轴类零件

轴类零件是化工生产中流体输送机械常见的结构。轴类零件结构简单,有若干个工艺结构,化工专业的学生需要掌握准确的表达方式以将这类零件的工艺结构表达清楚,并能读懂、绘制这类零件的零件图。

子任务 1　识读与绘制轴零件图

学习目标

能力目标

(1) 能读懂并绘制断面图与局部放大图。
(2) 能读懂轴类零件图。

素质目标

(1) 通过查询零件工艺结构、标准件,树立工程、标准意识。

（2）通过学习中的互联网资料搜寻、小组讨论、练习、考核等活动，进行充分的交流与合作。

（3）通过绘制零件图，培养一丝不苟的学习态度。

知识目标

（1）了解轴类零件的工艺结构。
（2）掌握断面图与局部放大图的画法与标注。
（3）掌握零件图的读图步骤以及零件图的技术要求。
（4）熟悉键、槽结构的绘制方法与标记。

学习过程要求

结合给出资料，完成下列活动：

活动1：观察、认识轴类零件及轴类零件上的工艺结构（图1-6-1）。

（1）小组查找资料，思考、讨论并指出该轴类零件的工艺结构。

（2）小组讨论并绘制轴的视图，要求将倒角、退刀槽等工艺结构表达清楚，并进行尺寸标注。

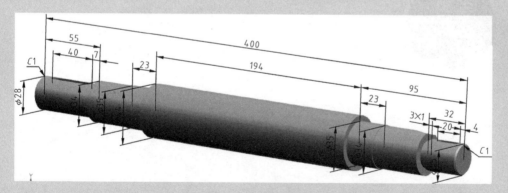

图1-6-1 带尺寸的轴模型

活动2：观察、认识给出的轴类零件（图1-6-2），请查阅资料回答下列问题。

图1-6-2 轴模型

（1）说出轴上框中的结构名称及作用。

（2）选用合适的表示方法表达该结构，在活动1的图中改正过来，并查阅资料，进行恰当的标注。

活动3：在轴零件图中，还有一些技术要求的注写，请解决下列问题。

（1）说出 $\sqrt{Ra12.5(\sqrt{\ })}$ 中符号和数字的含义。

（2）除了问题（1）中的符号，还有其他类似符号吗？它们又表达了什么意思？请填写表 1-6-1。

表 1-6-1　活动 3 表单

符号画法	符号意义

（3）请你仿照该零件图，将此类符号补充到前面自己所绘的图纸上。

活动4：在本任务的轴零件图（图 1-6-3）中，除了表面粗糙度还有其他符号，请解决下列问题。

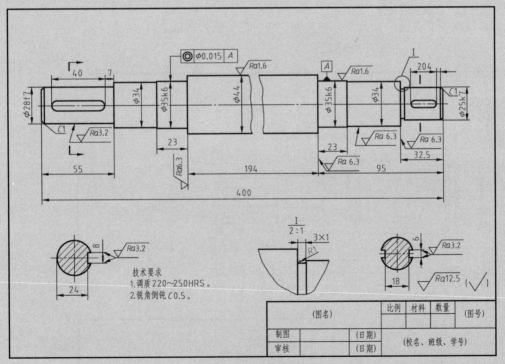

图 1-6-3　零件图 1

（1）解释 $\phi 25k7$ 的含义，并写出其他表达形式。

（2）轴上要装配其他的零部件，如图1-6-4所示，轴上装配了滚动轴承、齿轮、套筒、轴承盖、联轴器。轴与滚动轴承装配后，要求配合紧密，而轴和套筒装配后，要求有一定的间隙，使轴可以自由转动。为了能达到这些要求，轴与孔的内外径的公差必须在规定的范围内。请说出能达到上述要求的轴与孔的配合方式，并画出示意图。

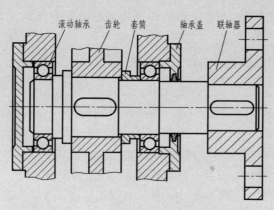

图1-6-4　轴孔配合示意图

（3）请你仿照该零件图将此类符号补充到前面自己所绘的图纸上。

活动5：识读图1-6-5，完成下列问题。

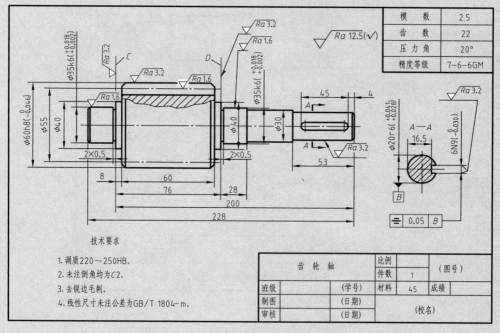

图1-6-5　零件图2

1. 根据齿轮轴的零件图，试着回答下列问题：
（1）齿轮轴选用的材料为_____，模数是_____；
（2）齿轮轴零件图共有_____个图形，分别采用的表达方法是_____；
（3）齿轮轴的长度为_____，最大直径为_____；
（4）为便于退出刀具并将工序加工到毛坯底部，常在待加工面_____，预先制出退刀的空槽，称为退刀槽；
（5）齿轮轴退刀槽的宽度为_____；
（6）齿轮轴表面粗糙度的最高要求为_____μm，最低要求为_____μm；
（7）ø60h8是齿轮轴轮齿部分_____的直径尺寸，60为_____，h8为_____；
（8）移出断面中所示键槽的宽度为_____mm；
（9）倒角的好处是_____。

2. 判断题：
（1）零件图是指导零件生产的重要技术文件。（   ）
（2）可以不设置砂轮越程槽。（   ）
（3）定位尺寸就是零件的对称轴线。（   ）
（4）退刀槽是为了加工时方便退刀。（   ）
（5）砂轮越程槽必须开在轴的最大直径处。（   ）

3. 零件图必须包括几方面的内容？分别是什么？

活动过程评价表

序号	活动	完成情况		
		达成目标	基本达成	未达成
1	活动1			
2	活动2			
3	活动3			
4	活动4			
5	活动5			

一、导入任务

只要机器中有转动的物体，就得有支承其转动的零件——轴，如图 1-6-6 所示。轴在化工生产中使用场合很多，本子任务中学习如何绘制轴。首先来认识轴类零件图。

图 1-6-6 转动机械中的轴

二、识读与绘制轴零件图

（一）轴类零件的工艺结构及画法标注

轴上有键槽、倒角、退刀槽、越程槽。

1. 倒角

为了去除零件上因机加工产生的毛刺，也为了便于零件装配和操作安全，一般在零件端部做出倒角。倒角形状和尺寸注法，如图 1-6-7 所示。

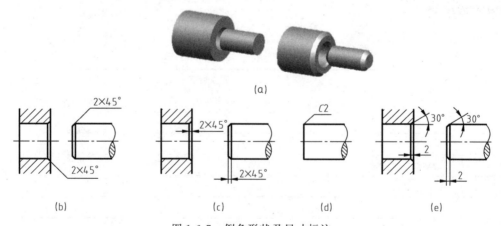

图 1-6-7 倒角形状及尺寸标注

2. 退刀槽

在车床加工中，如车削内孔、车削螺纹时，为便于退出刀具并将工序加工到毛坯底部，常在待加工面末端预先制出退刀的空槽，称为退刀槽。

退刀槽的形状和尺寸注法，如图 1-6-8 所示，其中：2 是槽宽尺寸，$\phi 6$ 是槽底轴的直径，1 是槽的深度。

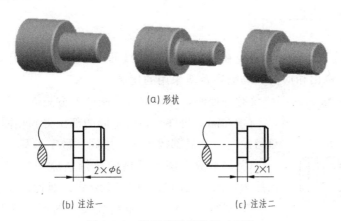

图 1-6-8　退刀槽形状及尺寸标注

3. 圆角

对于阶梯状的孔和轴，为了避免转角处产生应力集中，设计和制造零件时这些地方常以圆角过渡，其尺寸注法如图 1-6-9 所示，尺寸大小可查有关国家标准。

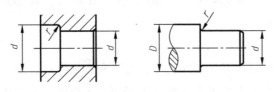

图 1-6-9　圆角尺寸标注

4. 砂轮越程槽

为了使轴上某些有较高配合要求的表面达到所需要的表面粗糙度和精度，即保证全长的加工质量，常进行磨削加工，因此需预留有砂轮越程槽。

5. 轴肩

由于轴上各段的直径不同，因而形成台阶，其台阶面称为轴肩。通常轴上零件是以轴肩来定位的。其作用有：在加工时，便于测量工具靠着轴肩来测量轴段尺寸；在装配时，当零件紧靠轴肩时，就已经确定零件的轴向位置；当轴运转时，可以避免零件的轴向窜动。

（二）局部放大图认知

接下来看一幅轴类零件图（图 1-6-3），看一看刚刚画的草图与该零件图有哪些区别。

有些退刀槽的结构变化很细小，在图上难以标注清楚。图 1-6-3 中是怎么将细小结构表示清楚的？很明显该零件图采用了新的表达方法——局部放大图。图中，罗马数字Ⅰ代表的图形就是局部放大后的图形。

1. 局部放大图的形成

机件上存在某些局部细小结构表达不清或不便标注尺寸时，使用局部放大图。

2. 定义

局部放大图是将机件的部分结构，用大于原图形所采用的比例所画出的图形。

3. 画法

与被放大部位所采用的表达方式无关,可绘成视图、剖视图、断面图的形式,并应尽量配置在被放大部位的附近。

4. 标注

① 绘制局部放大图时,一般应在原图上用细实线圈出放大部位,用罗马数字编号,并在局部放大图上方标出相应的罗马数字及所采用的比例。

② 当机件上被放大的部位仅有一处时,在局部放大图的上方只需注明所采用的比例。

③ 在同一机件上,由不同的部位得到相同的局部放大图时,只需绘制一个局部放大图,用同一数字编写。

④ 局部放大图所采用的比例与原图形所采用的比例无关,仍然为局部放大图与实物相应要素的线性尺寸之比。

⑤ 局部放大图不一定是放大的图形,只不过是相对于原图形式放大了。

图 1-6-10 为局部放大图的另一示例。

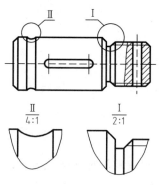

图 1-6-10 局部放大图

(三)轴类零件图视图选择

轴类零件的视图常采用一个基本视图即主视图,外加若干其他视图如剖视图、断面图、局部放大图以及局部视图来表示。

1. 主视图

由于轴类零件通常都是水平地装在机床、磨床和铣床上进行加工,为了绘图或加工看图方便,一般都将轴的水平安放位置视图作为主视图。主视图需表达出主要结构。

2. 剖视、断面图

为了表示轴类零件的键槽或花键的截面形状,便于标注尺寸,常在键槽或花键处用剖、断面表示。

3. 局部放大图

为了表示轴上某部分的具体结构或细小结构和便于标注尺寸,常将这些结构画成局部放大图。

4. 局部视图

只需着重表示轴上某一方向的部分结构,而不必表示全部结构时,可采用局部视图来表示。

(四)键及其标记

图 1-6-1 中,轴上的槽是键槽。在机械转动中,通常用键连接来传递运动和动力。键连接是一种可拆性连接,由于结构简单,连接可靠,所以应用较广泛。

1. 常用键的种类

有普通平键、半圆键、钩头楔键三种。

2. 常用键的标记

由于普通平键应用最广泛,这里主要讲解普通平键。如图 1-6-11~图 1-6-14 所示,普通平键有 A 型(双圆头)、B 型(方头)和 C 型(单圆头),在标记中,A 型键不标记型号。

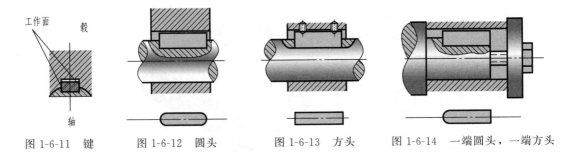

图 1-6-11 键　　图 1-6-12 圆头　　图 1-6-13 方头　　图 1-6-14 一端圆头，一端方头

标注方法：标准编号　键 b（键宽）$\times L$（键长）。如：

GB/T 1096　键 18×100　　（为 A 型键）

GB/T 1096　键 B18×100　（为 B 型键）

3. 键连接

① 平键和半圆键连接时，键的工作面为两侧面，上下表面为非工作面。

② 接触表面只画一条线，非接触表面不管间隙为多少，要画两条线。

注意：键被纵剖时不画剖面符号，被横剖时需画剖面符号。

（五）断面图认知

在了解了键槽与键连接之后，接下来介绍表达轴上的键槽的方法。对于键槽这个结构，有些同学会选择用剖视图表达。用剖视图来表达，虽然可以将结构表达清楚，但比较繁琐。那么有没有另外的表达方法，既可以表达清楚，又不显得繁琐，使得绘图简便、清楚呢？这就要用到下面的内容。

1. 断面图的形成

假想用剖切平面将机件的某处切断，仅仅画出其断面的图形，并在断面上画出剖面符号，所得到的图形称为断面图。

2. 断面图和剖视图的区别

断面图和剖视图的对比见图 1-6-15、表 1-6-2。

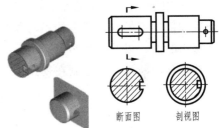

图 1-6-15　断面图和剖视图对比

表 1-6-2　断面图和剖视图对比

	断面图	剖视图
从图形上看	仅画出机件被切断处的断面形状；是"面"的投影	除了画出断面形状外，还必须画出断面后的可见轮廓线；是"体"的投影
从用途上看	是为了表达零件的断面形状	是为了表达零件的内部结构

3. 断面图的种类

根据断面图配置位置的不同进行分类。

（1）移出断面图

① 概念：画在视图轮廓之外的断面图，如图 1-6-16 所示。

② 画法与标注。移出断面图的轮廓线用粗实线绘制。

当剖切平面通过由回转面形成的孔或凹坑的轴线剖切，或者通过非回转面剖切而导致图形完全分离时，则这些结构应按剖视的形式进行绘制，如图 1-6-17 中凹坑和孔。

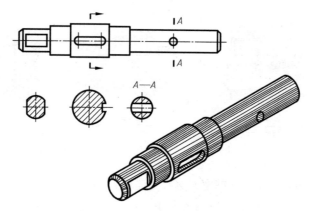

图 1-6-16 移出断面图

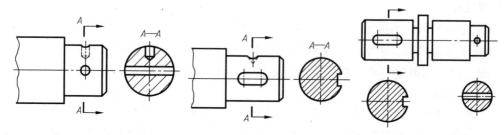

图 1-6-17 断面图画法

移出断面图应尽量配置在剖切符号的延长线上，也可配置在其他适当的位置，见图 1-6-18。配置在剖切符号延长线上的不对称移出断面不必标注字母；不配置在剖切符号延长线上的对称移出断面，以及按投影关系配置的移出断面一般不必标注箭头；配置在剖切符号延长线上的对称移出断面图和绘制在视图中断处的移出断面图，均可省略标注。

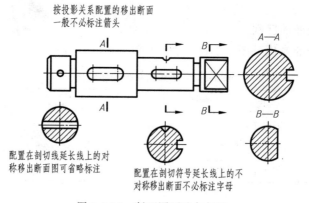

图 1-6-18 断面图画法与标注

口诀：
注字母　图在延长线，字母不出现；图在其他处，字母必须注。
画箭头　断面若对称，箭头可以省；断面不对称，箭头来指明。

(2) 重合断面图

① 概念：画在视图轮廓之内的断面图。

② 画法。重合断面图的轮廓线用细实线绘制，当视图中的轮廓线与重合断面的图形重叠时，视图中的轮廓线仍需完整地画出，不能间断。

③ 标注。重合断面图无需进行标注。

(六) 表面粗糙度认知

1. 定义

零件表面在微观下表面不平的程度，称为表面粗糙度，如图 1-6-19 所示。零件的实际表面是按所给定特征加工形成的，看起来很光滑，但是将其放大，就会发现表面凹凸不平。

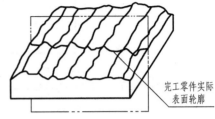

图 1-6-19 表面粗糙度

2. 评定参数的种类

粗糙度的评定常用轮廓算术平均偏差 R_a（图 1-6-20）、轮廓最大高度 R_z 表示。数值越小，零件的表面越光滑；数值越大，零件的表面越粗糙。制图中经常采用 R_a，R_a 数值越小，零件表面越光滑，加工工艺越复杂，成本也越高。确定表面结构参数时，需综合考虑零件的工作条件、使用要求以及加工的经济、可行性以进行选择。

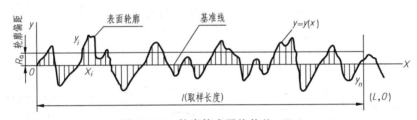

图 1-6-20 轮廓算术平均偏差（R_a）

3. 画法

当表面粗糙度有单一要求和补充要求时，应使用长边上有一条横线的完整图形符号，完整符号有三种（见图 1-6-21），具体画法见子任务用 AutoCAD 绘制法兰零件图。

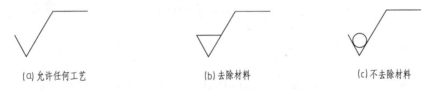

图 1-6-21 表面粗糙度画法

当在图样某个视图上构成封闭轮廓的各表面有相同的表面结构要求时，应在完整图形符号上加一圆圈，标注在图样中工件的封闭轮廓线上，如图 1-6-22 所示。如果标注会引起歧义时，各表面应分别标注。

4. 标注注意事项

表面结构要求对每一表面一般只标注一次，并尽可能注在相应的尺寸及其公差的同一视图上。除非另有说明，所标注的表面结构要求是对完工零件表面的要求。总原则是根据 GB/T 4458.4—2003《机械制图 尺寸注法》的规定，使表面结构的注写和读取方向与尺寸的注写和读取方向一致（见图 1-6-23）。

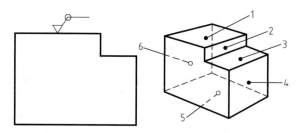

图 1-6-22 对周边各面有相同的表面结构要求的注法
注：图示的表面结构符号是指对图形中封闭轮廓的六个面（1~6）的共同要求（不包括前后面）。

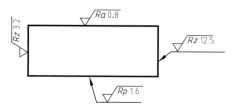

图 1-6-23 表面结构要求的注写方向

（1）标注在轮廓线上或指引线上 表面结构要求可标注在轮廓线上，其符号的尖端应从材料外指向材料表面并接触表面。必要时，表面结构符号也可用带箭头或黑点的指引线引出标注（见图 1-6-24）。

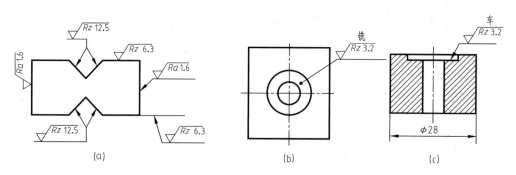

图 1-6-24 表面粗糙度代号标注示例

（2）标注在特征尺寸的尺寸线上 在不致引起误解时，表面结构要求可以标注在给定的尺寸线上（见图 1-6-25）。

（3）标注在形位公差的框格上 表面结构要求可标注在形位公差框格的上方，见图 1-6-26。

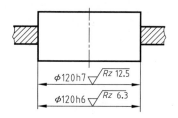

图 1-6-25 表面结构要求标注在尺寸线上

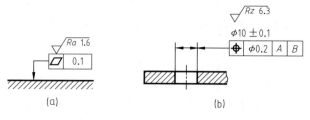

图 1-6-26 表面结构要求标注在形位公差框格的上方

（4）标注在延长线上　表面结构要求可以直接标注在延长线上，或用带箭头的指引线引出标注，见图 1-6-27。

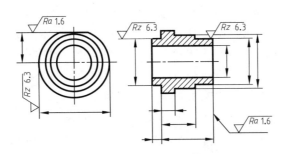

图 1-6-27　表面结构要求标注在圆柱特征的延长线上

5. 有相同表面结构要求的简化标注

如果在工件的多数（包括全部）表面有相同的表面结构要求，这个表面结构要求可统一标注在图样的标题栏附近。此时（除全部表面有相同要求的情况外），表面粗糙度标注如图 1-6-28。

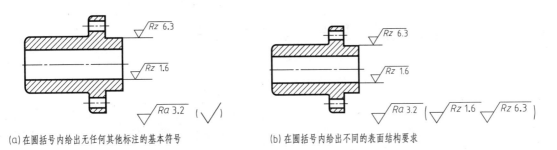

图 1-6-28　多数表面有相同表面结构要求的简化注法

（七）极限与配合认知

1. 零件互换性

现代机械制造要求零件必须具有互换性。互换性是指在统一规格的一批零件（或部件）中，不经选择、修配或调整，任取其一，都能装在机器上达到规定的功能要求。为使零部件具有互换性，必须要保证零件的尺寸、表面粗糙度、几何形状及几何要素间的相对位置关系保持一致。

使零件的尺寸保持一致性，并不是指精确到某个数值，而是可以在合理的范围内变化。

2. 有关"尺寸"的术语及定义

公称尺寸是由设计者经过计算或按经验确定后，再按标准选取的标注在设计图上的尺寸。

极限尺寸是允许尺寸变化的两个界限值。其中：较大的一个称为上极限尺寸，较小的一个称为下极限尺寸。例：一根轴的直径为 $\phi 50 \pm 0.008$，公称尺寸为 $\phi 50$，上极限尺寸为 $\phi 50.008$，下极限尺寸为 $\phi 49.992$。

3. 有关"偏差、公差"的术语和定义

（1）尺寸偏差

$$尺寸偏差 = 某一尺寸 - 公称尺寸$$

偏差包括：

$$实际偏差＝实际尺寸－公称尺寸$$
$$上极限偏差(ES, es)＝上极限尺寸－公称尺寸$$
$$下极限偏差(EI, ei)＝下极限尺寸－公称尺寸$$

例：$\phi 50\pm 0.008$，上极限偏差＝50.008－50＝＋0.008，下极限偏差＝49.992－50＝－0.008。

（2）公差　公差是指尺寸允许的变动量，孔、轴的公差与公称尺寸、上极限偏差、下极限偏差、上极限尺寸、下极限尺寸关系如图1-6-29所示。

$$公差＝上极限尺寸－下极限尺寸＝上极限偏差－下极限偏差$$
$$公差＝50.008－49.992＝0.016 或＝0.008－(－0.008)＝0.016$$

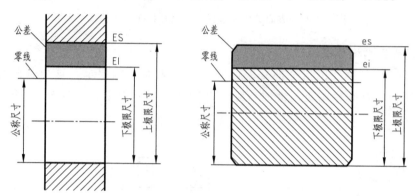

图 1-6-29　公差

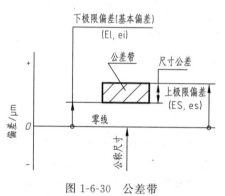

图 1-6-30　公差带

（3）公差带　在分析尺寸公差与公称尺寸的关系时，常把上、下极限偏差和公称直径按放大的比例制成简图，称为公差带图。在公差带图中，确定偏差的一条基准直线叫零线，由代表上、下偏差两条直线所限定的一个区域称为公差带，如图1-6-30所示。

在国家标准中，公差带包括：公差带大小由标准公差确定；公差带位置由基本偏差确定。

（4）标准公差　标准公差就是国家标准所确定的公差。标准公差共分20级：IT01、IT0、IT1、IT2、……、IT18。IT表示标准公差。IT7表示标准公差7级。从IT01～IT18，公差等级依次降低，相应的标准公差数值依次增大。

（5）基本偏差　基本偏差就是用来确定公差带相对于零线位置的上偏差或下偏差，一般指靠近零线的那个偏差，如图1-6-31所示。

4. 有关"配合"的术语和定义

（1）配合　配合就是基本尺寸相同的、相互结合的孔与轴公差带之间的相配关系。

基孔制：基本偏差固定不变的孔公差带，与不同基本偏差的轴公差带形成各种配合的一种制度。基孔制的孔为基准孔，它的下偏差为零。基准孔的代号为"H"。

基轴制：基本偏差固定不变的轴公差带，与不同基本偏差的孔公差带形成各种配合的一种制度。基轴制的轴为基准轴，它的上偏差为零。基准轴的代号为"h"。

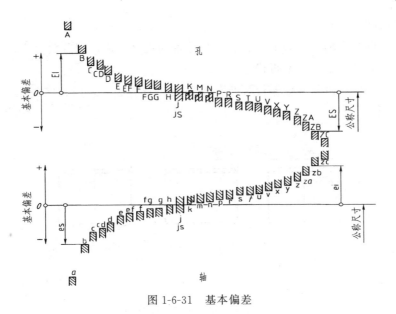

图 1-6-31 基本偏差

基孔制与基轴制如图 1-6-32 所示。

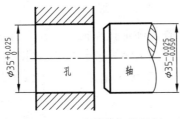

图 1-6-32 基孔制与基轴制

(2) 配合类型 有间隙配合、过渡配合、过盈配合三种，见图 1-6-33。

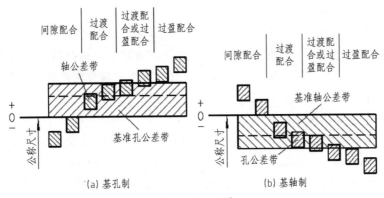

图 1-6-33 配合

间隙配合：当孔的公差带在轴的公差带之上，形成具有间隙的配合（包括最小间隙等于零的配合）。

过盈配合：当孔的公差带在轴的公差带之下，形成具有过盈的配合（包括最小过盈等于零的配合）。

过渡配合：当孔与轴的公差带相互交叠，既可能形成间隙配合，也可能形成过盈配合。

5. 公差带与配合代号

标注的内容由两个相互结合的孔和轴的公差带的代号组成，用分数形式表示，分子为孔的公差带代号，分母为轴的公差带代号。

（1）公差带代号 由基本偏差代号及公差等级代号组成。或用数字表示，或两者结合，如图 1-6-34 所示。

图 1-6-34 公差带代号

（2）配合代号

$$\phi 45 \frac{H7}{m6} \quad 或 \quad \phi 45\ H7/m6$$

$$\phi 55 \frac{H7}{j6} \quad 或 \quad \phi 55\ H7/j6$$

由基本尺寸和公差带代号可查表确定孔和轴的上、下偏差值（见附录）。例如，$\phi 20H8$，查孔的极限偏差表可得，其上极限偏差为 +0.033，下极限偏差为 0；$\phi 20f7$，查轴的极限偏差可得，其上极限偏差为 -0.020，下极限偏差为 -0.041（查表时注意公称尺寸的范围）。

（八）轴类零件图识读

1. 看标题栏，了解零件概况

从标题栏可知，该零件叫齿轮轴。齿轮轴是用来传递动力和运动的，其材料为 45 钢，属于轴类零件。

2. 看视图，想象零件形状

分析表达方案和形体结构。表达方案由主视图和移出断面图组成，轮齿部分作了局部剖。主视图（结合尺寸）已将齿轮轴的主要结构表达清楚了：由几段不同直径的回转体组成，最大圆柱上制有轮齿，最右端圆柱上有一键槽，零件两端及轮齿两端有倒角。移出断面图用于表达键槽深度和进行有关标注。

3. 看尺寸标注，分析尺寸基准

分析尺寸。齿轮轴中两 $\phi 35k6$ 轴段及 $\phi 20r6$ 轴段用来安装滚动轴承及联轴器，径向尺寸的基准为齿轮轴的轴线。端面 C 用于安装挡油环及轴向定位，所以端面 C 为长度方向的主要尺寸基准，注出了尺寸 2、8、76 等。端面 D 为长度方向的第一辅助尺寸基准，注出了尺寸 2、28。齿轮轴的右端面为长度方向尺寸的另一辅助基准，注出了尺寸 4、53 等。键槽长度 45，齿轮宽度 60 等为轴向的重要尺寸，已直接注出。

4. 看技术要求，掌握关键质量

分析技术要求。两个 $\phi 35$ 及 $\phi 20$ 的轴颈处有配合要求，尺寸精度较高，均为 6 级公差，相应的表面粗糙度要求也较高，分别为 $R_a 1.6$ 和 $R_a 3.2$。对键槽提出了对称度要求。对热处理、倒角、未注尺寸公差等提出了 4 项文字说明要求。

5. 归纳总结

通过上述看图分析，对齿轮轴的作用、结构形状、尺寸大小、主要加工方法及加工中的主要技术指标要求，就有了较清楚的认识。综合起来，即可得出齿轮轴的总体印象（图1-6-35）。

三、任务小结

本子任务介绍了：轴类零件的常见工艺结构及画法标注；轴类零件图的视图表达方案；轴类零件的技术要求；断面图和局部放大图的画法及标注；键的定义及标记；轴类零件图的识读步骤等内容。

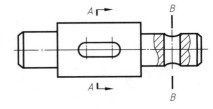

图1-6-35 齿轮轴

模块化考核题库

（一）简答题

1. 已知齿轮和轴用A型圆头普通平键连接，轴孔直径20mm，键的长度为18mm，写出键的规定标记。
2. 简单叙述零件图识读的一般步骤。

（二）作图题

作图 1-6-36 $A—A$、$B—B$ 断面图，并标注。（键槽宽6）

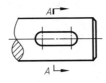

图1-6-36 作断面图

（三）选择题

1. 表达轴类零件一般需要（　　）。
   A. 一个基本视图　　B. 两个基本视图
   C. 三个基本视图　　D. 四个基本视图
2. 轴套类零件选择主视图安放位置时，应采用（　　）。
   A. 加工位置　　B. 工作位置　　C. 形状特征最明显位置　　D. 任意位置
3. 正确的图1-6-37的 $A—A$ 断面图为（　　）。

图1-6-37 选择题3

A.　　　　　　B.　　　　　　C.　　　　　　D.

子任务 2　用 AutoCAD 绘制轴零件图

学习目标

　　能力目标

（1）能熟练选用各种工具、命令绘图。
（2）能用 AutoCAD 绘制轴类零件图。

　　素质目标

（1）通过查阅资料，动手操作完成任务，培养自学的能力。
（2）通过学习中的互联网资料搜寻、小组讨论、练习、考核等活动，进行充分的交流与合作，培养团队协作意识和吃苦耐劳的精神。
（3）通过绘制零件图，养成一丝不苟的学习态度。

　　知识目标

（1）掌握常用绘图与修改命令的使用方法。
（2）掌握轴类零件的绘制方法。

学习过程要求

　　查阅相关资料完成任务：

活动1：编写绘制轴零件图的方案。选择A3图纸，绘图比例1∶1，图层、颜色和线型设置如表1-6-3所示，全局线型比例1∶1。

表 1-6-3　活动 1 表单

图层名	颜色	线型	线宽
粗实线	绿色	Continuous	0.5
细实线	白色	Continuous	0.25
虚线	黄色	HIDDEN	0.25
中心线	红色	CENTER	0.25
文字	白色	Continuous	0.25
尺寸	白色	Continuous	0.25

活动2：查阅资料，按要求绘制轴零件图。

活动过程评价表

用于评价学生完成学习任务情况和各方面能力提升情况。

序号	项目	完成情况与能力提升评价		
		达成目标	基本达成	未达成
1	活动1			
2	活动2			

一、导入任务

在前面的内容中已经讲述了该轴类零件图（图1-6-38）的相关知识，如何用AutoCAD绘制该零件图？

二、用AutoCAD绘制轴零件图

（一）轴零件绘制

方法1：用偏移（OFFSET）、修剪（TRIM）命令绘图。根据各段轴径和长度，平移轴线和左端面垂线，然后修剪多余线条绘制各轴段，再用镜像的命令将画好的图形镜像到轴线的另一边，如图1-6-39（a）所示。

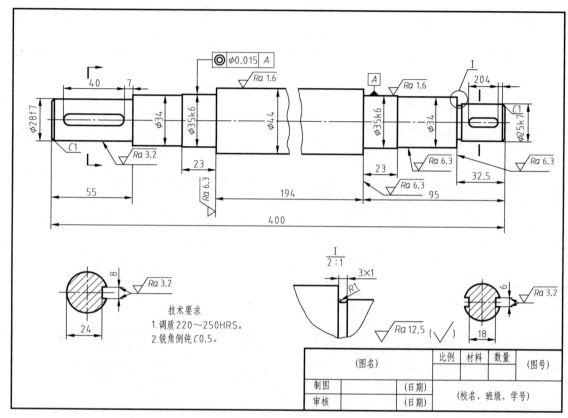

图 1-6-38　轴类零件图

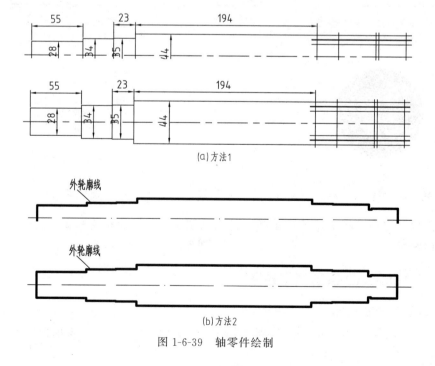

图 1-6-39　轴零件绘制

模块一
零件图识读与绘制

方法2：用直线（LINE）命令，结合极轴追踪、自动追踪功能先画出轴外部轮廓线，如图1-6-39（b）所示，再补画其余线条。再用镜像的命令将画好的图形镜像到轴线的另一边。

方法3：从左到右绘制不同尺寸的矩形，再用镜像的命令将画好的图形镜像到轴线的另一边。

（二）倒角命令操作

1. 调用倒角命令

① 命令：Chamfer。

② 菜单：【修改】→【倒角】。

③ 图标：【倒角】工具栏中 ⌐。

2. 使用倒角命令

点击倒角命令，命令行提示：

选择第一条直线或［放弃（U）/多段线（P）/距离（D）/角度（A）/修剪（T）/方式（E）/多个（M）］

① 若参数已设置，则直接点击第一条线和第二条线，直接倒角。

② 若参数未设置，则需设置参数。

输入参数距离 D：输入第一个距离尺寸值1，按回车键或空格键确认；输入第二个距离值1，按回车键或空格键确认。接着，点击两条边。两个值分别代表两个倒角距离。

参数 A：通过指定第一条线的倒角长度，然后输入角度，设置倒角参数。

（三）样条曲线绘制命令操作

1. 命令调用方式

- 菜单方式：【绘图】→【样条曲线】。
- 图标方式：∿。
- 键盘输入方式：SPLINE。

2. 编辑样条曲线

命令调用方式：

- 菜单方式：【修改】→【对象】→【样条曲线】。
- 键盘输入方式：SPlinEdit。

（四）轴类零件绘图

1. 设置绘图环境

① 在绘制一幅新图之前应根据所绘图形的大小及个数，确定绘图比例和图纸尺寸，建立或调用符合国家机械制图标准的样板图。如果没有所需样板图，则应先设置绘图环境。设置包括绘图界限、单位、图层、颜色和线型、文字及尺寸样式等内容。

② 用 SAVERS 命令指定路径保存图形文件，文件名为"轴零件图.dwg"。

2. 绘制图形

绘图前应先分析图形，设计好绘图顺序，合理布置图形，在绘图过程中要充分利用缩放、对象捕捉、极轴追踪等辅助绘图工具，并注意切换图层。

① 绘制主视图。轴的零件图具有一对称轴，且整个图形沿轴线方向排列，大部分线条

与轴线平行或垂直。根据图形这一特点，可先画出轴的上半部分，然后用镜像命令复制出轴的下半部分。

② 用倒角命令（CHAMFER）绘轴端倒角，用圆角命令（FILLET）绘制轴肩圆角，如图 1-6-40 所示。

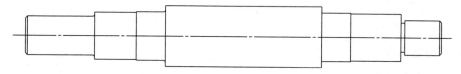

图 1-6-40　绘轴端倒角、轴肩圆角

③ 绘键槽。用样条曲线绘制键槽局部剖面图的波浪线，并进行图案填充。然后用样条曲线命令和修剪命令将轴断开，结果如图 1-6-41 所示。

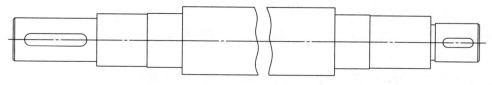

图 1-6-41　绘键槽

④ 绘键槽剖面图和轴肩局部视图，如图 1-6-42 所示。

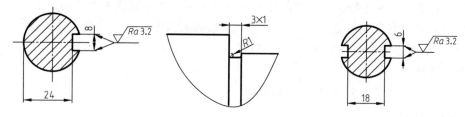

图 1-6-42　绘局部视图、剖视

⑤ 整理图形，修剪多余线条，将图形调整至合适位置。

3. 标注尺寸和形位公差、表面粗糙度、倒角

4. 书写标题栏、技术要求中的文字

至此，轴零件图绘制完成。

三、任务小结

本子任务介绍了之前未介绍的常用绘图与修改命令的使用方法以及轴类零件的绘制方法。通过该模块的学习，读者应熟练掌握用 AutoCAD 绘制各个零件图的方法与步骤。

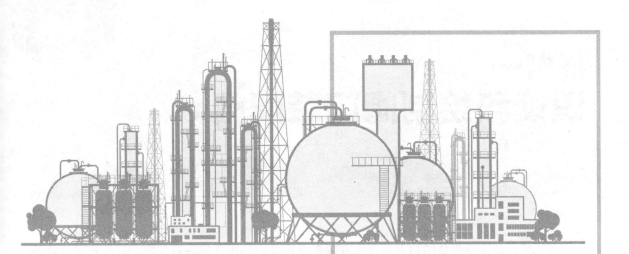

模块二

装配图识读与绘制

任务一
识读和绘制阀门装配图

表达机器或部件整体结构及其零部件装配连接关系的图样称为装配图。它反映设计者的设计思想,在设计时先要绘制装配图,然后从装配图中拆画出每个零件图,在组装机器时,对照装配图进行装配并对装配好的产品根据装配图进行调试和试验其是否合格;在机器出现故障时常也需要通过装配图来了解机器的内部结构,进行故障分析和诊断。装配图在设计、装配、检验、安装调度等各个环节中是不可缺少的技术文件。

子任务1 识读阀门装配图

学习目标

◉ 能力目标

会识读中等复杂程度装配体的装配图。

◉ 素质目标

(1)通过查阅资料,动手操作完成任务,培养自学的能力。

模块二
装配图识读与绘制

（2）通过学习中的互联网资料搜寻、小组讨论、练习、考核等活动，进行充分的交流与合作，培养团队协作意识和吃苦耐劳的精神。

知识目标

（1）基本掌握装配图的一般画法、规定画法、特殊画法。
（2）熟悉装配图的尺寸标注、技术要求、零部件序号、明细栏和标题栏的绘制。
（3）掌握装配图的阅读方法。
（4）了解识读装配图的要求。
（5）了解装配图的作用和内容。

学习过程要求

查阅相关资料完成任务：
活动1：图2-1-1是球阀的装配图，观察这幅图纸，完成下列任务。

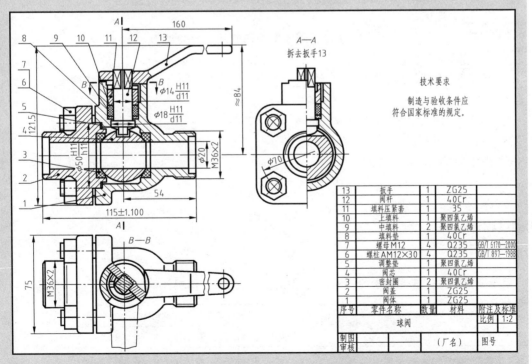

图2-1-1 任务单活动1、2图纸

（1）说出该装配图的组成部分，并找出与零件图相比多出的部分。
（2）说出该装配体零件数量以及标题栏上边的明细栏的规律。
（3）分析装配图采用的视图数量、表达以及各视图的表达重点，完成填空：

球阀装配图由_____基本视图表达。主视图采用_____，表达球阀阀体内两条主要装配干线，各零件之间的装配关系为：水平方向装配干线是_____、_____等零件；垂直方向是_____、_____、_____等零件；左视图采用_____半剖视，是为了进一步将_____与_____的关系表达清楚，同时又把阀体 1 的装配孔的数量及分布位置表达出来；俯视图采用_____，以反映_____为主，同时采取了_____，反映_____与_____限定位凸块的关系，该凸块用以限制扳手的旋转位置。

活动 2：继续识读零件图，完成下列任务。
（1）说出该装配图采用夸大画法、假想画法、拆卸画法的地方以及采用这种画法的原因。
（2）对照阀体装配分解，将明细栏中的零部件从各个视图中一一找出。
（3）说出球阀的工作原理并填空。

1）球阀主要装配干线是_____。该装配干线由_____等零件构成。另一装配干线是_____，该装配干线由_____零件构成。

2）阀体 1 和阀盖 2 都带有_____，它们之间是用_____和_____连接。

3）阀芯 4 通过_____定位于阀体空腔内并用调整垫调节_____与_____之间的松紧程度。

4）阀杆 12 下部的凸块与阀芯 4 上的_____阀杆 12 上部的四棱柱结构可套进扳手 13 的_____内。

5）阀体与阀杆之间的填料垫 8 及填料 9、10 通过_____压紧保证良好的密封效果。

6）说出装配图需要标注的尺寸。

活动过程评价表

用于评价学生完成课前学习任务情况和各方面能力提升情况。

序号	项目	完成情况与能力提升评价		
		达成目标	基本达成	未达成
1	活动 1			
2	活动 2			

模块二
装配图识读与绘制

一、导入任务

球阀是管道系统中用来启闭或调节流体流量的部件。在日常生活中，经常能看到球阀这个部件，在工业上，球阀的使用范围也非常广泛。如图 2-1-2 所示的部件均是球阀，将其中一个球阀剖开一部分，可以看到其是由很多零件组成的。之前学过识读零件图，那么对于球阀这样由多种零件组成的部件，应怎么读懂它的图纸？

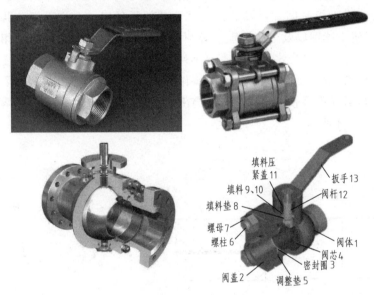

图 2-1-2 球阀

二、识读阀门装配图

（一）装配图作用和内容认知

1. 装配图作用

表达机器或部件的结构形状、工作原理、各零件装配关系，以及有关技术要求的图样，称为装配图。

装配图是制定装配工艺规程，进行装配、检验、安装及维修的技术文件。设计者可以通过装配图表达机器或部件的结构和工作原理。制造者根据装配图将零件组装成完整的部件或机器。使用者阅读了装配图后，可以了解机器或部件的性能、工作原理、使用和维修的方法。

2. 识读装配图的要求

① 了解部件的用途、性能、规格、工作原理。

② 弄清各零件之间的相对位置、装配关系和连接固定方式。
③ 弄懂各零件的作用和主要结构形状。
④ 了解部件的尺寸和技术要求。

3. 装配图的内容

（1）一组视图　用一组视图表达机器或部件的工作原理、零件间的装配关系、连接方式，以及主要零件的结构形状。

（2）必要的尺寸　用来标注机器或部件的规格尺寸、零件之间的配合或相对位置尺寸、机器或部件的外形尺寸、安装尺寸以及设计时确定的其他重要尺寸等。

（3）技术要求　说明机器或部件的装配、安装、调试、检验、使用与维护等方面的技术要求，一般用文字写出。

（4）序号、明细栏和标题栏

① 序号。序号应编注在视图周围，按顺时针或逆时针方向顺次排列，在水平或铅垂方向上应排列整齐。对一组紧固件以及装配关系清楚的零件组，允许采用公共指引线，如图 2-1-3 所示。为了便于读图以及生产管理，必须对所有的零部件编写序号。相同零件（或组件）只需编一个序号。序号应水平或垂直地排列整齐，并按顺时针或逆时针方向依次编写。

零部件序号用指引线（细实线）从所编零件的可见轮廓线内引出，序号数字比尺寸数字大一号或两号，指引线不得相互交叉，不要与剖面线平行。装配关系清楚的零件组可采用公共指引线，如图 2-1-3 所示。

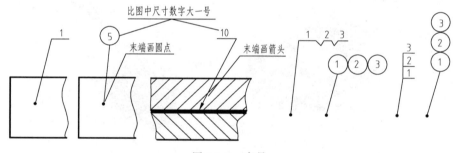

图 2-1-3　序号

② 明细栏。装配图中，为了便于迅速、准确地查找每一零件，会对每一零件编写序号，并在明细栏中依次列出零件序号、名称、数量、材料等。

明细栏一般应紧接在标题栏上方绘制。当标题栏上方位置不够时，其余部分可画在标题栏的左方。明细栏外框线为粗实线，栏内分格线为细实线。明细栏直接画在装配图中时，明细栏中的序号应按自下而上的顺序填写，当发现有漏编的零件时，方便继续向上填补。明细栏的内容和格式如图 2-1-4 所示。

③ 标题栏。在标题栏中写明装配体的名称、图号、比例以及设计、制图、审核人员的签名和日期等。读图的时候，应优先读该标题栏。

（二）识读装配图第一步——概括了解

从标题栏中了解装配体的名称和用途。从明细栏和序号可知零件的数量和种类，从而略知其大致的组成情况及复杂程度。从视图的配置分析视图，分析其采用的表达方法，为进一步深入读图做准备。

模块二 装配图识读与绘制

19	螺钉M7×10	4	A3	GB68-85	7	护罩	1	B2	
18	垫圈	4	耐油橡胶		6	开口销	3	A2	GB91-86
17	空心螺柱	1	45		5	销轴	2	45	GB882-76
16	弹簧	1	65Mn		4	联接板	2	45	
15	钢球	2	45		3	活塞	1	45	
14	空心螺柱	1	45		2	活塞环	2	耐油橡胶	
13	弹簧	1	65Mn		1	泵体	1	HT150	
12	弹簧垫	2	35		序号	零件名称	数量	材料	备注
11	弹簧挡圈22	2	65Mn	GB893-88	手压滑油泵		比例 1:2	图号 8.03.	
10	螺帽	1	35				材料		
9	手柄	1	35		班级	(学号)	件数14件	成绩	
8	销轴A6×25	1	45	GB882-76	制图	(日期)	(校名)		
序号	零件名称	数量	材料	备注	审核	(日期)			

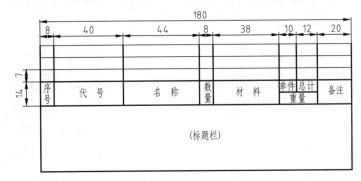

图 2-1-4 明细栏

本任务中装配图的名称是球阀。阀门是管道系统中用来启闭或调节流体流量的部件,球阀是阀门的一种。从明细栏可知球阀由13种零件组成,其中标准件两种,分别是螺柱和螺母。按序号依次查明各零件的名称和所在位置。

球阀装配图由三个基本视图表达。主视图采用全剖视,表达球阀阀体内两条主要装配干线,各零件之间的装配关系为:水平方向装配干线是阀体、阀盖等零件;垂直方向是压紧套、阀杆、扳手等零件;左视图采用拆去扳手的半剖视,反映了球阀的内部结构及阀盖方形凸缘的外形。半剖视是为了进一步将阀体与阀芯的关系表达清楚,同时又把阀体1的装配孔的数量及分布位置表达出来;俯视图采用局部剖视,以反映球阀外形为主,同时采取了局部剖视,反映扳手与阀体限定位凸块的关系,该凸块用以限制扳手的旋转位置。

(三)装配图的画法认知(表 2-1-1)

表 2-1-1 装配图的画法

画法	要求	示例
1. 接触面和配合面的画法	两个零件的接触表面或有配合关系的工作表面,其分界处规定只画一条线。不接触或没有配合关系时,即使间隙很小,也必须画出两条线,如右图圈出的内容	

续表

画法	要求	示例
2. 零件剖面符号的画法	① 在剖视图中，相邻两零件的剖面线方向应相反；或者方向一致，但间隔不同，如右图所示的机座、滚动轴承和端盖的剖面线。 ② 同一个零件，在不同视图中的剖面线应该保证方向相同、间隔相同。 ③ 当断面的宽度小于2mm时，允许以涂黑来代替剖面线	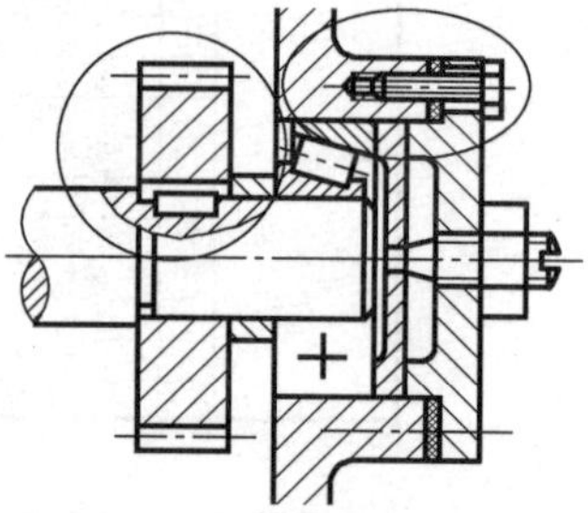
	对于紧固件（如螺钉、螺栓、螺母、垫圈、键、销等）、轴、连杆、手柄、球等实心件，当剖切平面通过其轴线或对称面时，这些零件都按不剖绘制，如右图中的螺钉、螺母、键和垫圈等画法。但必须注意，当剖切平面垂直于这些零件的轴线剖切时，在这些零件的剖面上应该画出剖面线	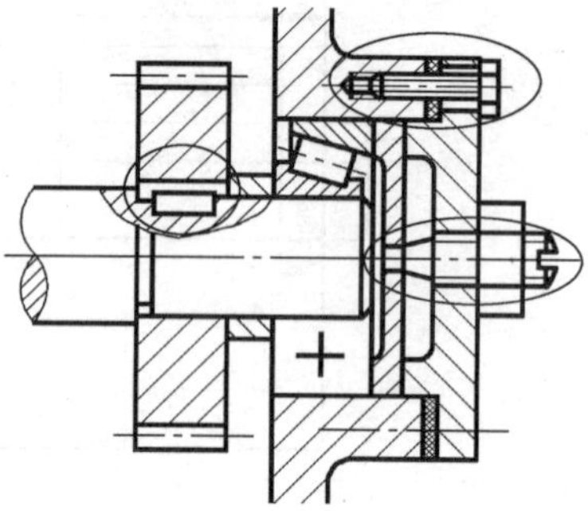
3. 装配图的简化画法	① 在装配图中，螺栓头和螺母一般采用简化画法。对于装配图中若干相同的零件组如螺纹紧固件等，可详细地画出一组，其余只用点画线表示出位置即可。 ② 在装配图中，对剖面厚度小于2mm的零件可以涂黑来代替剖面线。 ③ 在装配图中可省略零件的较小工艺结构，如倒角、退刀槽和小圆角等	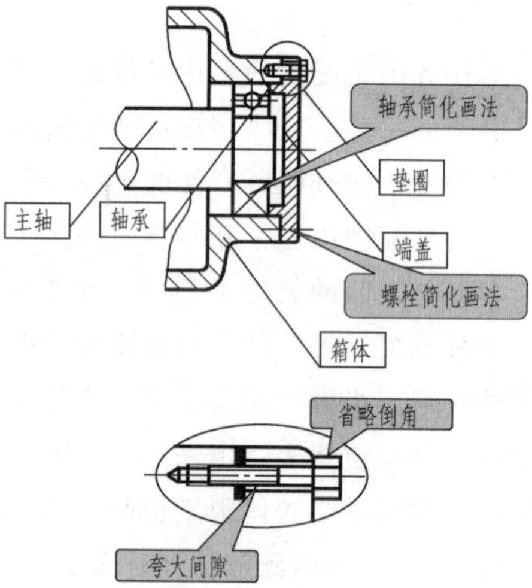
4. 装配图的特殊表达方法	在装配图的某一视图中，若某些零件遮住了需要表达的内部结构，或为了避免重复，简化作图，可假想沿某些零件的结合面剖切或是拆去一个或几个零件后绘制该视图。采用拆卸法绘图后，需要在视图上方加注"拆去件××"，比如本任务中左视图上加注"拆去扳手13"	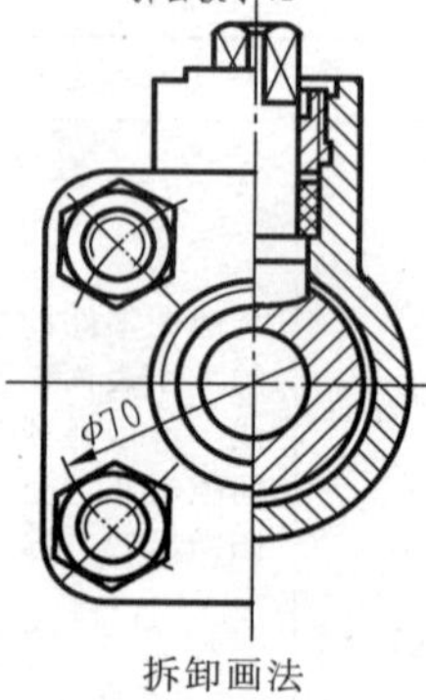

续表

画法	要求	示例
4.装配图的特殊表达方法	当某个零件的形状未表示清楚而影响对装配关系的理解时，可另外单独画出该零件的某一视图，但必须在所画视图的上方注出该零件的名称及视图的名称	单件画法容易理解，不附图表示
	① 当需要表示零部件的运动范围或极限位置时，可将运动零件画在一个极限位置或中间位置，另一极限位置用细双点画线画出该运动零件的外形轮廓，如右图所示 ② 当需表达与本部件有装配关系但又不属于本部件的相邻其他零件时，用细双点画线画出该运动零件的外形轮廓	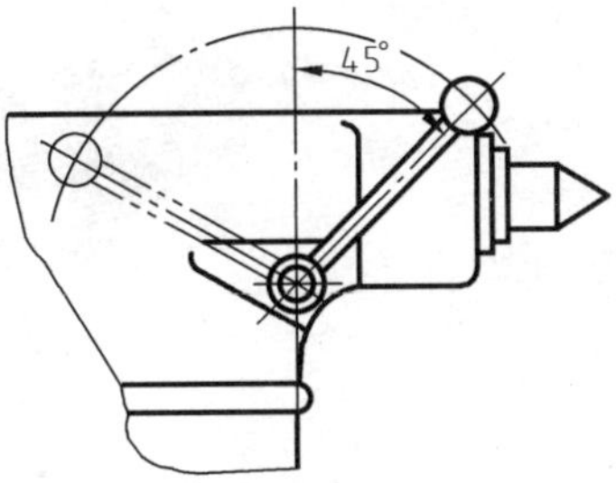 假想画法
	在装配图中，对于一些薄片零件、细丝弹簧、微小间隙等，若按照实际尺寸绘制，装配图上很难明显表现出来，可不按照比例适当地夸大画出。如本任务中垫片的厚度、阀杆和压盖的间隙就是采用了夸大画法	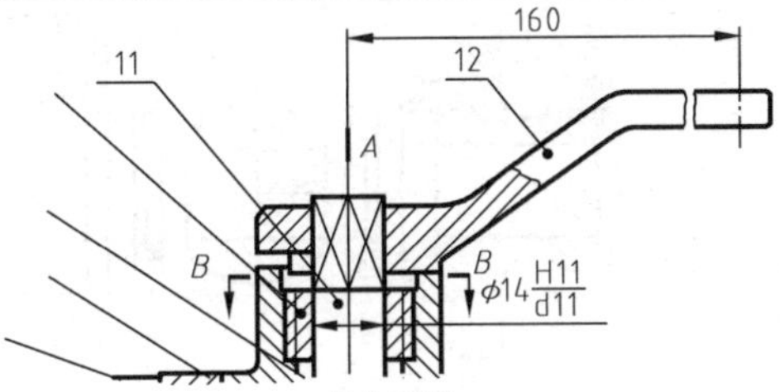 夸大画法

（四）常用的装配图视图的分析

分析零件时，应从主要视图中的主要零件开始，可按"先看主要零件，再看次要零件""先看容易分离的零件，再看其他零件""先分离零件，再分析零件的结构形状"的顺序进行。有些零件在装配图上不一定表达得完全清楚，可配合相关的零件图来读装配图。

常用的装配图视图的分析方法如下：

① 利用剖面线的方向和间距来分析。同一零件的剖面线，在各视图上方向一致、间距相等。

② 利用规定画法来分析。如实心件在装配图中规定沿轴线方向剖切可不画剖面线，由此可以方便地将丝杆、手柄、螺钉、键、销等零件区分出来。

③ 利用零件序号，对照明细栏来分析。

④ 必要时需要借助三角板、分规等工具，找出视图间的投影关系。根据投影分析将零件在各个视图中的轮廓分离开，再辅助以零件的功用和零件间的相互关系，并考虑零件加工工艺要素，进一步补充表达不完整的结构，从而想象出零件的结构。

球阀分解图见图 2-1-5。

1.详细分析

分析装配干线。φ20 孔轴线方向为主要装配干线。该装配干线由阀体、阀芯、阀盖、密封圈、调整垫、螺柱、螺母等零件构成，如图 2-1-6 所示。

阀杆轴线方向为另一重要装配干线。该装配干线由扳手、阀杆、上填料、中填料、填料垫等零件组成，如图 2-1-7 所示。

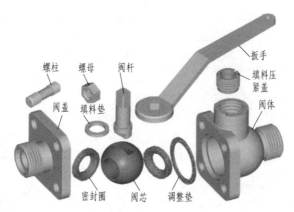

图 2-1-5 球阀分解图

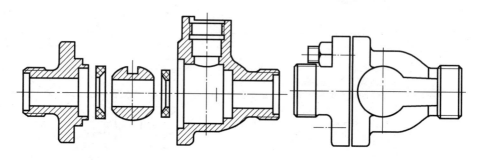

图 2-1-6 主要装配干线

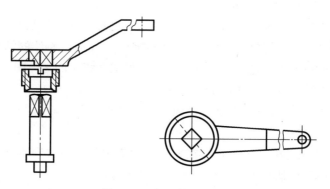

图 2-1-7 阀杆轴线方向

2. 分析主要零件

（1）阀盖　如图 2-1-8 所示，阀盖左端外部为台阶圆柱结构，有连接用的外螺纹。右端为方板结构，其上有四个装螺柱通孔，最右端有一小圆筒凸台，与阀体左端台阶孔配合，起径向定位作用。右端的内台阶孔起密封圈的径向定位作用。零件中心直径为 20 的通孔，是流体的通路。

（2）阀芯　找出阀芯的投影，想象出阀芯的主要结构形状，如图 2-1-9 所示。阀芯是左右两边截成平面的球体，球心上加工有一直径为 25mm 的通孔，球心上方有一圆弧形方槽，与阀杆的下端相结合。球心的位置受阀杆位置控制，从而控制流体的流量。

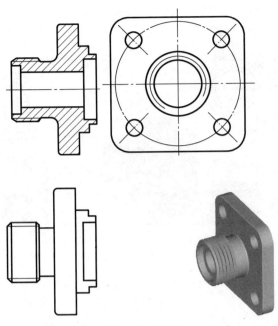

图 2-1-8 阀盖

(3) 密封圈 如图 2-1-10 所示，零件为环形，用有机材料聚四氟乙烯制成，该材料耐磨耐腐蚀，是良好的密封材料。

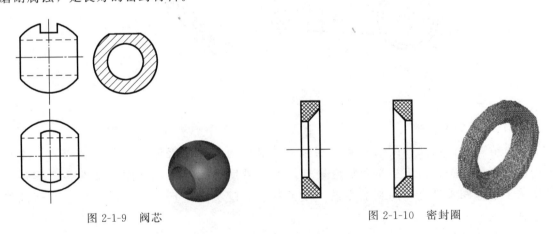

图 2-1-9 阀芯　　　　　图 2-1-10 密封圈

(4) 阀体 找出阀体的投影，想象出阀体的主要结构形状，如图 2-1-11 所示。其除了具有阀盖的作用外，还具有容纳阀芯、密封圈、阀杆、垫、填料压紧套等零件的重要作用。阀体左端带有圆柱形凸缘，右侧有外管螺纹与管道相通形成流体通道。

(5) 阀杆 该零件为台阶轴类零件，如图 2-1-12 所示。上端为四棱柱结构，用来安装扳手。最下端为平行扁状结构，插入球心上方槽内，转动阀杆可控制球心的位置。找出阀杆的投影，想象出阀杆的主要结构形状。

(6) 扳手 如图 2-1-13 所示，该零件形状比较简单。其作用是带动阀杆转动。

(五) 传动路线及工作原理分析

一般情况下，可以从图样中直接分析装配体的传动路线，当部件比较复杂时需参考产品说明书。

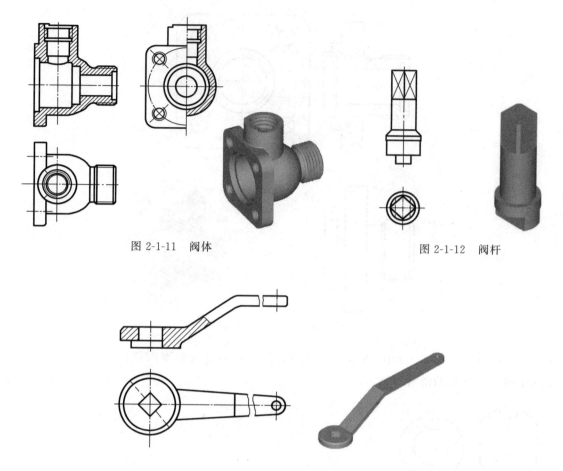

图 2-1-11 阀体　　　　　图 2-1-12 阀杆

图 2-1-13 扳手

（六）装配关系分析

分析清楚零件之间的配合关系、连接方式和位置关系，能够进一步了解部件。本任务中的球阀装配图，对于初学者来说较难，可以借助球阀结构示意图与球阀各个零件的结构来了解球阀零件之间的装配关系，在了解了装配关系之后，更容易分析装配体的工作原理。

对于本任务中的装配图来说：

① 球阀主要装配干线是水平装配干线。该装配干线上有阀体、密封圈、阀芯、阀盖等零件。另一装配干线是垂直装配干线，该装配干线上有阀体、阀杆、压紧套、扳手等零件。

② 阀体和阀盖都带有圆柱形凸缘，它们之间是用螺柱和螺母连接。

③ 阀芯通过填料定位于阀体空腔内，并用调整垫调节阀芯与密封圈之间的松紧程度。

④ 阀杆下部的凸块与阀芯上的凹槽相榫接，其上部的四棱柱结构可套进扳手的方孔内。

⑤ 阀体与阀杆之间的填料垫及中、上填料通过压紧套压紧，保证良好的密封效果。

⑥ 球阀的工作原理是驱动扳手转动阀杆和阀芯，控制球阀的启闭和流量。当扳手处于与管道垂直位置，阀门全部关闭，管道断流。当扳手处于与管道平行位置，阀门全部开启，

管道畅通。

⑦ 球阀的拆卸顺序。扳手—压紧套—填料—填料垫—阀杆—螺母—螺柱—阀盖—调整垫—密封圈—阀芯—密封圈—阀体。

（七）归纳总结

通过以上分析，最后综合起来，读者可对装配体的工作原理、装配关系及主要零件的结构形状、尺寸、作用有一个完整、清晰的认识，从而想象出整个装配体的形状和结构。上述步骤应在识图过程中交替进行。

（八）尺寸分析

装配图上不需像零件图那样注出所有尺寸，只需注出与装配体性能、装配、安装、运输等有关的尺寸。

（1）外形尺寸　表示装配体长、宽、高的总体尺寸，它既反映装配体的大小，也为装配体的包装、运输和安装过程中需要的空间大小提供了依据。

（2）装配尺寸　表示零件之间有配合性能要求的配合尺寸及公差等。

（3）性能尺寸　表示装配体性能规格的尺寸，是用户选用产品的依据。如：行程、口径及螺纹等。

（4）定位尺寸　确定各零件间的位置关系的尺寸；一般表示：

① 主要轴线到安装基准面的距离；

② 主要平行轴之间的距离；

③ 装配后两零件之间必须保证的间隙等。

（5）安装尺寸　表示装配体安装在基底或其他机器上所需的尺寸。

（6）其他尺寸　如主体零件的重要尺寸及运动零件的极限尺寸等。

本任务中球阀装配图中的规格尺寸是 $\phi 20$，与液体流量有关。

阀体与阀盖的配合尺寸为 $\phi 50H11/h11$，阀杆与填料压紧套的配合尺寸为 $\phi 14H11/d11$，阀杆下部凸缘与阀体的配合尺寸为 $\phi 18H11/d11$，并且此三处配合尺寸属于间隙配合。

球阀装配图中的外形尺寸是 115、75、121.5。

球阀装配图中的安装尺寸是 $M36\times 2$。

球阀装配图中装配尺寸是 54、160、84。

三、任务小结

本子任务以识读球阀装配图为主线，首先介绍了装配图的作用和内容，装配图的尺寸标注、技术要求、零部件序号、明细栏和标题栏的绘制，装配图的一般画法、规定画法、特殊画法，其次介绍了识读装配图的要求以及装配图的阅读方法。

子任务 2　用 AutoCAD 绘制阀门装配图

学习目标

能力目标

（1）能综合运用各种工具、命令绘图。
（2）能用 AutoCAD 绘制装配图三视图。

素质目标

（1）通过查阅资料，动手操作完成任务，培养自学的能力。
（2）通过学习中的互联网资料搜寻、小组讨论、练习、考核等活动，进行充分的交流与合作，培养团队协作意识和吃苦耐劳的精神。
（3）通过绘制装配图，培养一丝不苟的学习态度。

知识目标

（1）掌握装配图的绘制方法与步骤。
（2）综合应用 AutoCAD 的绘图工具，提高 CAD 绘图能力。
（3）掌握零件序号的标注。
（4）掌握表格的创建和编辑方法。

学习过程要求

查阅相关资料完成任务：

活动1：
（1）找出绘制装配图的方法，写出优缺点，确定绘制该装配图（图2-1-14）的方法。
（2）写出绘制装配图的步骤。

活动2：用 AutoCAD 绘制该球阀装配图（图2-1-14）。

活动过程评价表

用于评价学生完成学习任务情况和各方面能力提升情况。

序号	项目	完成情况与能力提升评价		
		达成目标	基本达成	未达成
1	活动1			
2	活动2			

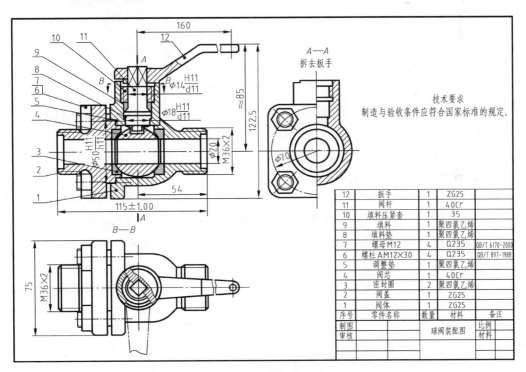

图 2-1-14 球阀装配图

一、导入任务

在识读阀门装配图时，我们就已认识到装配图比零件图复杂得多。那如何用 AutoCAD 绘制图 2-1-14 所示球阀装配图呢？

二、用 AutoCAD 绘制阀门装配图

（一）装配图绘制方法认知

利用 AutoCAD 绘制装配图可以采用的主要方法有：零件图块插入法，零件图形文件插入法，根据零件图直接绘制和利用设计中心拼绘装配图，等等。

1. 直接绘制装配图

对于一些比较简单的装配图，主要利用二维绘制、编辑命令、设置和层控制等各种功能，按照手工绘制装配图的绘图步骤将其绘制出来。在绘制过程中，要充分利用"对象捕捉"及"正交"等绘图辅助工具以提高绘图的准确性，并通过对象追踪和构造线来保证视图之间的投影关系。这种绘制方法不适于绘制复杂的图形，因此在绘制装配图时很少用到。

2. 零件图块插入法

用零件图块插入法绘制装配图，就是将组成部件或机器的各个零件的图形先创建为图块，然后按零件间的相对位置关系，将零件图块逐个插入，拼绘成装配图。

由零件图拼绘装配图时需注意以下几点：

（1）尺寸标注　由于装配图中的尺寸标注要求与零件图不同，零件图上的定形和定位尺寸在装配图上一般不需要标注，因此，如果只是为了拼绘装配图，则可以只绘制出图形，而不必标注尺寸，待装配图画完之后，再按照装配图上标注尺寸的要求标注尺寸；如果既要求绘制出装配图，又要求绘制出零件图，则可以先把完整的零件图绘制出并存盘，然后将尺寸层关闭，进而创建用于拼绘装配图的图块。

（2）剖面线的绘制　国家标准规定在装配图中，两相邻零件的剖面线方向应相反，或方向相同而间隔不等，因此，在将零件图图块拼绘为装配图后，剖面线必须符合国家标准中的这一规定。如果有的零件图块中剖面线的方向难以确定，则可以先不绘制出剖面线，待拼绘完成装配图后，再按要求补绘。

（3）螺纹的绘制　如果零件图中有内螺纹或外螺纹，则拼绘装配图时还要加入对螺纹连接部分的处理。由于国家标准中对螺纹连接的规定画法与单个螺纹画法不同，表示螺纹大、小径的粗、细线均要有变化，剖面线也要重画。因此，为了使绘图简便，零件图中的螺纹孔及相关剖面线可暂不绘制，待装配图上拼绘完成螺栓之后，再按螺纹连接的规定画法将其补全。

(4) 绘图比例　各零件图的绘图比例需要统一。

(5) 零件图的表达方法　由于零件图与装配图的表达侧重点不同,所以在建立图块之前,要选择绘制装配图所需要的图形,并进行修改,使其视图表达方法符合装配图表达方案的要求。

3. 零件图形文件插入法

在 AutoCAD 中,可以将多个图形文件用插入块命令,直接插入到同一图形中,插入后的图形文件以块的形式存在于当前图形中。因此,也可以用直接插入零件图形文件的方法来拼绘装配图,该方法与零件图块插入法极为相似,不同的是默认情况下的插入基点为零件图形的坐标原点 (0, 0),这样在拼绘装配图时就不便于准确确定零件图形在装配图中的位置。

为保证图形插入时能准确、方便地放到正确的位置,在绘制完零件图形后,应首先用定义基点命令 BASE 设置插入基点,然后保存文件。这样在用插入块命令 INSERT 将该图形文件插入时,就以定义的基点为插入点进行插入,从而完成装配图的拼绘。

4. 利用设计中心拼绘装配图

AutoCAD 设计中心 (AutoCAD Design Center, ADC) 为用户提供了一个直观、高效和集成化的图形组织和管理的工具,它与 Windows 资源管理器类似。用户利用设计中心,不仅可以方便地浏览、查找、预览和管理 AutoCAD 图形、块、外部参照及光栅图像等不同的资源文件,而且可以通过简单的拖放操作,将位于本地计算机、局域网或因特网上的块、图层和外部参照等内容插入到当前图形中。

(二) 装配图绘制步骤认知

装配图的绘制过程基本与绘制零件图相似,同时又有其自身的特点。装配图的一般绘制步骤如下。

① 建立装配图模板。

② 绘制装配图。

③ 对装配图进行尺寸标注。

④ 编写零、部件序号。用快速引线标注命令绘制序号指引线及注写序号。

⑤ 绘制并填写标题栏、明细栏及技术要求。

⑥ 保存图形文件。

(三) 该球阀装配图绘制

下面是用图块插入法绘制装配图的具体步骤。

1. 创建零件图块

(1) 绘制零件图　球阀装配图主要由阀体、阀盖、阀芯、阀杆、扳手等零件图组成,首先运用二维绘图功能,绘制零件图。各零件图的绘图比例统一为 1∶1,每个零件图设置 5 个图层:粗实线层、细实线层、点画线层、尺寸层和剖面线层。预先用学过的绘制零件图的方法将这些零件图绘制好。

(2) 创建零件图块　在绘制零件图时,将每个零件的主视图及其他视图分别定义成内部块,定义的图块中不包括零件的尺寸标注、技术要求和剖面线,块的基点选择在与其他零件有装配关系或定位关系的关键点上。具体操作步骤如下。

① 打开绘制的零件图,用层控制对话框将尺寸图层及剖面线图层关闭。

② 如果零件图的视图选择及表达方法有与装配图不一致的地方，则需要对绘制的零件图进行编辑修改，使其与装配图保持一致。

③ 用创建块命令依次将零件图形定义成块。选择插入基点（如图 2-1-15 所示打"×"处）。

以阀体为例，建立图块的步骤如下：

首先把阀体零件图打开，用层控制对话框将尺寸层和剖面线层关闭，将俯视图中的圆柱槽和槽内所有的可见图线与螺纹投影擦去，然后做块，操作如下：

Command：Wblock　回车

此时屏幕显示写块对话框。如已建块，则在块选项输入块名；如未建块，则选择对象，点选拾取点按钮，选择插入基点（如图 2-1-15 所示打"×"处），然后点击选择按钮，选择阀体，在目标的文件名和路径选项中给出阀体块存放的路径与文件名，设定好之后，单击确定按钮，完成阀体块文件的建立。

为了保证零件图块拼绘成装配图后各零件之间的相对位置和装配关系，在创建零件图块时，一定要选择好插入基点。为了便于将零件图块拼绘成装配图，一个零件的一组视图可以根据需要分别创建为多个图块，如压盖主、俯视图做成两个图块。

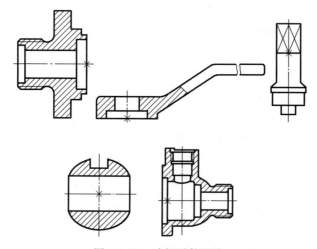

图 2-1-15　球阀零件图块

2. 由零件图块拼绘装配图

① 定图幅。根据选好的视图方案，计算图形尺寸，确定绘图比例，同时考虑标注尺寸，编写序号，画明细栏、标题栏，填写技术要求的位置和所占的面积，设定图幅。

② 创建图层。创建粗实线、细实线、中心线、虚线、尺寸标注和文字等图层。

③ 绘制明细栏。

④ 用插入块命令 INSERT，或者选择"插入"→"块（B）…"命令，依次插入创建的零件图块。如果零件图块的比例与装配图的比例不同，则需要设定零件图块插入时的比例，以满足装配图的要求。需注意的是在插入时，插入点、比例、旋转角的设置。

⑤ 检查、修改，并画全剖面线。插入完成后要仔细检查，将被遮挡的多余图线删去，把螺栓连接件按《机械制图》国家标准规定画全，并补全所缺的剖面线。要灵活运用修剪、打断、删除等命令编辑修改图形。

⑥ 完成全图。按照装配图注尺寸的要求，调出尺寸层，设好尺寸参数，进行尺寸标注，

然后编写序号。在编写序号时，用直线命令画出指引线，用文字命令写序号，绘制边框线、标题栏和明细栏，填写标题栏、明细栏和技术要求，完成全图。

用图块插入法绘制装配图时应注意：

① 为了保证图块插入后正确地表达各零件间的相对位置，做块时要选择好插入基点，插块时要选择好插入点。

② 图块插入后是一个整体，修改时必须用分解命令将其打散。

③ 绘制各零件图时，图层设置应遵守有关计算机绘图的国家标准，或者自行规定保持各零件图的图层一致，以便于拼绘装配图时图形的管理。注意不要在零层绘图。

三、任务小结

本子任务重点介绍了用 AutoCAD 绘制装配图的方法以及用图块插入的方法绘制球阀装配图。

模块化考核题库

将图 2-1-16（a）所示螺栓、螺母和垫片采用"块存盘"命令存为三个文件，文件名分别为 LS、LM、DP。在图 2-1-16（a）基础上，分别插入前面定义的三个块，拼装成图 2-1-16（b）所示的螺栓连接图。

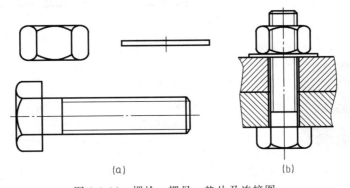

图 2-1-16 螺栓、螺母、垫片及连接图

任务二 绘制化工设备装配图

在之前的任务中介绍了化工设备分为动设备和静设备,以及动设备的零部件的相关知识,从本任务开始,学习静设备的相关图样。静设备按照用途可以分为储存设备、换热设备、反应设备、塔设备。其中结构最简单的就是储存设备,其他设备因为特定的单元操作过程,在储存设备的结构上又增添了特定的结构,所以识读与绘制设备装配图先从储存设备——贮罐开始。

子任务1 认知化工设备组成

学习目标

> 能力目标

(1)能绘制出简单的化工设备并指出结构。
(2)能明白零部件标准化的意义。
(3)能说出零部件标准化参数。

素质目标

（1）通过查阅资料，动手操作完成任务，培养自学的能力。
（2）通过学习中的互联网资料搜寻、小组讨论、练习、考核等活动，进行充分的交流与合作，培养团队协作意识和吃苦耐劳的精神。
（3）通过学习公称直径、公称压力，树立工程、标准意识。

知识目标

（1）了解化工设备基本组成和主要零部件。
（2）熟悉零部件标准化参数。

学习过程要求

查阅相关资料完成任务：

活动1：贮罐可用来存放酸、碱、醇等气态、液态化学物质。观察贮罐模型或学校实训室中贮罐实物，并查阅资料进行小组讨论：
（1）说出贮罐上的结构及作用。
（2）演示用纸做成圆筒、长圆筒的方法；说出可以直接作筒体的结构。说出可以描述筒体尺寸的数量最少的几何元素。
（3）说出椭圆形封头的尺寸参数。
（4）说出贮罐开孔的地方和原因。

活动2：在贮罐图（图2-2-1）上认出结构并抄画结构图。

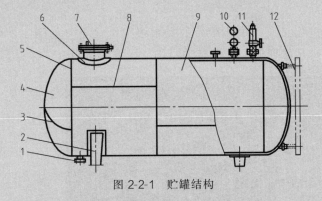

图 2-2-1　贮罐结构

活动3：
（1）说出所介绍的设备结构的标准件。
（2）化工设备图中明细栏的以下这些符号（图2-2-2）含义是什么？找出各个符号的含义。

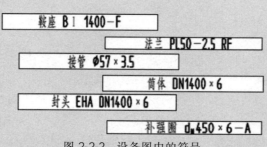

图 2-2-2 设备图中的符号

活动过程评价表

用于评价学生完成学习任务情况和各方面能力提升情况。

序号	项目	完成情况与能力提升评价		
		达成目标	基本达成	未达成
1	活动1			
2	活动2			
3	活动3			

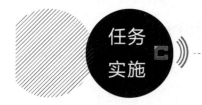

一、导入任务

化工企业非常多，经过化工厂，映入眼帘的是很多大型设备（如图 2-2-3 所示），这些设备都是什么？它们的结构是怎样的？下面来学习化工设备的结构。

图 2-2-3 工厂图

二、化工设备组成认知

(一) 储存设备组成认知

压力容器由许多基本部件组成,如筒体、封头、接管、法兰、支座等,现在分别了解各个结构及作用。

1. 筒体

筒体是设备的主体部分,如图 2-2-4 所示。筒体提供工艺所需的承压空间。圆筒实际制作过程中,主要就是将钢板卷焊成圆筒。当直径小于 500mm 时,可直接使用无缝钢管。筒体的主要尺寸参数是直径、壁厚和高度三项数据。

图 2-2-4 筒体

2. 封头 (端盖)

封头是设备的重要组成部分,是封闭容器端部从而使其内外介质隔离的元件,如图 2-2-5 所示。化工工艺中的介质、温度、压力的特殊性要求设备是密封的。除了椭圆形,封头形状还有半球形、蝶形、球冠形、锥形、平盖形等。在压力容器的前面看储罐的一端是什么形状,封头就是什么形状的。

图 2-2-5 封头

椭圆形封头的尺寸参数有椭圆长轴、短轴、厚度,标准椭圆封头的长短轴之比为 2,封头直边高度根据封头的壁厚来确定,数值有 25,40,50 三种。

封头平面图见图 2-2-6。

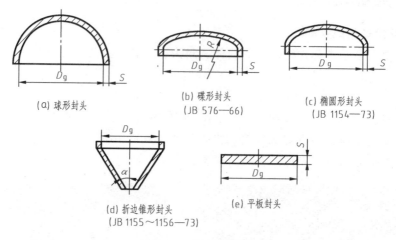

图 2-2-6　封头平面图

3. 筒体与封头连接方式

筒体与封头的连接方式有两种，一种是不可拆连接即焊接，另一种是可拆连接即法兰连接。法兰连接是应用相当广泛的一种可拆连接。其连接方法是将一对法兰分别焊在筒体（或管子）和封头（或管子）上，然后在两法兰之间加放垫片，用螺栓、螺母加以连接而成，如图 2-2-7 所示。

图 2-2-7　筒体法兰

法兰有两类，一类是用于连接管道的管法兰，另一类是用于连接筒体和封头的设备法兰（也称压力容器法兰），见图 2-2-8。

图 2-2-8　法兰

4. 开孔与接管

（1）开孔　由于工艺要求和检修、清洗设备内部装置及监控的需要，常在筒体或封头上开设不同大小的孔或安装接管，如：人孔、手孔、视镜孔、接管开孔。

（2）接管　用于物料进出口接管以及安装压力表、液面计、安全阀、测温仪表等。

5. 支座

设备支座用来支承设备和固定设备的位置。

（1）支座分类

① 立式容器支座（腿式、支承式、耳式、裙式支座）。

② 卧式容器支座［支承式、鞍式（多用）、圈式］。

③ 球形容器多采用柱式或裙式支座。

鞍式支座（鞍座）和裙式支座（裙座）如图 2-2-9 所示。

图 2-2-9　鞍座和裙座

（2）耳式支座　简称耳座，广泛用于立式设备，如图 2-2-10 所示。它是由两块筋板，一块底板（支脚板）和一块垫板组成。然后将垫板焊在设备的筒体壁上，耳座的底板搁在楼板上，底板上有螺栓孔，用螺栓固定设备。

 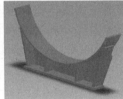 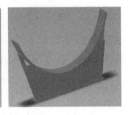

图 2-2-10　耳式支座

（3）鞍式支座　简称鞍座，是卧式设备中应用最广的一种支座。它主要由一块竖板支撑着一块鞍形板，竖板焊在底板上，中间焊接若干块筋板，组成鞍式支座，如图 2-2-11 所示。

 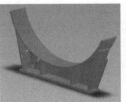 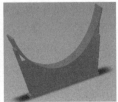

图 2-2-11　鞍座

6. 安全附件

液位计和安全阀如图 2-2-12 所示。

图 2-2-12 液位计和安全阀

为保证化工设备和人员的安全，在压力容器上设置一些安全装置和测量、控制仪表来监控工作介质的参数，以保证压力容器的使用安全和工艺过程的正常进行。

安全装置：安全阀、爆破片、压力表、液面计、测量仪表等。

（二）设备标准化零部件认知

如果衣服上的扣子掉了，为了衣服整体的美观性，要去买一个一样的扣子缝在衣服上。如果设备某个零部件坏了，想要更换它，怎么办？化工厂中的设备体积比较大，每个设备都是经过设计、制造、安装、试验后投入运行的，就像是一件私人定制的衣服，如果要更换零部件，只能使用自己备用的、联系原厂家购买或是按照尺寸重新制作一个，这无疑是很麻烦的。

为方便维修等工作，将设备的零部件标准化，当然标准化的好处还有优化压力容器的设计、制造、检验，保证压力容器的制造质量。标准化后的零部件尺寸是一系列的尺寸，是规定好的、通用的尺寸，按照名称查阅标准如国家标准 GB、原化工部标准 HG、机械行业标准 JB 等，在这些标准中每一个零件均有一个对应的标准号，并可以得到有关这个零件的所有详细尺寸。标准化有利于成批生产，缩短生产周期，提高产品质量，降低成本，从而提高产品的竞争能力。

标准化有两个参数，分别是公称直径和公称压力。

（1）公称直径 指容器、管道、零部件标准化以后的尺寸，用 DN 表示，单位为 mm。

① 由钢板卷制而成的容器筒体，其公称直径数值等于内径。当筒体直径较小时，可直接采用无缝钢管制作，此时公称直径等于钢管外直径。设计时，应将工艺计算确定的压力容器直径，圆整为公称直径系列尺寸。

② 钢管的公称直径既不是管子的外径，也不是管子的内径，而是一种为了使管子与管件之间实现互相连接、具有互换性而标准化的系列尺寸。

（2）公称压力 对于公称直径相同的同类零部件，只要其工作压力不同，则其他尺寸必定会有所不同，因此在制定零部件标准时，仅有公称直径这一个参数是不够的，还需要将其所承受的压力也规定为若干个等级。对于支座等非受压元件，则没有公称压力的概念。

国际通用的公称压力等级有两大体系，即欧洲体系和美洲体系。欧洲体系采用 PN 系列表示公称压力等级，如 PN2.5、PN50 等。美国等一些国家习惯采用 Class 系列表示压力等级，如 Class150、Class300 等。

(三) 零部件标记

1. 筒体

筒体的主要尺寸是直径、高度（或长度）和壁厚。

筒体标记应为：筒体 Dg 1000。明细表中的标记为"筒体 $\phi 1000 \times 10$ H(L)＝2000　筒体公称直径 标准代号"，其中公称直径是指筒体内径，但当采用无缝钢管作筒体时，公称直径是指钢管的外径。压力容器公称直径见表 2-2-1。无缝钢管的公称直径见表 2-2-2。

表 2-2-1　压力容器公称直径

300	(350)	400	(450)	500	(550)	600	(650)	700
800	900	1000	(1100)	1200	(1300)	1400	(1500)	1600
(1700)	1800	(1900)	2000	(2100)	2200	(2300)	2400	2600
2800	3000	3200	3600	3800	4000			

注：表中带括号的公称直径尽量不采用。

表 2-2-2　无缝钢管的公称直径

159	219	273	325	377	426

2. 封头

封头与筒体可以直接焊接，形成不可拆卸的连接，也可以分别焊上法兰，用螺栓、螺母锁紧，构成可拆卸的连接。

常见的封头形式有椭圆形（EHA、EHB）、碟形（DHA、DHB）、折边锥形（CHA、CHB、CHC）及球冠形（PSH），如图 2-2-13 所示。

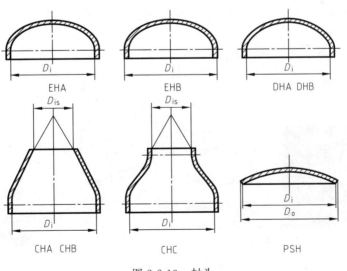

图 2-2-13　封头

封头标记示例：

封头类型代号 公称直径×封头名义厚度—封头材料牌号 标准号

例：公称直径 325mm、名义厚度 12mm、材质为 16MnR、以外径为基准的椭圆形封头，标记为 EHB 325×12—16MnR　JB/T 4746。

3. 支座

三种典型的标准化支座：耳式、支承式和鞍式支座。

(1) 耳式支座（图 2-2-14） 耳式支座已制定行业标准，标准号为 JB/T 4725—92。

标记示例：标准号 支座型号 支座号

例：A 型、带垫板，3 号耳式支座，支座材料为 Q235AF。其标记为：

JB/T 4725—92，耳座 A3

材料：Q235AF

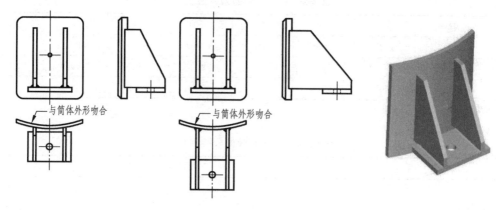

图 2-2-14 耳式支座

(2) 鞍式支座（图 2-2-15） 鞍式支座的结构和尺寸已标准化，其行业标准号为 JB/T 4712—2007。若鞍座高度（h）、垫板宽度（b_4）、垫板厚度（δ）、底板活动长孔长度与标准尺寸不同，应在设备图样零件名称栏或备注栏中注明，材料的注写方式与耳座相同。

例：DN1800，120°包角轻型带垫板滑动鞍座，鞍座材料为 Q235AF，垫板材料 0Cr19Ni9，鞍座高度 400mm。其标记为：

JB/T 4712—2007 鞍座 A1800-S，$h=400$

材料栏内注：Q235AF/0Cr19Ni9

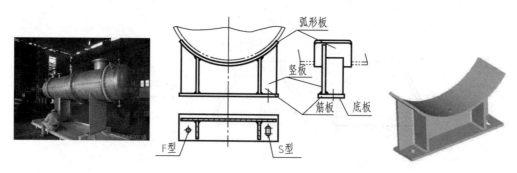

图 2-2-15 鞍式支座

4. 法兰

(1) 管法兰 标准法兰的主要参数是公称直径（DN）和公称压力（PN）。管法兰公称直径是一个名义直径，其数值接近于管子内径。

例：公称通径 DN100、公称压力 PN63、配用英制管的凸面带颈平焊钢制管法兰，材料为 20 钢。其标记为：

HG/T 20592 法兰 SO 100-63 M 20

(2) 压力容器法兰　压力容器法兰、垫片及紧固件采用 JB/T 4700～4707—2000 标准。对于压力容器法兰而言，其公称直径通常是指容器的内径。管法兰的公称直径应与所连接的管子直径（一般是无缝钢管的公称直径，通常相当于外径）相一致。压力容器法兰的公称通径应与所连接的筒体（或封头）公称直径（通常是指内径）相一致。

5. 人孔、手孔

需进行内部清理或安装制造以及检查上有要求的容器，必须开设手孔与人孔（图 2-2-15）。手孔通常是由在容器上接一短管并盖一盲板构成。当容器的公称直径大于或等于 1000mm 且筒体与封头为焊接连接时，容器应至少设置一个人孔（图 2-2-16）。公称直径小于 1000mm 且筒体与封头为焊接连接时，容器应单独设置人孔或手孔。

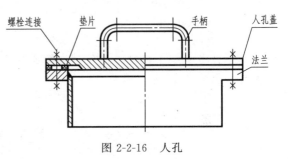

图 2-2-16　人孔

人孔、手孔标记：

名称 密封面代号 材料类别代号 [垫片（圈）代号] 公称直径-公称压力 非标准高度 标准号

例：公称直径 DN450mm，采用 2707 耐酸、碱橡胶板垫片的碳素钢常压人孔。其标记为：

人孔（R·A-2707) 450　HG/T 21515

6. 液面计

液面计是用来观察设备内部液面位置的装置，如图 2-2-17 所示。液面计结构有多种形式，最常用的有玻璃管（G 型）液面计、透光式（T 型）玻璃板液面计、反射式（R 型）玻璃板液面计，其中部分已经标准化。性能参数有公称压力、使用温度、主体材料、结构形式等。

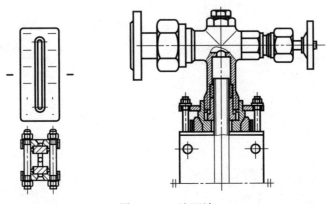

图 2-2-17　液面计

7. 补强圈

补强圈（图 2-2-18）上有一小螺纹孔（M10），焊后通入 0.4～0.5MPa 的压缩空气，以检查补强圈连接焊缝的质量。补强圈厚度随设备壁厚不同而异，由设计者决定，一般要求补强圈的厚度和材料均与设备壳体相同。按照补强圈焊接接头结构的要求，补强圈坡口形式有 A～E 五种，设计者也可根据结构要求自行设计坡口形式。

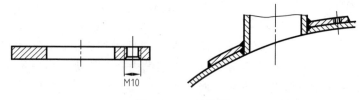

图 2-2-18 补强圈

例：接管公称直径 DN＝100mm、补强圈厚度为 8mm、坡口形式为 D 型、材质为 16MnR 的补强圈。其标记为：

DN100×8-D-16MnR　JB/T 4736

三、任务小结

本子任务介绍了：化工设备基本组成和主要零部件；零部件标准化参数以及化工设备零件的标记方法。

子任务 2　识读储罐装配图

学习目标

能力目标

（1）能在教师引导下，认识设备图中的相关内容。
（2）能说出化工设备图的作用及内容。
（3）能运用"概括了解、详细分析、归纳总结"的步骤阅读设备图，能读懂化工设备图中的主要内容。
（4）能看懂化工设备图中的各种基本要素。
（5）能看懂设备图中的简化画法表达的内容。
（6）能分辨出设备图中用到的表达方法。

素质目标

（1）通过查阅资料，动手操作完成任务，培养自学的能力。

（2）通过学习中的互联网资料搜寻、小组讨论、练习、考核等活动，进行充分的交流与合作，培养团队协作意识和吃苦耐劳的精神。

知识目标

（1）熟悉化工设备图的图样、化工设备图的作用与内容。

（2）熟悉化工设备的结构特点、化工设备图的表达方法和化工设备的简化画法。

（3）掌握阅读化工设备图的步骤和方法。

学习过程要求

查阅相关资料完成任务：

活动1：观察【任务单相关资料】中给出的图2-2-19，完成下列任务：

（1）描述出你看到的设备图中的内容及前面学习到的与这幅图有关的知识。

（2）观察明细栏、管口表、技术特性表，小组讨论以下问题。

1）说出明细栏中的内容有何规律。

2）说出管口表中的字母数字、连接面形式的含义，并在各视图中，找到管口表的符号a对应的管口和所有管口数量。

3）说出储罐装配图、子任务5中图2-2-63换热器装配图的技术特性表的相同和不同之处。

活动2：小组查阅资料并讨论，回答下列问题：

（1）说出本任务中化工设备的壁厚、总长、总高以及图2-2-19将它们都表达出来采用的方法。

（2）塔设备都是高大直立、"瘦"长的，塔段的结构是几乎一样的。说出在图中绘制塔设备的方法。

活动3：在绘制化工设备图时，为了减少一些不必要的绘图工作量，提高绘图效率，在不影响视图正确、清晰地表达结构形状，又不使读者产生误解的前提下，可采用简化画法。

查找资料，将表2-2-3（见【任务单相关资料】）简化图中代表的零件找出。

活动4：焊接是化工设备中使用最广泛的加工制造方法，零部件连接很多都是焊接。请找出该设备图（图2-2-19）中焊缝的画法。

活动5：识读化工设备图有三步，第一步是概括了解，第二步是详细分析，第三步是归纳总结。首先概括了解这幅设备图（图2-2-19）。

（1）说出通过这幅图的标题栏，你知道了这个设备的哪些知识。

（2）说出通过这幅图的明细栏，你所知道的这个设备零部件的种类及个数。

（3）说出通过这幅图的管口表，你所知道的各个接管的名称、用途和个数。

（4）说出通过技术特性表，你了解了关于该设备的哪些内容。

活动6：小组讨论以下几个问题。

（1）通过视图分析，说出图2-2-19上视图个数、哪些是基本视图、采用的表达方法，以及采用该表达方法的目的。

（2）按明细表中的序号，将各个零部件的三视图逐一从视图中找出，了解零部件的主要结构形状。（小组每个人都要指认结构）

（3）说出零部件之间的主要连接结构及装配方法和顺序，零部件的主要规格、材料、数量和标准号。

活动7：填写表2-2-4。

表2-2-4 活动7表单

尺寸类型	尺寸详情
a. 规格、性能尺寸依据	
b. 装配尺寸	
c. 安装尺寸	
d. 外形尺寸	
e. 其他尺寸	

活动过程评价表

用于评价学生完成学习任务情况和各方面能力提升情况。

序号	项目	完成情况与能力提升评价		
		达成目标	基本达成	未达成
1	活动1			
2	活动2			
3	活动3			
4	活动4			
5	活动5			
6	活动6			
7	活动7			

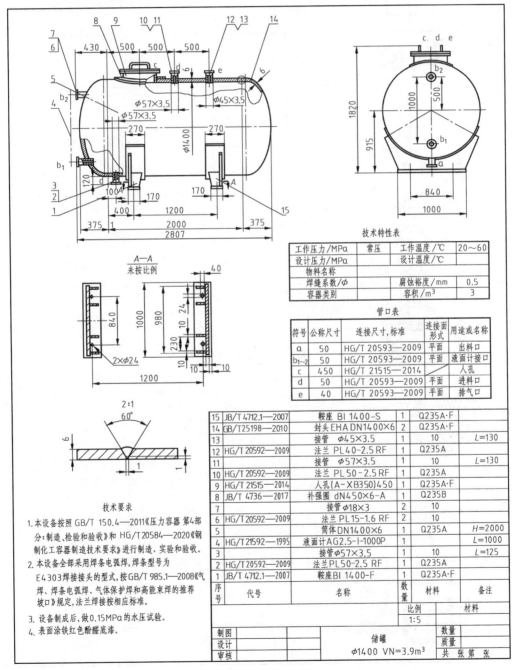

图 2-2-19 储罐装配图

表 2-2-3 活动 3 简化画法表格

设备简化图	设备名称

续表

设备简化图	设备名称

一、引入任务

你认识图 2-2-18 吗？这是一幅储罐装配图。化工设备图样是化工生产中化工设备设计、制造、安装、使用、维修的重要技术文件，也是进行技术交流、设备改造的工具。因此，作为从事化工生产的专业技术人员，必须具备熟练阅读化工设备图的能力。下面学习如何读懂这幅图。

二、识读贮罐装配图

装配图是表示化工设备的结构、尺寸，各零部件间的装配连接关系，并写明技术要求和技术特性等技术资料的图样。

(一) 阅读化工设备图的基本要求与内容

1. 通过对化工设备图样的阅读应达到的基本目标

① 了解设备的性能、作用和工作原理。

② 了解各零件之间的装配关系和各零部件的装拆顺序。

③ 了解设备各零部件的主要形状、结构和作用，进而分析整个设备的结构。

④ 了解设备在设计、制造、检验和安装等方面的技术要求。

阅读化工设备图应从概括了解开始，分析视图，分析零部件及设备的结构。在读总装配图，对一些部件进行分析时，应结合其部件装配图一同阅读。在读图过程中应注意化工设备图所特有的内容和图示特点。

2. 化工设备图的内容

（1）视图　用一组视图表示该设备的主要结构形状和零部件之间的装配连接关系。

（2）尺寸　表示设备的总体大小、规格、装配和安装等尺寸数据。

（3）零部件编号及明细栏　组成该设备的所有零部件必须依次编号，并用明细栏（见图 2-2-20，在主标栏上方）填写每一编号零部件的名称、规格、材料、数量及有关图号或标准号等。

① 件号栏。件号栏中数字从下到上，从小到大。

② 图号或标准号栏。
- 填写零、部件所在图纸的图号。
- 填写标准零、部件的标准号，材料不同可不填。
- 填写通用图图号。

③ 名称栏。
- 标准零、部件按规定填写。如"封头 DN 1000×10"。
- 不绘零件图的零件，在名称方面附注规格及实际尺寸。如"筒体 $\phi 1020 \times 10 H = 2000$（外径标注）"。
- 外购零、部件按有关部门的规定填写。

④ 数量栏。
- 总图、装配图、部件图中填写所属零件、部件及外购件的件数。
- 大量使用的填料、胶合剂、木材、标准的耐火砖、耐酸砖等材料用 m^3 计。
- 大面积的衬里（如铝板、橡胶板、石棉板等）、金属网用 m^2 计。

⑤ 材料栏。
- 材料名称应按国家标准或部颁标准注写标号及名称。
- 无标准规定的材料，应按习惯名称注写。
- 外购件、部件用从右下向左上的细实线表示。

⑥ 备注栏。
仅对需要说明的零、部件加以简单的说明，如"外购"等字样。

序号	代号	名称	数量	材料	备注
5		筒体DN 1400×6	1	Q235A	H=2000
4	HG/T 21592—1995	液面计AG2.5-1-1000P	1		L=1000
3		接管φ57×3.5		10	L=125
2	HG/T 20592—1997	法兰 PL50-2.5 RF	1	Q235A	
1	JB/T 4712.1—2007	鞍座BI 1400 F	1	Q235A·F	

图 2-2-20 明细栏

（4）管口符号和管口表　设备上所有的管口（物料进出管口、仪表管口等）均需注出符号（按拉丁字母顺序编号）。管口表（明细栏上方）中列出各管口的有关数据和用途等内容。

管口表的格式如图 2-2-21 所示。

管口表

符号	公称尺寸	连接尺寸，标准	连接面形式	用途或名称
a	50	HG/T 20593—2009	平面	出料口
$b_{1\sim 2}$	50	HG/T 20593—2009	平面	液面计接口
c	450	HG/T 21515—2014		人孔
d	50	HG/T 20593—2009	平面	进料口
e	40	HG/T 20593—2009	平面	排气口

图 2-2-21 管口表

① 管口表中符号栏用英文小写字母 a、b、c 等自上至下按顺序填写，且应与视图中管口符号一一对应。当管口规格、连接标准、用途均相同时，可合并为一项，例如图 2-2-20

管口表中 $b_{1\sim2}$。

② 公称尺寸栏中管口尺寸应填写公称尺寸，带衬里的管口按实际内径填写，带衬里的钢接管，按钢管的公称直径填写；无公称直径的管口，按实形尺寸填写，例如：矩形孔填"长×宽"，椭圆孔填"长轴×短轴"。连接尺寸标准栏中应填写公称压力、公称直径、标准号三项，螺纹连接管口填写'M24'"G1"等螺纹代号。

③连接面形式栏填写法兰的密封面形式，如"平面""凹面""槽面"等，螺纹连接填写"内螺纹"。

(5) 技术特性表　用表格形式列出设备的主要工艺特性和其他特性等内容。对于一般化工设备，技术特性表应包括：设计压力、工作压力（MPa）(指表压，如果是绝对压力应注名"绝对"两字），工作温度、设计温度（℃），物料名称，焊缝系数，腐蚀裕度（mm）及容器类别。不同类型的设备还应增加相应的内容。

① 容器类：增填全容积（m^3）。

② 反应器类（带搅拌装置）：增填全容积，必要时增填工作容积，还需增填搅拌转速（r/min）、电机功率（kW）等。

③ 换热器类：增填换热面积，换热面积 F 以换热管外径为基准计算。技术特性的内容应分别按管程和壳程填写。

④ 塔器类：应增填地震烈度（级）、设计风压值（N/m^2），有的专用塔器应增填填料体积、填料比面积、气量、喷淋量等内容。

(6) 技术要求　用文字说明设备在制造、检验时应遵循的规范和规定，以及对材料表面处理、涂饰、润滑、包装、保管和运输等的特殊要求。

(7) 标题栏　用以填写该设备的名称、主要规格、作图比例、设计单位、图样编号，以及设计、制图和校审人员签字等项内容。

(8) 其他　图纸目录、附注、修改栏、选用表、设备总重、压力容器设计未用印章等内容。

(二) 化工设备的特殊表达方法认知

1. 局部结构的表达方法

化工设备的壁厚一般是 mm 级，而设备形状尺寸是 m 级的。为解决化工设备尺寸悬殊的矛盾，除了采用局部放大画法，还可采用夸大画法，即不按图样比例要求，适当地夸大画出某些结构，如设备的壁厚、垫片、折流板等，且允许薄壁部分的剖面符号采用涂色的方法。

2. 断开和分层（段）的画法

当设备总体尺寸很大，而又有相当部分的形状和结构相同或按规律变化和重复时，可采用断开的画法。即用双点画线将设备中重复出现的结构或相同结构断开，可以使装配图绘制高度或长度缩短，便于选用较大的作图比例，将整个装配图绘制在合理的图纸内，且保持布局合理美观。双点画线断开技术除了应用于换热器中相同折流板区间的断开外，还常常用于精馏塔［图 2-2-22（a）］中相同塔节之间的断开、填料塔中相同填料段区间的断开、反应器中相同催化剂层区间的断开，如图 2-2-22（b）填料塔断开画法。

当设备较高又不宜采用断开画法时，可采用分段（层）的表达方法，也可以按需要对某一段或几段塔节，用局部放大图画出它的结构形状，如图 2-2-22（c）～（e）所示。

当由于断开画法和分层画法造成设备总体形象表达不完整时，可采用缩小比例、单线条画出设备的整体外形图或剖视图。在整体图上，可标注总高尺寸、各主要零部件的定位尺寸及管口的标高尺寸。

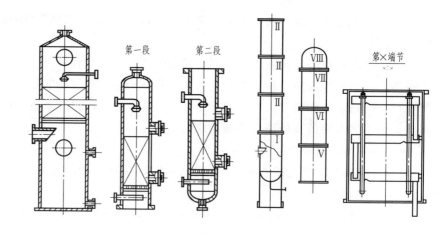

(a) 塔设备　　　(b) 填料塔断开画法　　(c) 设备分段表示法　　(d) 塔体分段(层)画法　　(e) 某段局部放大画法

图 2-2-22　断开和分层（段）的画法

（三）简化画法认知

1. 标准件、外购件及有复用图的零部件表达方法

对于人（手）孔、填料箱、减速器及电动机等标准件、外购件（图 2-2-23），在化工设备图中只需按比例画出这些零部件的外形。

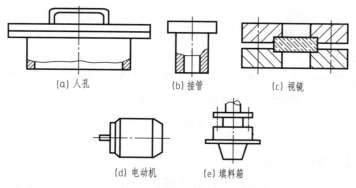

(a) 人孔　　　(b) 接管　　　(c) 视镜

(d) 电动机　　　(e) 填料箱

图 2-2-23　标准零部件的简化画法

2. 法兰的简化画法

法兰有容器法兰和管法兰两大类，法兰连接面形式也多种多样。法兰的特性可在明细栏及接管表中表示。设备上对外连接管口的法兰，均不必配对画出。

管法兰的简化画法如图 2-2-24 所示。

3. 重复结构的简化画法

（1）螺栓孔及螺栓连接的表达方法　螺栓孔可用中心线和轴线表示，省略圆孔。螺栓连

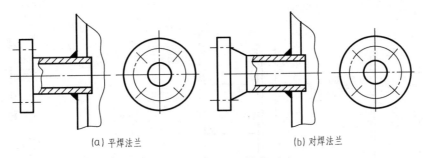

(a) 平焊法兰   (b) 对焊法兰

图 2-2-24 管法兰的简化画法

接简化画法，如图 2-2-25 所示，其中符号"×"和"+"用粗实线表示。

（2）按规则排列孔板的简化画法　换热器管板上的孔通常按正三角形排列，此时可使用图 2-2-26（a）所示的方法，用细实线画出孔眼圆心的连线及孔眼范围线，也可画出几个孔，并标注孔径、孔数和孔间距。

如果孔板上的孔按同心圆排列，则可用图 2-2-26（b）所示的简化画法。对孔数要求不严的孔板（像筛板、隔板等多孔板）的简化画法可参照图 2-2-26（c）的简化画法和标注方法，此时可不必画出所有孔眼的连心线，但必须用局部放大的画法表示孔的大小、排列和间距。

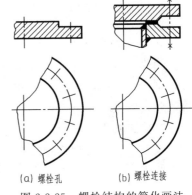

(a) 螺栓孔   (b) 螺栓连接

图 2-2-25 螺栓结构的简化画法

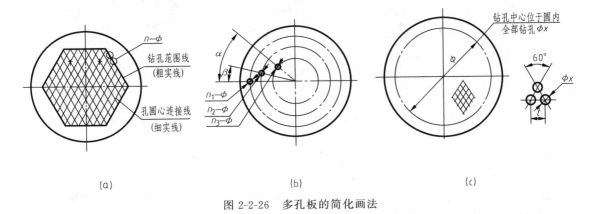

(a)   (b)   (c)

图 2-2-26 多孔板的简化画法

4. 填充物的表示方法

当设备中装有同一规格、材料和同一堆放方式的填充物时（如填料、卵石、木格条等），在设备图的剖视中，可用交叉的细实线及有关尺寸和文字简化表达，如图 2-2-27（a）所示，其中 50×50×5 分别表示瓷环的外径、高度和厚度。

若装有不同规格或规格相同但堆放方式不同的填充物，则必须分层表示，分别注明规格和堆放方式，如图 2-2-27（b）所示。

5. 液面计的简化画法

设备图中的液面计（如玻璃管式、板式等），其两个投影可简化成如图 2-2-28 所示的画法，其中符号"+"用粗实线表示。

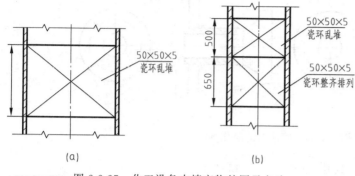

图 2-2-27 化工设备中填充物的图示方法

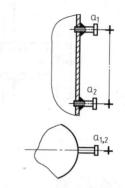

图 2-2-28 液面计的简化画法

6. 单线表示法

当化工设备上某些结构已有零件图，或者另用剖视、剖面、局部放大图等方法表达清楚时，则设备装配图上允许用单线表示，例如，容器、槽、罐等设备的简单壳体，带法兰接管，各种塔盘，列管式换热器中的折流板、挡板、拉杆等，如图 2-2-29 所示。

7. 管束的表示法

设备中按一定规律排列或成束的密集的管子，在设备中只画一根或几根。其余管子均用中心线表示，如图 2-2-30 所示。

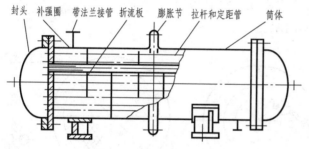

图 2-2-29 单线表示法

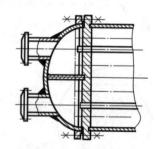

图 2-2-30 密集管束的画法

（四）焊缝认知

1. 焊缝基本知识

化工设备制造中最常采用的是电弧焊，即：用电弧产生的高热量熔化焊口（钢板连接处）和焊条（补充金属），使焊件连接在一起。

根据两个焊件间相对位置的不同，焊接接头可分为对接、搭接、角接及T字接头等形式，如图 2-2-31 所示。

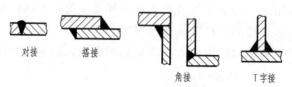

图 2-2-31 零件焊接接头形式

为了保证焊接质量，一般需要在焊件的接边处，预制成各种形式的坡口，如 X、V、U

形等，图 2-2-32 所示是 V 形坡口形式。图中钝边高度 P 是为了防止电弧烧穿焊件，间隙 b 是为了保证两个焊件焊透，坡口角度 α 则是为了使焊条能伸入焊件的底部。

2. 焊缝的图示方法

在图样中一般用焊缝符号表示焊缝，也可采用图示法表示，焊缝图示方法如图 2-2-33 所示。需在图样中简易绘出焊缝时，其可见焊缝用细实线绘制的栅线表示，也可采用特粗线 $[(2\sim3)d]$ 表示，但在同一图样中只允许采用一种方式；在剖视图和断面图中，焊缝的金属熔焊区应涂黑表示。

图 2-2-32　V 形坡口形式

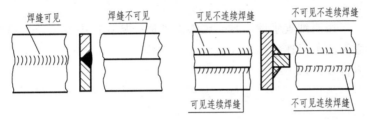

图 2-2-33　焊缝的图示方法

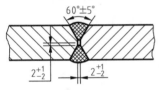

图 2-2-34　压力容器焊缝节点图

对于常压化工设备中的焊缝，往往只在装配图的剖视中按焊接接头形式用涂黑表示。视图中的焊缝可省略不画。对受压容器中的重要焊缝则须用节点放大图表示，如图 2-2-34 所示。

（五）概括了解

1. 看标题栏

通过标题栏，了解设备名称、规格、材料、重量、绘图比例等内容，如图 2-2-35 所示。

序号	代号	名称	数量	材料	备注
15	JB/T 4712.1—2007	鞍座 BI 1400-S	1	Q235A·F	
14	GB/T 25198—2010	封头 EHA DN1400×6	2	Q235A·F	
13		接管 φ45×3.5	1	10	L=130
12	HG/T 20592—2009	法兰 PL40-2.5 RF	1	Q235A	
11		接管 φ57×3.5	1	10	L=130
10	HG/T 20592—2009	法兰 PL50-2.5 RF	1	Q235A	
9	HG/T 21515—2014	人孔(A-XB350)450	1	Q235A·F	
8	JB/T 4736—2017	补强圈 dN450×6-A	1	Q235B	
7		接管 φ18×3	2	10	
6	HG/T 20592—2009	法兰 PL15-1.6 RF	2	Q235A	
5		筒体 DN1400×6	1	Q235A	H=2000
4	HG/T 21592—1995	液面计 AG2.5-I-1000P	1		L=1000
3		接管 φ57×3.5	1	10	L=125
2	HG/T 20592—2009	法兰 PL50- 2.5 RF	1	Q235A	
1	JB/T 4712.1—2007	鞍座 BI 1400-F	1	Q235A·F	

比例 1:5　　材料

制图　　　　贮罐　　数量
设计　　φ1400 VN=3.9m³　质量
审核　　　　　　　　　共 张 第 张

图 2-2-35　标题栏

2. 看明细栏、接管表、技术特性表及技术要求等

了解各零部件和接管的名称、数量。对照零部件序号和管口符号，在设备图上查找到其所在位置。了解设备在设计、施工方面的要求。

(六) 详细分析

1. 分析表达形式

通过视图分析：设备图上共有多少个视图？哪些是基本视图？还有其他什么视图？各视图采用了哪些表达方法？采用这些表达方法的目的是什么？

基本视图：主视图、左视图。主视图重点表达了高、长两个方向的尺寸，左视图重点表达了设备高和宽两个方向的尺寸。其中主视图中有局部剖视图，重点表达了壁厚及接管的内部结构；还有两个局部放大图，分别表达了焊缝的尺寸以及支座的长、宽两个方向的尺寸。

2. 以主视图为主

结合其他视图，按明细表中的序号，将零部件逐一从视图中找出，了解零部件的主要结构形状，零部件之间的主要连接结构及装配方法和顺序。

3. 分析管口方位及结构

分析所有管口的结构、形状、数目、大小及用途，所有管口的周向方位和轴向距离，所有管口外接法兰的形式。

4. 分析技术特性

了解设备的工艺特性和设计参数，了解设备的用材、设计依据、结构选型，掌握设备在制造、安装、验收、包装等方面的要求。

(七) 归纳总结

① 设备的工作特性和工作原理；

② 设备的结构特点；

③ 物料流向和特点、传热结构和特点、转动结构和特点、设备的管口布置和结构特点；

④ 设备在制造、安装、使用中可能出现的问题；

⑤ 在可能的条件下，对设备的结构、设计及表达方法等作出分析和评估。

(八) 尺寸认知

接下来学习识读设备的主要规格尺寸、总体尺寸，以及一些主要零部件的主要尺寸，设备中主要零部件之间的装配连接尺寸，设备与基础或构筑物的安装定位尺寸，上述尺寸在制造、安装、检验时的尺寸基准。

1. 尺寸种类

(1) 规格、性能尺寸　反映化工设备的性能、规格、特征及生产能力的尺寸，是设计时确定的，是设计设备、了解和选用设备的依据，如本任务装配图中的筒体内径 $\phi 1400mm$、筒体长度 $2000mm$。

(2) 装配尺寸　反映化工设备各零件间装配关系和相对位置的尺寸，如本任务装配图中的 $500mm$ 表明人孔与进料口的相对位置。

(3) 安装尺寸　化工设备安装在基础或与其他设备（部件）相连接时所需的尺寸，如本任务装配图中的 $1200mm$、$840mm$。

(4) 外形尺寸　是设备包装、运输、安装及厂房设计的依据，如本任务装配图中的设备的总长 $2807mm$、总高 $1820mm$、总宽 $1412mm$（筒体的外径）。

(5) 其他尺寸

① 设计计算而在制造时必须保证的尺寸，如本任务中筒体壁厚 $6mm$、搅拌轴直径等；

② 通用零部件的规格尺寸，如接管尺寸注 $\phi32\times3.5$，瓷环尺寸注外径×高×壁厚，等等；
③ 不另行绘图的零件的有关尺寸，如本任务装配图中人孔的规格尺寸 $\phi480mm\times6mm$；
④ 焊缝的结构形式尺寸，一些重要焊缝在其局部放大图中，应标注横截面的外形尺寸。

2. 尺寸基准

化工设备图的尺寸标注，首先应正确选择尺寸基准（图 2-2-36），然后从尺寸基准出发，完整、清晰、合理标注上述各类尺寸。选择尺寸基准的原则是既要保证设备的设计要求，又要满足制造、安装时便于测量和检验。常用的尺寸基准有以下几种：

① 设备筒体和封头的中心线和轴线；
② 设备筒体与封头的环焊缝；
③ 设备法兰的连接面；
④ 设备支座、裙座的底面；
⑤ 接管轴线与设备表面交点。

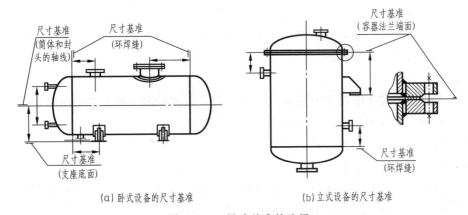

(a) 卧式设备的尺寸基准　　(b) 立式设备的尺寸基准

图 2-2-36　尺寸基准的选择

注意事项：化工设备中，由于零部件的精度不高，故允许在图上将同方向的尺寸注成封闭形式，对其总高尺寸和次要尺寸，通常将其尺寸数字加注"（）"或在尺寸数字前加"≈"以示参考；有局部放大图的结构，其尺寸一般标注在相应的局部放大图上。

三、任务小结

本子任务介绍了：化工设备图的图样、化工设备图的作用与内容；化工设备的结构特点、化工设备图的表达方法和化工设备的简化画法；阅读化工设备图的步骤和方法。

机械装配图与化工设备图的异同

装配图是表示产品及其组成部分的连接、装配关系的图样。在前面的任务中已经学习了球阀装配图的相关知识，化工生产中的化工机器（泵、压缩机、离心机、鼓风机）除部分在防腐蚀方面的要求特殊外，其图样属于通用机械表达的零件图和装配图范畴。

化工设备图同样是遵循"正投影法"和国家标准《技术制图》《机械制图》等规定绘制的，机械图的表达方法也适用于化工设备图。两类图纸的内容都包含一组视图、一组尺寸、技术要求、标题栏、明细栏，但由于设备和机械的结构和工作特点，化工设备图与机械装配图存在以下不同。

1. 装配尺寸

装配图中装配尺寸表示两零件之间的配合性质和主要相对位置的尺寸，机械、机器中一些零部件需要精密配合，有 $\phi 12H7/h6$ 这样的配合尺寸。而化工设备图的装配尺寸是指设备各零部件间装配关系和相对位置的尺寸，化工设备中都是像接管、支座这样的对配合、精密度要求不高的零部件，尺寸标注中无配合尺寸。

在化工设备图中，允许将同方向（轴向）的尺寸注成封闭形式，并将这些尺寸数字加注圆括号"（ ）"或在数字前加"≈"，以示参考之意。

化工设备图中的尺寸是制造、装配、安装和检验设备的重要依据，设备图中标注的尺寸要同时满足国家标准《技术制图》的规定和设备的特点。

2. 管口表

化工设备的接管需要满足物料的进出、监测设备内部情况和检修的要求，化工设备上有较多的开孔和接管口，因此在设备装配图中设有用以说明设备上所有管口的符号、用途、规格和连接面形式等内容的一种表格，即管口表。

3. 技术特性表和技术要求

化工设备图在出图之前要进行设备的设计，设计中用到的一些重要参数即设备重要技术特性指标，如设计温度、设计压力、容积等，需要在技术特性表中体现出来。

设备在设计、制图后需要制造、检验、安装、保温防腐等环节，设计人员会对必要的环节提出要求，这就是设备图中的技术要求。

4. 焊缝

在化工设备中，将各个零部件连接在一起的主要方法是焊接，因此在化工设备图中需要表达出焊缝的结构。

5. 特殊的表达方法

由于化工设备中结构的特殊性，它采用了一些特殊的表达方法，比如夸大画法、多次旋转的表达方法，这些表达方法在之后的知识中会进行介绍。

子任务 3 用 AutoCAD 绘制储罐装配图

学习目标

能力目标

（1）能用 AutoCAD 熟练绘制标准椭圆封头、接管、耳式支座。
（2）能用 AutoCAD 绘制化工设备图。

素质目标

（1）通过查询标准件，树立工程、标准意识。
（2）通过学习中的互联网资料搜寻、小组讨论、练习、考核等活动，进行充分的交流与合作，培养团队协作意识和吃苦耐劳的精神。
（3）通过绘制化工装备图，培养一丝不苟的学习态度。

知识目标

（1）掌握用 AutoCAD 绘制椭圆封头的方法。
（2）熟悉用 AutoCAD 绘制接管的方法。
（3）熟悉用 AutoCAD 绘制耳式支座的方法。
（4）掌握用 AutoCAD 绘制化工设备图的步骤与方法。

学习过程要求

查阅相关资料完成任务：

活动 1：见图 1-1-1，完成下列任务。
（1）查找资料，用 AutoCAD 绘制该装配图中的椭圆封头。
（2）查找资料，用 AutoCAD 绘制该装配图管口为 b 的接管。
（3）查阅资料，用 AutoCAD 绘制该装配图的耳式支座。（耳式支座，在之前已经提到是标准件，因此绘制的时候需要根据标准查阅资料，找出耳式支座的尺寸绘制。）

活动 2：见图 1-1-1，完成下列任务。
（1）根据查阅的资料以及所学知识，小组讨论编写绘制该设备装配图的步骤，并写出需要注意的问题。
（2）绘制该装配图。

活动过程评价表

用于评价学生完成学习任务情况和各方面能力提升情况。

序号	项目	完成情况与能力提升评价		
		达成目标	基本达成	未达成
1	活动 1			
2	活动 2			

一、导入任务

模块一中的储罐装配图（图 1-1-1）如何绘制？它的绘制方法和阀门装配图一样吗？下面来学习如何用 CAD 绘制化工装配图。

二、用 AutoCAD 绘制储罐装配图

（一）零部件绘制

1. 封头

椭圆形封头是化工设备中较常用的封头，一般用于换热器、反应器等设备，如图 2-2-37

所示。椭圆形封头有直边段，标准椭圆形封头的长半轴与短半轴之比是 2。

图 2-2-37　封头

绘制步骤（见图 2-2-38）：
① 在中心线图层中绘制两条垂直的中心线。
② 绘制内侧半椭圆及直边（椭圆命令的使用）。
③ 使用偏移命令绘制外侧轮廓线。
④ 填充及标上尺寸。

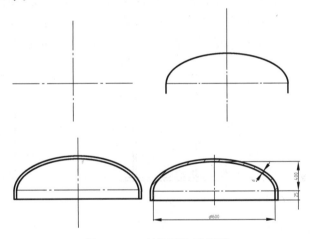

图 2-2-38　封头画法示意图

2. 接管

接管的大小、长度及空间位置需要在化工设备图上正确地表达出来。接管采用局部剖视图，接管及法兰均采用简化画法。接管的空间位置需要在设备图中表达清楚，通常采用的是主视图和接管方位图，因此装配图中筒体接管绘制的关键在于接管的空间位置及接管离筒体外壁的距离。

① 确定接管中心线位置及离管壁距离，如图 2-2-39（a）所示。
② 绘制其他线条，用偏移命令确定接管法兰的尺寸以及法兰螺栓孔轴线位置，如图 2-2-39（b）、（c）所示。
③ 修剪和打断，如图 2-2-39（d）所示。
④ 填充、标注尺寸，如图 2-2-39（e）所示。注意在填充过程中，同时需要填充焊缝。在表示焊缝前需先在筒体和接管外侧之间画一条连接线。
⑤ 管口方位图。接管的空间位置一般需要两个视图来表示，在其方位图中，可以采用简化画法，如果不是正好处在水平或垂直位置上，则需标明和水平线的夹角或相互之间的角度。具体识读方法在下个任务中会讲到。

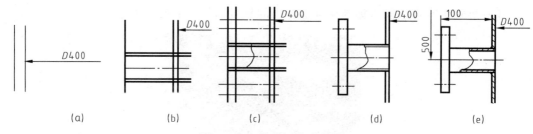

图 2-2-39　接管画法示意图

3. 耳式支座

同接管一样，标准零件外形尺寸一般不标，并采用前面提过的简化画法绘制。在装配图中需要表达的是它们的空间位置、焊接形式以及本身的外观尺寸。非标零件必须提供详细的零件图，该零件图不能采用简化画法，需详细表达该零件的实际尺寸，以便零件加工者明白其设计意图。

耳式支座，在之前已经介绍它是标准件，因此绘制的时候需要根据标准查阅资料，找出耳式支座的尺寸绘制。由于耳式支座不是回转体，因此需要绘制三个视图。模块一任务四中做过相关练习，具体绘制方法在这里不再赘述。以绘制 A 型支座为例，如图 2-2-40 所示。

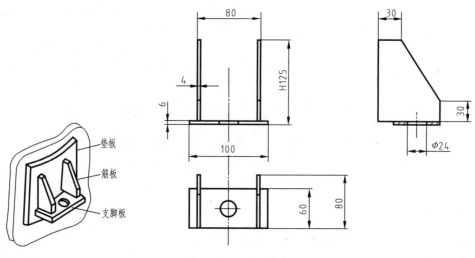

图 2-2-40　A 型支座

在绘制之前，先观察图。结合图，可知 A 型耳式支座由两块筋板和一块支脚板组成。要想正确绘制该图，必须首先知道筋板和支脚板本身的大小及其相互关系。通过查表得到支座的具体尺寸，就可以绘制耳式支座图了。主要采用直线绘制中的相对坐标及捕捉功能，并结合镜像工具来绘制。

（二）绘制装配图前的准备工作

本任务中要绘制的是体积为 6.3m³ 储罐的装配图，其实在真正绘制的时候是没有该图纸的，一般在设备设计流程中，在绘制容器之前应先完成以下几项工作：

① 根据工艺条件完成工艺计算及强度计算，确定筒体和封头的直径、高度、厚度。

② 选定各种接管如进料管、出料管、备用管、液位计接管、人孔等的计算或标准，并确定其相对位置，查取各种标准件的具体尺寸，尤其是其外观尺寸及安装尺寸。

③ 根据前几步获得的信息，绘制草图，确定设备的总高、总宽，并对图幅的布置进行初步的设置。

本书中只抄画已经绘制好的装配图，未做上述几项工作。

（三）装配图绘制步骤认知

1. 设置图层、比例及图框
2. 画中心线
3. 画主体结构
4. 画局部放大图
5. 画剖面线及焊缝线
6. 画指引线
7. 标注尺寸
8. 写技术说明，绘管口表、标题栏、明细栏、技术特性表等

（四）装配图绘制

1. 设置图层、图框

（1）设置图层　从下拉菜单"格式"中选取"图层"，或在工具栏中直接单击图层图标进行图层设置。本图层设置中除粗实线的线宽为 0.4mm 以外，其余均为 0.13mm。图形界限设置为 594×420。

（2）绘制图框

① 绘制外图框。选择细实线图层，然后点击绘图工具栏中的矩形绘图工具，按照命令行的具体操作，就可以绘制出符合条件的外图框。

② 绘制大小为 574×400 内图框。选中刚刚绘制的矩形，然后利用偏移命令偏移 10，选中偏移后的矩形，选择粗实线图层，见图 2-2-41。

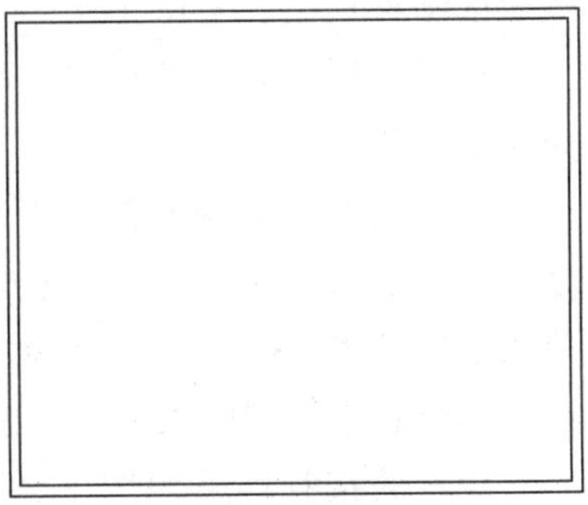

图 2-2-41　设置图层、图框

2. 画中心线

在绘制零件图时，首先绘制的也是中心线，中心线决定了整个图纸的布局。更重要的是，中心线是基准线，设备的定位与外形的绘制操作都是在其基础上进行的。

在点画线图层中，根据设备的具体尺寸及绘图比例和图幅布置，绘制中心线。

① 定基本位置。

② 绘制基本中心线，如图 2-2-42 所示。

③ 绘制俯视图中的管口中心线，如图 2-2-43 所示。

3. 绘制主要视图

（1）绘制筒体　绘制筒体轮廓线时，先绘制筒体在无接管全剖情况下的矩形框。在绘制时首先利用筒体中心线和封头于直边交界线（上面那条）的交点作为基点，打开正交模式，向下作一条垂直的长度为 25mm 的直线，利用该直线的下端点作为绘制筒体轮廓线的起点，利用相对坐标、偏移、镜像、修剪等工具，完成最后的绘制工作。在绘制筒体厚度时，筒体厚度采用 1∶4（全图的比例为 1∶10），其他接管厚度基本上均采用此处理方法。画筒体主结构线见图 2-2-44。

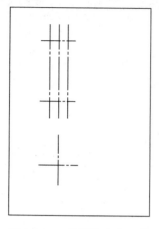 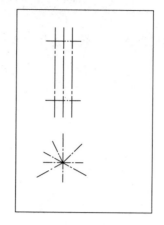 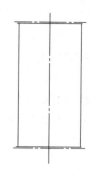

图 2-2-42　绘制基本中心线　　　图 2-2-43　绘制俯视图管口中心线　　　图 2-2-44　画筒体主结构线

（2）绘制封头　封头有上、下两个，在绘制时，同样不考虑接管问题。先绘制封头左边的内外两条直边，如图 2-2-45（a）所示；然后利用直边的上端作为半椭圆的起点绘制内半椭圆，再利用偏移技术生成外半椭圆，如图 2-2-45（b）所示。通过镜像命令绘制下封头。最后的结果见图 2-2-45（c）。

注意：绘制椭圆弧有方向性，椭圆型封头由直边和半椭圆球组成，绘制时需要仔细考虑如何定位的问题。

（3）绘制主视图和俯视图中的接管　本设备图中共有各种接管 8 个，涉及 3 种公称直径，接管上采用管法兰和其他管子相连接，将这 8 个接管的相关数据填表，三种公称直径有关的数据见表 2-2-5。表中数据的第一项为实际大小，单位一律为 mm，斜杠后面的数据为在具体绘制中用到的数据。

所有的接管均采用图 2-2-46 所示的简化画法，其涉及的数据均已在表中一一列出。而在本设备图中，俯视图中接管采用局部剖方法绘制，在俯视图中只绘制三个圆，分别是法兰外直径圆、螺栓孔中心距圆（用中心线）、接管内径圆。

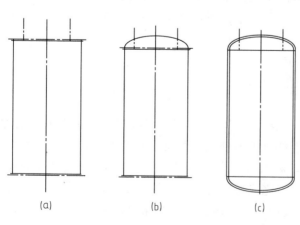 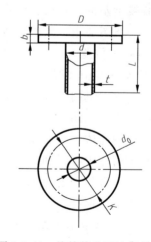

图 2-2-45　封头主结构线　　　　　　图 2-2-46　接管简化画法及尺寸

表 2-2-5　三种公称直径有关的数据　　　　　　　　　　单位：mm

公称直径	法兰外径 D	螺栓孔中心距 K	法兰厚度 b	接管外径 d	接管内径 d_0	接管厚度 t	长度 L
a、c、e 管：50	140/14	110/11	12/1.2	57/5.7	50/5	3.5/0.8	150/15
d 管：40	120/12	90/9	12/1.2	45/4.5	38/3.8	3.5/0.8	150/15
$b_{1\sim 4}$：15	75/7.5	50/5	10/1.0	18/1.8	12/1.2	3/0.5	150/15

由上述分析知，在本设备图中绘制接管的关键在定位，a、b、c、d 接管的定位线已经确定，而四个液位计接管的定位线（接管中心线）可以通过对筒体轮廓线中的水平线偏移得到，然后再通过偏移中心线、修剪、打断等方法，得到满足要求的接管图，如图 2-2-47（a）所示。其他接管均可仿照此法，只要根据刚刚填表的数据作相应修改即可，同时对于相同大小的接管，只要找准基点，也可以通过复制、旋转、移动等一系列修改工具来绘制，无需再重新绘制。所有接管绘制后如图 2-2-47（b）所示。

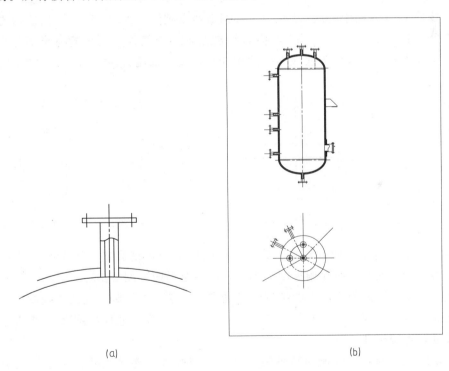

图 2-2-47　绘制接管

（4）绘制主视图和俯视图中的支座

图 2-2-48 是本容器图中支座的具体尺寸示意图，该尺寸大小是通过查阅有关标准得到的。前面已介绍过支座的绘制，现在的关键问题是确定支座绘制的起点或某一个基点，然后就可以根据图 2-2-48 中的具体数据进行绘制。

① 支座主视图绘制。首先确定绘制的基点，选择垫板和筒体接触的下部端点位置作为支座在主视图中的起点，然后绘制主视图中的支座主要结构线、底板，最后结果见图 2-2-49。

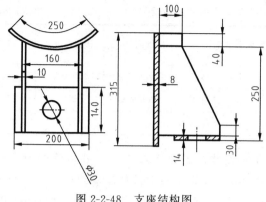
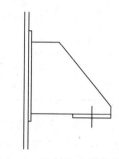

图 2-2-48　支座结构图　　　　　图 2-2-49　绘制支座结构图（一）

② 支座俯视图绘制。俯视图的绘制要考虑到垫板的长度以及是垫板紧贴筒体，为了便于绘制，需要计算出圆弧度数，计算公式：圆弧度数 $=\dfrac{250}{806}\times\dfrac{360}{2\pi}\approx 17.77$。画出 L_1、L_2 后，通过偏移、修剪 A 点所在中心线、L_1、L_2 和构造线得到图 2-2-50（a）。然后确定支座筋板在俯视图中的绘制基点图 2-2-50（b）C 点，绘制俯视图中筋板及底板的右半部分，使用修剪、打断、镜像等命令，并绘上底板中间的螺栓孔，该孔直径为 30，最后结果见图 2-2-51。

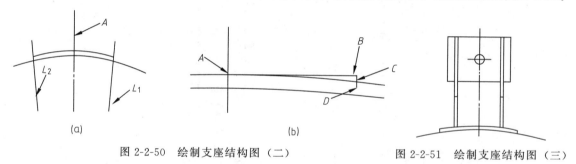

图 2-2-50　绘制支座结构图（二）　　　　　图 2-2-51　绘制支座结构图（三）

在图 2-2-51 的基础上，通过复制、旋转、作辅助圆确定复制基点及带基点移动等多项处理技术，可得到另两个支座在俯视图上视图，最后全局图见图 2-2-52。

（5）人孔在主视图和俯视图中的结构线　确定绘制基点，绘制人孔在主视图中的上半部分，通过镜像生成下半部分，并利用中心线定位把手的位置，过程如图 2-2-53 所示。对于人孔具体尺寸，查阅标准即可。

在图 2-2-53 的基础上，绘制回转轴组合件，补充好其他连接线并将法兰外端被回转轴组合构件挡住部分删除，见图 2-2-54（a）、（b）。在图 2-2-54（b）的基础上，绘制好补强圈，具体细节见局部放大图，补强圈的中心线和人孔的中心线重叠，具体绘制过程不再重复，结果见图 2-2-54（c）。

绘制俯视图中的人孔时同样先定位人孔轴线，后续绘制方法同主视图人孔绘制方法，不同之处就是手柄的绘制。

4. 绘制放大图及剖面线

（1）绘制放大图　本容器设备图中，已清晰地表明了大部分部件的相互关系，补强圈部分有些看不清楚，通过将原来部分放大 6 倍来表达局部放大图。该放大图可在俯视图下面重新绘制，也可以利用原来已画部分进行复制放大处理获取，可不按比例绘制，只要能表达清

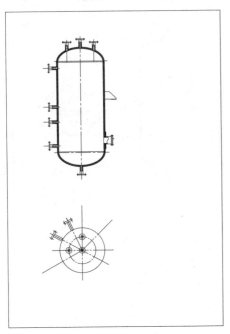

图 2-2-52 绘制支座结构图（四）

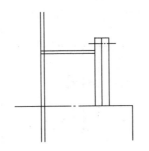

图 2-2-53 绘制人孔（一）

楚其相互结构关系即可。绘制好的局部放大图见图 2-2-55。

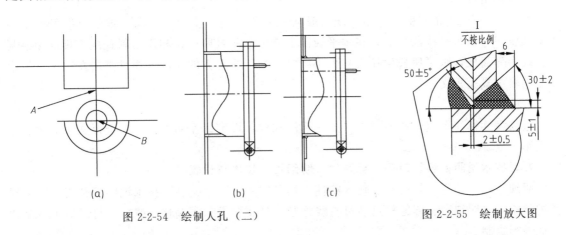

图 2-2-54 绘制人孔（二）　　　　　　图 2-2-55 绘制放大图

（2）绘制剖面线　剖面线型号选为 ANSI31，比例为 1，角度为 90°或 0°，同一个部件其角度必须保持一致，两个相邻的部件角度取不同值。在绘制剖面线之前，需为绘制焊缝做好准备，如筒体和封头之间的焊缝需在绘制剖面线前预先绘制其范围，如由原来的图 2-2-56 (a) 经预先处理变成图 2-2-56 (b)；而接管和筒体及封头连接部分也需预先处理，如将原来的图 2-2-57 (a) 预先处理成图 2-2-57 (b)。

在剖面线的绘制过程中，有时需要添加一些辅助线，将填充空间缩小或封闭起来。剖面线绘制好之后，绘制各种焊缝，如图 1-1-1 所示的储罐焊缝主要有筒体和上下封头、封头上的接管、筒体上的接管、筒体和补强圈、筒体和支座上的垫板等焊缝。全局图见图 2-2-58。

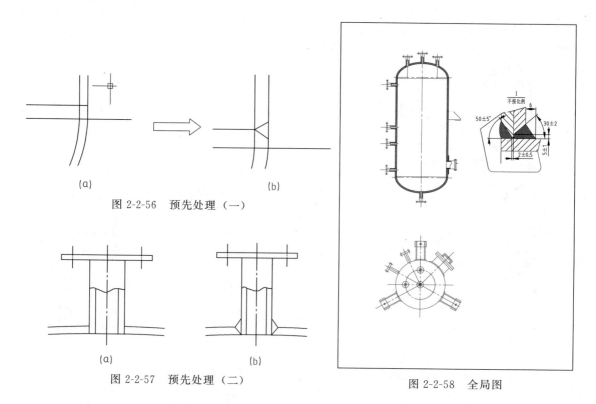

图 2-2-56　预先处理（一）

图 2-2-57　预先处理（二）

图 2-2-58　全局图

5. 画指引线

本设备共有 14 条指引线，指引线一般从左下角开始，按顺时针编号排列。指引线由一条斜线段和一条水平线段组成，在水平线段上方标上序号即可。利用绘制直线工具直接绘制指引线十分简便，水平段长度按实际大小绘制。指引线上方的文字：通过点击左边工具栏中文字编辑工具输入文字。

6. 标注尺寸

进入尺寸标注图层，并通过格式——标注式样，设定标注的形式，如选择文字高度、箭头大小。

7. 写技术说明，绘管口表、标题栏、明细栏、技术特性表等

明细栏、主题栏、管口表、技术特性表均是按实际尺寸绘制。技术说明可利用文字编辑器进行输入，明细栏、标题栏可通过直线绘制工具及多次利用偏移、修剪、打断等工具来快速地进行绘制。

下面通过标题栏的具体绘制说明各类表的绘制方法。其主要步骤为：

① 绘制标题栏的外框尺寸；
② 通过偏移产生内部线条；
③ 通过修剪、打断生成基本框架；
④ 通过图层置换，改变所需要改变的线条。

三、任务小结

本子任务介绍了用 AutoCAD 软件熟练绘制标准椭圆封头、接管、耳式支座的方法以及用 AutoCAD 软件绘制化工设备图的具体方法和步骤。

模块化考核题库

抄画本模块任务二中的设备装配图（图 2-2-19）。

子任务 4　识读反应釜装配图

学习目标

> 👁 **能力目标**

（1）能说出反应釜结构。
（2）会识读反应釜装配图。

> 👁 **素质目标**

（1）通过查阅资料，动手操作完成任务，培养自学的能力。
（2）通过学习中的互联网资料搜寻、小组讨论、练习、考核等活动，进行充分的交流与合作，培养团队协作意识和吃苦耐劳的精神。

> 👁 **知识目标**

（1）了解反应釜设备中常用的标准化零部件。
（2）熟悉反应釜设备图内容。
（3）掌握反应釜设备视图表达方法。

学习过程要求

查阅相关资料完成任务：

活动1：

（1）说出反应釜的含义和作用。

（2）既然是用于发生反应，反应釜肯定有可以发生反应的空间，反应釜还要有物料进出的通道，同时要方便检修、监控釜里的反应情况，满足上述要求的结构有哪些？请依次列出。

（3）反应釜里面的物料是否混合均匀与发生的化学反应密切相关，说出可以让物料充分反应并且物料不泄漏的结构有哪些。

活动2：

（1）见图2-2-59，该反应釜上接管很多，其方位在设备制造、安装和使用时都很重要，必须在图样中表达清楚。试写下你认为可以将管口方位表达清楚的方法。

（2）按照上个任务的步骤识读反应釜装配图，并回答下列问题。

1）该设备的名称是_____，其规格是_____。

2）该反应釜共有_____个零部件，有_____个标准化零部件，接管口有_____个。

3）装配图采用了_____个基本视图。一个是_____视图，采用了_____表达方法；另一个是_____视图，采用了_____表达方法。

4）该反应釜筒体与上封头通过_____连接，与下封头的连接采用_____连接。

5）该反应釜用了_____个_____式支座，支座与筒体采用_____连接。

6）物料由管口_____进入罐内，产品通过接管_____排出。搅拌装置以_____速度对物料进行搅拌。

7）该反应釜的总高度为_____，$\phi1400$属于_____尺寸，1400属于_____尺寸。$\phi1500$是_____尺寸。

8）反应釜的壳体采用_____材料。

9）填料箱的作用是_____。

活动过程评价表

用于评价学生完成学习任务情况和各方面能力提升情况。

序号	项目	完成情况与能力提升评价		
		达成目标	基本达成	未达成
1	活动1			
2	活动2			

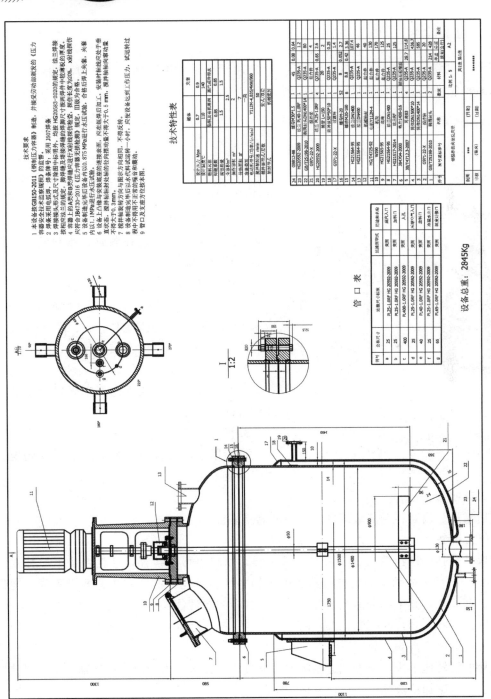

图 2-2-59 反应釜装配图

一、导入任务

图 2-2-58 是反应釜装配图,反应釜广泛应用于化学、精细化工、生物制药、新材料合成等实验及生产。下面识读反应釜装配图。

二、识读反应釜装配图

(一)反应釜结构及作用认知

反应釜,即釜式反应器,是一种低高径比的圆筒形反应器,用于实现液相单相反应过程和液液、气液、液固、气液固等多相反应过程。

釜式反应器基本结构如图 2-2-60 所示,主要包括:反应器壳体、搅拌装置、密封装置、换热装置、传动装置。

1. 壳体结构

一般使用碳钢材料,筒体皆为圆筒型。釜式反应器壳体部分的结构包括筒体、底、盖(或称封头)、手孔或人孔、视镜、安全装置及各种工艺接管口等。

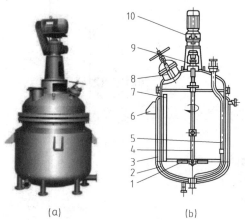

图 2-2-60 反应釜
1—叶轮;2—槽体;3—夹套;4—搅拌轴;
5—压出管;6—支座;7—挡板;8—人孔;
9—轴封;10—传动装置

2. 手孔、人孔

手孔、人孔用于检查内部空间以及安装和拆卸设备内部构件。

3. 视镜

视镜用于观察设备内部物料的反应情况,也作液面指示用。

4. 工艺接管

它用于进、出物料及安装温度、压力的测定装置。

5. 搅拌装置

就像是搅拌可以让糖充分溶解在水里一样,物料也可以搅拌,这就涉及了搅拌器的使用。图 2-2-61 所示的结构都是搅拌器。由于物料性质、搅拌速度和工艺要求不同,搅拌器的形式也有多种,其中部分形式已标准化。搅拌器主要性能参数有直径(350~2100,共 16 种)和轴径(30,40,50,65,80,95,110,等等)。标准化搅拌器的形式、基本参数和系列尺寸可由标准查得。

搅拌电机转速很快,通过减速箱降速后通过联轴器将动力传递给搅拌轴,带动搅拌器转动,将机械能施加给液体,并促使液体运动。

图 2-2-61 搅拌器

6. 轴封装置

反应釜中的密封问题有两方面：动密封和静密封。反应釜中的密封结构有：填料箱密封和机械密封。

7. 传热装置

在反应过程中物料需加热或冷却时，可在反应器壁处设置夹套，或在器内设置换热面，就像是早上喝汤太热时，把碗放到冰里，很快就可以达到想要的温度。

（二）多次旋转的表达方法认知

化工设备壳体上分布有众多的管口及其他附件，为了在主视图上表达它们的结构形状和位置高度，可使用多次旋转的表达方法。即假想将设备周向分布的接管和其他附件按顺时针（或逆时针）方向旋转至与投影面平行位置，然后再进行投影，如图 2-2-62（a）中，人孔与液位计均是旋转到投影面的位置后进行投影，不需标注。

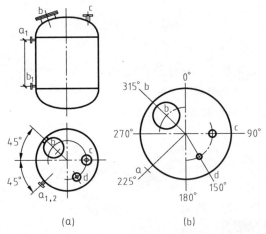

图 2-2-62 多次旋转及管口方位的表达方法

（三）管口方位表达认知

管口在设备上的分布方位，可以用管口方位图表示，以代替俯（左）视图。方位图中仅以中心线表明管口方位，用单线（粗实线）示意图画出设备管口，如图 2-2-62（b）所示。同一管口，在主视图和方位图中必须标注相同的小写拉丁字母。当俯（左）视图必须画出，而管口方位在俯（左）视图上已表达清楚时，可不必画出管口方位图。用粗实线示意画出设备管口，标注管口符号及方位角。

三、任务小结

本子任务主要介绍了反应釜设备中常用的标准化零部件以及反应釜设备视图表达方法。

子任务 5　识读换热器装配图

学习目标

能力目标

（1）能说出换热器结构。
（2）会识读换热器装配图。

素质目标

（1）通过查阅资料，动手操作完成任务，培养自学的能力。
（2）通过学习中的互联网资料搜寻、小组讨论、练习、考核等活动，进行充分的交流与合作，培养团队协作意识和吃苦耐劳的精神。

知识目标

（1）了解换热器设备中常用的标准化零部件。
（2）熟悉换热器装配图内容。
（3）掌握换热器设备视图表达方法。

学习过程要求

查阅相关资料完成任务：
活动 1：
（1）说出换热器的作用与用途。
（2）在换热器模型或实物上指出图 2-2-63 显示的换热器结构。
（3）说出该换热器的换热原理。
活动 2：将图 2-2-63 中的明细栏中名称、数量补全。

活动 3：识读具体设备装配图，填空。

活动过程评价表

用于评价学生完成学习任务情况和各方面能力提升情况。

序号	项目	完成情况与能力提升评价		
		达成目标	基本达成	未达成
1	活动 1			
2	活动 2			
3	活动 3			

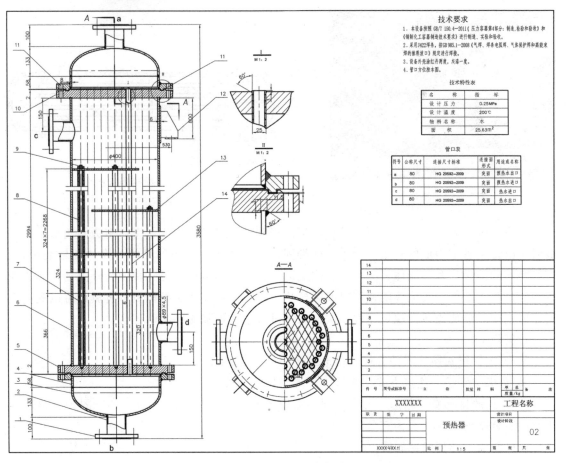

图 2-2-63 换热器装配图

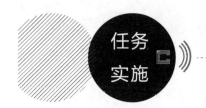

一、导入任务

换热器是化工、炼油、食品、轻工、能源、制药、机械及其他许多工艺部分广泛使用的一种通用设备。在化工厂中，换热设备的投资占总投资的 10%～20%；在炼油厂中，占总投资的 35%～40%。本次子任务来学习换热器装配图相关知识及如何绘制换热器装配图。

二、识读换热器装配图

（一）列管式换热器的基本结构及作用认知

换热器是实现将热能从一种流体转至另一种流体的设备，是许多工业部门的通用设备。如图 2-2-64 所示的列管式换热器是换热器的一种，其基本结构可见图 2-2-65。

图 2-2-64　换热器

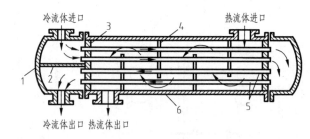

图 2-2-65　换热器示意图
1—封头；2—隔板；3—管板；4—挡板；5—管子；6—外壳

其主要是由壳体、传热管束、管板、折流板和管箱等部件组成，壳体多为圆筒形，内部放置了由许多管子组成的管束，管子的两端固定在管板上，管子的轴线与壳体的轴线平行。进行换热的冷、热两种流体，一种在管内流动，称为管程流体；另一种在管外流动，称为壳程流体。为了增加壳程流体的速度以改善传热，在壳体内安装了折流板。折流板可以提高壳程流体速度，迫使流体按规定路程多次横向通过管束，增强流体湍流程度。

1. 管板

① 固定管板式换热器的管板结构形式之一见图 2-2-66。

② 管板与管子的连接方式：胀接、焊接和先贴胀再焊接。

③ 管孔的排列有三角形、方形和同心圆等形式，如图 2-2-66 所示，(a) 图为三角形和正方形混合排列，(b) 图为三角形排列。

2. 折流板、拉杆和定距管

（1）折流板　应用较广的为弓形折流板，缺圆高度一般为 (1/4～1/5) DN。

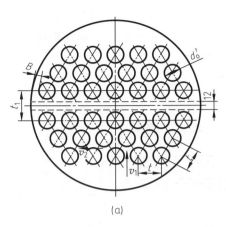 

图 2-2-66 管板

（2）拉杆　一般用圆钢材料，直径不小于 10mm，数目不小于 4 根。拉杆的两端制有螺纹，一端与管板上的螺孔连接，另一端用螺母锁紧于最末一块折流板。

（3）定距管　作用是使折流板保持一定的间距。一般用与换热管直径相同的管子，按折流板间距的要求截成数段分别套在拉杆上。

3. 膨胀节

膨胀节是装在固定管板式换热器壳体上的挠性部件，以补偿由温差引起的变形。常用的为波形膨胀节。

折流板、膨胀节如图 2-2-67 所示。

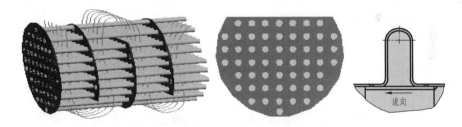

图 2-2-67　折流板、膨胀节

4. 换热管

换热管是管壳式换热器的传热元件，主要通过管壁的内外面进行传热，如图 2-2-68 所示。

图 2-2-68　换热管

5. 管箱

管箱将进入管程的流体均匀分布到各换热管，把管内流体汇集在一起送出换热器，如图 2-2-69 所示。在多管程换热器中，管箱还可通过设置隔板起分隔作用。

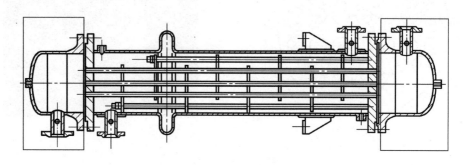

图 2-2-69 管箱

该换热器主要由换热器壳体、管箱、封头、管板、法兰、支座、接管、折流板、拉杆及传热管等组成，在绘图前，必须对每一零件的结构尺寸有所了解，并确定它们的安装位置及表达方式。

（二）识读装配图并填空

1. 壳体

从图 2-2-70 可知，壳体主要确定 3 个尺寸，它们分别是＿＿＿＿＿、＿＿＿＿＿和＿＿＿＿＿。壳体的内直径为＿＿＿＿＿，厚度为＿＿＿＿＿，而长度为＿＿＿＿＿。管子和管板的连接方式采用＿＿＿＿＿，管子高于管板平面为＿＿＿＿＿，法兰管板和壳体焊接处的凹槽深度为＿＿＿＿＿。

答案：长度、内直径、厚度、400mm、8mm、2920mm、焊接、3mm、3mm。

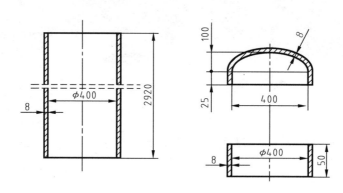

图 2-2-70 壳体、筒节、封头

2. 筒节

从装配图和图 2-2-70 可知，筒节和封头一起组成管箱，其内径为＿＿＿＿＿，厚度为＿＿＿＿＿，高度为 50mm，分别和封头及容器法兰采用＿＿＿＿＿。

答案：400mm、8mm、焊接方法连接。

3. 封头

从图 2-2-70 可知，封头是＿＿＿＿＿封头，其内长轴为＿＿＿＿＿，短轴为

_____，高度为_____，折边高度为 25mm，这样，封头总高度为_____，厚度为_____，它分别和筒节及接管进行_____。

答案：标准椭圆、400mm、200mm、100mm、125mm、8mm、焊接。

4. 管板

从装配图可知，管板兼法兰，共有_____，其大小结构完全一致，管板厚度 40mm，外径_____。

答案：两个、540mm。

5. 容器法兰

图 2-2-71 中的容器法兰和管板法兰是配套的，其厚度为_____，外径为_____，内径为_____。

答案：30mm、540mm、418mm。

6. 支座

支座是化工设备中经常用到的重要零件，支座型号为 A1，根据支座的各个尺寸，在图 2-2-72 中标注尺寸。

答案：见图 2-2-73。

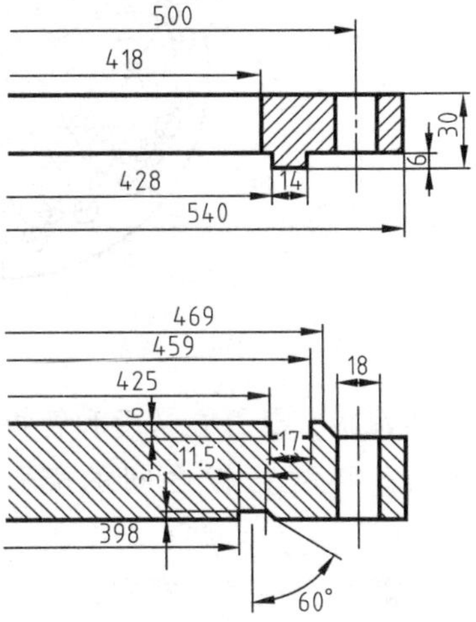

图 2-2-71 容器法兰与管板

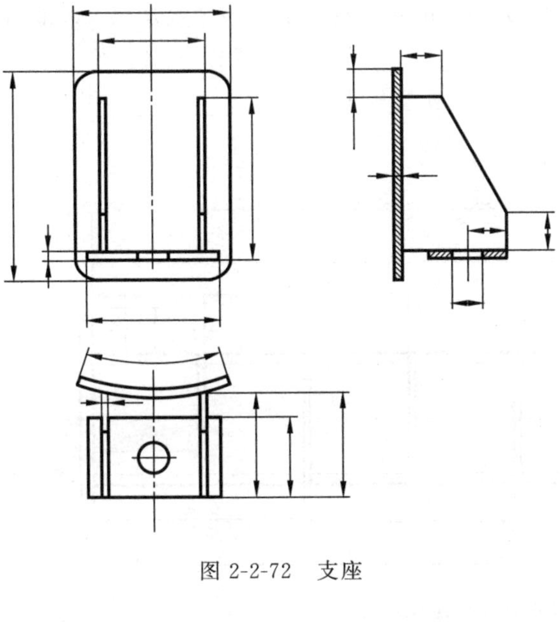

图 2-2-72 支座

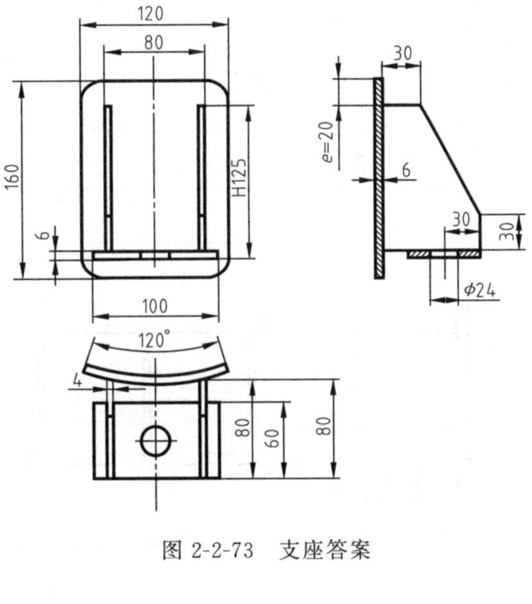

图 2-2-73 支座答案

7. 管板开孔

从图 2-2-74 可知，该管板上共安排 113 个孔，其中 4 个孔用于拉杆，用于安装管子的为_____个孔；另一块管板无需安装拉杆，故只需开_____个孔，其开孔情况和开 113 个孔的_____，只不过不用开_____的 4 个孔。

答案：109、109、一样、安装拉杆。

8. 折流板安装及开孔

折流板除了需要确定其本身的尺寸外，还需确定其安装尺寸。该折流板为_____

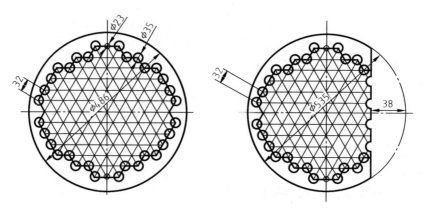

图 2-2-74 管板、折流板

形折流板,其开孔情况和管板开孔情况_____。从装配图可知共有_____块折流板,将两管板之间的壳层分成_____段,中间 8 块折流板之间的净间距为_____,共有 7 个。

答案:单弓、对应、8、9、318mm。

9. 拉杆及传热管

拉杆采用定距管结构,由图 2-2-74、图 2-2-75 及装配图可知共_____根拉杆,其中拉杆直径为_____,从装配图可知,长度 2634mm 的有 3 根,该 3 根从第一块折流板开始,长度为 2310mm 的_____根,从第_____块折流板开始。传热管外径为_____,厚度_____,_____在管板上,共_____根。

答案:4、12mm、1、2、25mm、2.5mm、直接焊接、109。

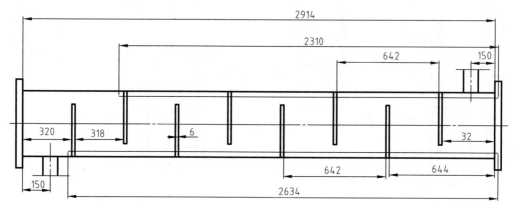

图 2-2-75 折流板、接管、拉杆定位尺寸图

10. 接管

由图 2-2-76 及装配图可知,接管的直径为_____,管壁厚度为_____,管长为_____,所用管法兰外径为_____,厚度为_____,凸台高度为_____,螺栓孔圆心直径为_____,密封面外端直径为_____,共有_____根接管,规格相同,采用_____,法兰_____。

答案:89mm、4.5mm、100mm、200mm、20mm、3mm、160mm、132mm、4、局部剖、采用简略画法。

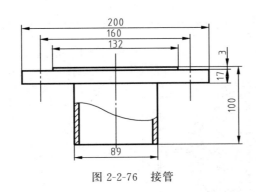

图 2-2-76 接管

三、任务小结

本部分介绍了换热器设备中常用的标准化零部件、识读换热器装配图等内容。

模块化考核题库

读冷凝器装配图（图 2-2-77），完成下列任务。

1. 读图回答下列问题。

（1）该设备名称为_____，共有零部件_____种，属于标准化零部件的有_____种。接管口有_____个。

（2）装配图采用了_____个基本视图。一个是_____视图，另一个是_____视图，主视图采用的是_____的表达方法，左视图采用的是_____的表达方法。

（3）有_____型和_____型鞍式支座，其结构的_____不同，为什么？_____。

（4）图样中采用了_____个局部放大图，主要表达了_____和_____，以及_____。

（5）该冷凝器共有_____根管子。管内走_____，管外（壳程）走_____。试在图中用铅笔画出流体的走向。

（6）冷凝器的内径为_____，外径为_____，该设备总长为_____，总高为_____。

（7）换热管的长度为_____，壁厚为_____。

（8）试解释"法兰 PL20-1.0"（件 23）的含义。

2. 抄画冷凝器装配图。

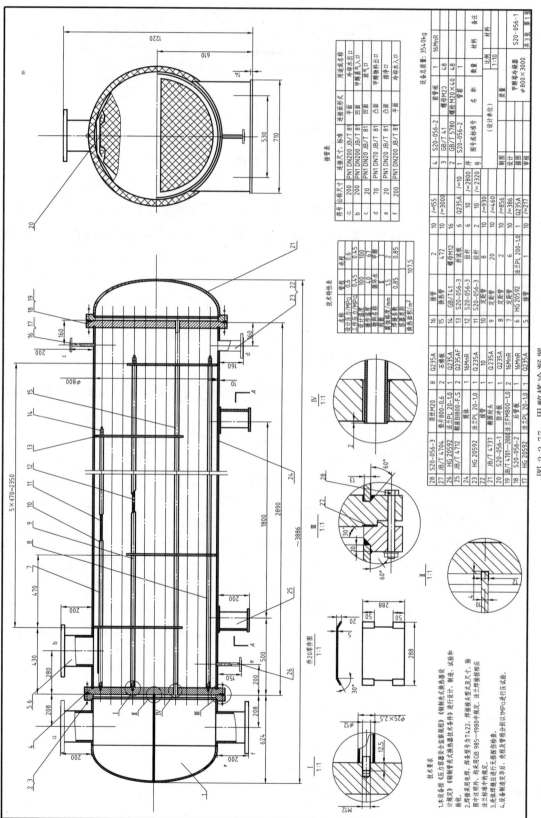

图 2-2-77 甲醇塔冷凝器

子任务 6　识读塔设备装配图

学习目标

能力目标

（1）能描述出两种塔设备结构。
（2）能识读塔设备装配图。
（3）能用 AutoCAD 绘制塔设备装配图。

素质目标

（1）通过查阅资料，动手操作完成任务，培养自学的能力。
（2）通过学习中的互联网资料搜寻、小组讨论、练习、考核等活动，进行充分的交流与合作，培养团队协作意识和吃苦耐劳的精神。

知识目标

（1）了解塔设备中常用的零部件。
（2）掌握塔设备装配图内容。
（3）掌握用 AutoCAD 绘制塔设备装配图的方法。

学习过程要求

查阅相关资料完成任务：
活动 1：完成下列任务。
　（1）说出塔设备的含义及作用。
　（2）在塔设备模型或实物上指出塔设备的结构。
活动 2：阅读塔装配图（图 2-2-78），填写书中空格。

活动过程评价表

用于评价学生完成学习任务情况和各方面能力提升情况。

序号	项目	完成情况与能力提升评价		
		达成目标	基本达成	未达成
1	活动1			
2	活动2			

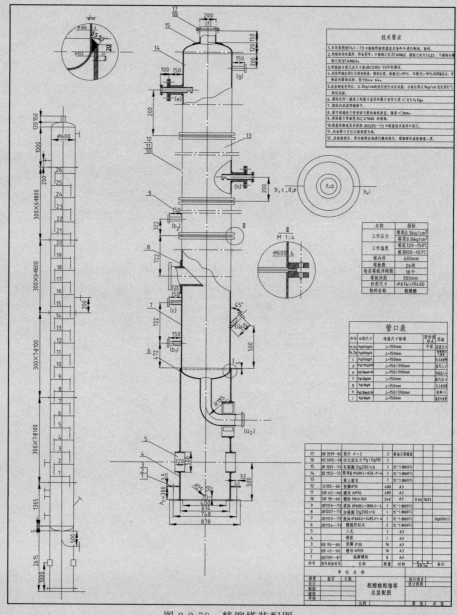

图 2-2-78 精馏塔装配图

一、任务导入

图 2-2-79 所示是什么设备？与之前学习的设备相比有什么区别？它的结构有哪些？如何绘制该设备？

图 2-2-79　设备图

二、塔设备装配图识读

(一) 塔设备功能认知

塔设备是化学工业、石油工业等生产中最重要的设备之一。

塔设备的基本功能在于提供气、液两相充分接触的机会，使传质、传热两种传递过程能够迅速有效地进行；并能使接触之后的气、液两相及时分开，互不夹带。

(二) 塔设备结构认知

1. 分类

按照塔设备内部构件的结构形式，可将其分为板式塔和填料塔两大类。

2. 工作原理与适用场合

（1）板式塔　板式塔内沿塔高装有若干层塔板（塔盘）。液体靠重力作用由顶部逐板流向塔底，并在各块板面上形成流动的液层；气体则靠压强差推动，由塔底向上依次穿过各塔板上的液层而流向塔顶。气、液两相在塔内进行逐级接触，两相的组成沿塔高呈阶梯式变化。当处理量大时多采用板式塔，见图 2-2-80（a）。

（2）填料塔　填料塔内装有各种形式的固体填充物，即填料。液相由塔顶喷淋装置分布于填料层上，靠重力作用沿填料表面流下；气相则在压强差推动下穿过填料的间隙，由塔的一端流向另一端。气、液在填料的润湿表面上进行接触，其组成沿塔高连续性地变化。当处理量较小时多采用填料塔，见图 2-2-80（b）。

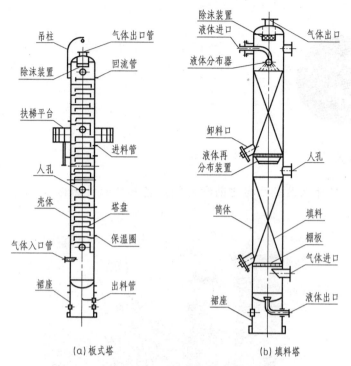

图 2-2-80 填料塔与板式塔

3. 基本结构

(1) 塔体　塔体即塔设备的外壳,常见的塔体由等直径、等厚度的圆筒及上、下封头组成。塔设备通常安装在室外,因而塔体除了要能承受一定的操作压力(内压或外压)、温度外,还要考虑风载荷、地震载荷、偏心载荷。此外还要满足在试压、运输及吊装时的强度、刚度及稳定性要求。

(2) 塔盘　由塔盘板、传质元件(泡罩、浮阀、舌片等,如图 2-2-81 所示)、溢流装置、连接件等构成。塔盘实际上是塔中的气、液通道。

(3) 填料　填料是填料塔的核心内件,它为气-液两相充分接触进行传热、传质提供了表面积。

(4) 裙座　是由座圈、基础环和地脚螺栓座组成。座圈除图 2-2-81 中的圆筒形外,还可做成半锥角不超过 15°的圆锥形。裙座上开有人孔、引出管孔、排气孔和排污孔。座圈焊固在基础环上。基础环的作用,一是将载荷传给基础,二是在它的上面焊制地脚螺栓座。

(5) 附件　包括人孔、进出料接管、各类仪表接管、液体和气体的分配装置,以及塔外的扶梯、平台、保温层等。

(6) 除沫器　用于捕集夹带在气流中的液滴,如图 2-2-82 所示。除沫器工作性能的好坏对除沫效率、分离效果都具有较大的影响。

(三) 阅读塔装配图 (图 2-2-78),填写下列空格

本次绘制的精馏塔共设置塔板_____块,每块塔板间距为_____mm,其中液体进料所在的塔板间距为 500mm。所有塔板分布在_____个塔节上,从下到上

模块二
装配图识读与绘制

(a) 泡罩

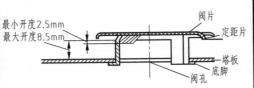
(b) 浮阀

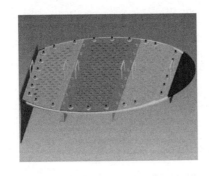
(c) 筛板

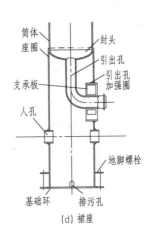
(d) 裙座

图 2-2-81 塔设备构件

图 2-2-82 除沫器

分别是：第一塔节，分配_____块塔板，长_____mm，塔内径为_____mm，厚度为_____mm；第二塔节，分配_____块塔板，长_____mm；第三塔节，分配_____块塔板，长_____mm（其中一块塔板为进料塔板，高500mm）；第四塔节，分配_____块塔板，长1800mm。

答案：26、300、4、7、2100、600、4、7、2100、6、2000、6。

塔釜由于要起到液体贮槽及气液分离的作用，其高度为_____mm，其中封头高度为120mm，封头为_____封头。塔顶上面气体出口及回流液进口的塔节距离为_____mm，该塔节上气体出口管子的公称直径为_____mm，长度为_____mm。

答案：1485、椭圆形、1120、200、150。

本图中液体进料管和回流液进料管，其内管公称直径为_____mm，外管公称直径为_____mm，采用_____安装方式，总长度_____mm，外套管即公称直径为＿＿＿＿mm 的管子，伸出筒体外壁面长度为＿＿＿＿mm，公称直径为＿＿＿＿mm 的内管外端和套管外端的距离为＿＿＿＿mm。

答案：40、20、可拆卸式、390、80、150、40、100。

气体进料管是公称直径为＿＿＿＿mm 的管子，其长度有两个数据，分别为＿＿＿＿和＿＿＿＿。气体出口管在塔顶，采用公称直径为＿＿＿＿mm 的管子，由于封头厚度较小，故采用＿＿＿＿零部件，该零部件外径为＿＿＿＿mm，厚度＿＿＿＿mm。

本设备中采用椭圆形封头，但不是标准的椭圆形封头，而是扁平一点，长轴＿＿＿＿mm、短轴＿＿＿＿mm、折边＿＿＿＿mm、厚度＿＿＿＿mm，如图 2-2-83 所示。

答案：200、150、390、200、补强圈、200、6、600、200、20、4。

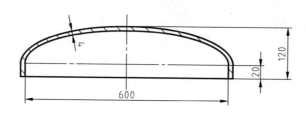

图 2-2-83　封头

三、任务小结

本子任务介绍了塔设备中常用的零部件、塔设备装配图内容以及用 AutoCAD 绘制塔设备装配图的方法与步骤。

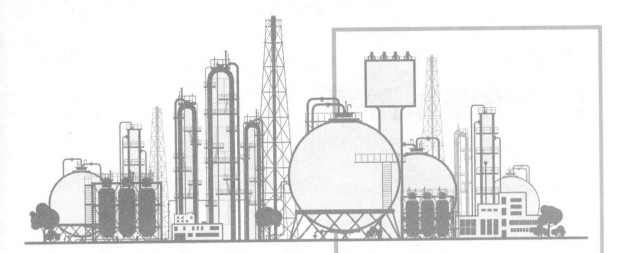

模块三

设备、管道布置图识读

任务一
识读设备布置图

在工艺流程图中所确定的全部设备,必须根据生产工艺的要求在车间内合理地布置与安装。在设备布置设计中,一般提供下列图样:设备布置图,首页图,设备安装详图,管口方位图,等等。设备布置图是用来表示设备与建筑物、设备与设备之间的相对位置,并能直接指导设备安装的重要技术文件。

学习目标

能力目标

(1) 能看懂厂房结构的视图。
(2) 能说出设备布置图的作用。
(3) 能在教师的引导下,认识设备布置图中相应的内容。
(4) 能读懂化工设备图。

素质目标

(1) 通过查阅资料,动手操作完成任务,培养自学的能力。

模块三
设备、管道布置图识读

（2）通过学习中的互联网资料搜寻、小组讨论、练习、考核等活动，进行充分的交流与合作，培养团队协作意识和吃苦耐劳的精神。

> 知识目标

（1）了解化工车间设备布置图的内容和作用。
（2）熟悉设备布置图的图示方法、标注方法，以及典型设备的画法和标注。
（3）了解化工设备图的读图要求，并运用读图的步骤和方法阅读设备布置图。

学习过程要求

查阅相关资料完成任务：

活动1：设备布置图是在简化了的建筑图上加上设备布置，先来学习一些简单的建筑图的知识。图3-1-1是房屋建筑结构图以及该建筑的立面图和平面图。小组讨论完成以下任务：

（1）对照房屋建筑结构图描述各个图形是怎么得到的。
（2）说出平面图、立面图、剖面图的数字1、2、3和字母A、B、C的含义、定位轴线的作用以及高度方向的尺寸设定原则。

活动2：初步了解建筑图后，开始在建筑图上添加设备。图3-1-2是残液蒸馏系统设备布置图。设备图是按正投影原理绘制的，请完成下列任务：

（1）说出该设备布置图组成部分，以及你从图中读懂了哪些内容。
（2）说出尺寸标注的是什么内容（定形尺寸、定位尺寸）。
（3）说出设备布置剖面图表达的内容。
（4）说出设备布置平面图表达的内容。

活动3：以图3-1-3所示天然气脱硫系统设备布置图为例，小组讨论并写出阅读设备图的步骤。

活动4：按照阅读设备布置图的步骤，将天然气脱硫系统设备布置图阅读内容写出。

活动5：进行残液蒸馏系统设备布置图的阅读，并将阅读出的结果详细写出。

1. 了解概况

残液蒸馏系统设备布置图显示有_____个视图：一个是_____，其表达了_____；另一个是_____，其表达了各个设备的平面布置情况。共有_____设备，分别是_____、_____、_____、_____。

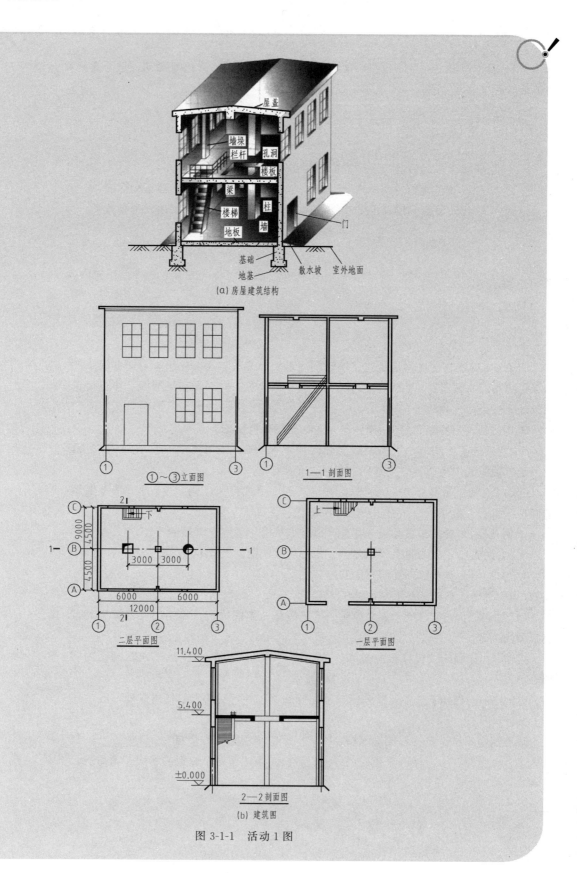

图 3-1-1 活动 1 图

2.了解厂房、设备

厂房的定位横向轴线_____、_____,纵向定位轴线_____。

蒸馏釜和真空受槽布置在距轴 B _____ m,距①轴分别串联为_____ m、_____ m、_____ m 的位置上;冷凝器位于距轴 B _____ m、距蒸馏釜_____ m 的位置上。

剖面图的剖切位置很容易在_____图上找到(Ⅰ—Ⅰ处),蒸馏釜和真空受槽 A、B 布置在标高为_____的楼面上,冷凝器布置在标高为_____ m 处。

从平面图中可以看出,厂房轴线间距为_____ m 之间,厂房总长超过_____ m,总宽大于_____ m。

活动过程评价表

用于评价学生完成学习任务情况和各方面能力提升情况。

序号	项目	完成情况与能力提升评价		
		达成目标	基本达成	未达成
1	活动1			
2	活动2			
3	活动3			
4	活动4			
5	活动5			

机械制图与 CAD

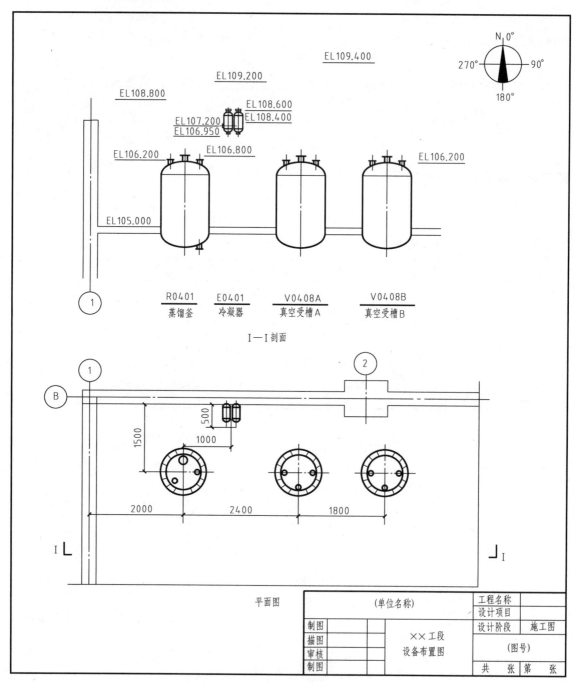

图 3-1-2 残液蒸馏系统设备布置图

模块三
设备、管道布置图识读

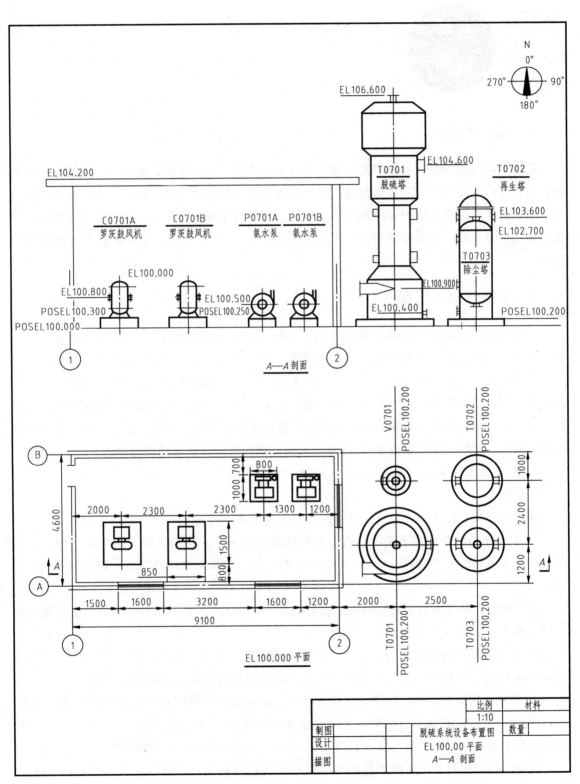

图 3-1-3　天然气脱硫系统设备布置图

一、导入任务

某化工厂需要安装一套新工艺装置。现在他们手中仅有设备图,他们可以安装这套装置吗?该化工厂明显安装不了这套装置。工艺流程设计所确定的全部设备,必须根据生产工艺的要求和具体情况在车间内合理地布置与安装。在设备布置设计中,一般提供下列图样:设备布置图、首页图、设备安装详图、管口方位图。本任务重点介绍设备布置图。如何识读该图?

二、识读设备布置图

设备布置图是在简化了的厂房建筑图上增加了设备布置的内容,用来表示设备与建筑物、设备与设备之间的相对位置,并能直接指导设备的安装。设备布置图是化工设计、施工、设备安装、绘制管路布置图的重要技术文件。其主要关联两方面的知识:一是厂房建筑图的知识;二是与化工设备布置有关的知识。它采用若干平面图和必要的立面剖视图,画出厂房建筑基本结构以及与设备安装定位有关的建筑物、构筑物(如墙、柱、楼板、设备安装孔洞、地沟、地坑及操作平台等),再添加设备在厂房内外布置情况的图样。

(一)建筑图样认知

1. 视图

建筑图样的一组视图,主要包括平面图、立面图和剖面图。

① 平面图是假想用水平面沿略高于窗台的位置剖切建筑物而绘制的剖视图(俯视图),用于反映建筑物的平面格局、房间大小和墙、柱、门、窗等,是建筑图样一组视图中主要的视图。

对于楼房,通常需分别绘制出每一层的平面图,如图 3-1-1 中分别画出了一层平面图和二层平面图。平面图不需标注剖切位置。

② 建筑制图中将建筑物的正面、背面和侧面投影图称为立面图,用于表达建筑物的外形和墙面装饰,如图 3-1-1①~③立面图表达了该建筑物的正面外形及门窗布局。

③ 剖视图的相关知识,在前面已经学习过。在这里的建筑图纸中,剖面图是用与 V 面平行的正平面或与 W 面平行的侧平面剖切建筑物而画出的剖视图,用以表达建筑物内部在高度方向上的结构、形状和尺寸,如图 3-1-1 的 1—1 剖面图和 2—2 剖面图。

注意:剖视图需在平面图上标注出剖切符号(粗短画线,长度约为 $6d$,$d=0.7\,\text{mm}$),图 3-1-1 中二层平面图里的 "1—""—1" 所示的 "—" 即为剖切符号。

建筑图中,剖面符号(在被剖切平面切到的实体上,比如墙壁、柱子等的断面处画出的符号）常常省略或以涂色代替。

建筑图样的每一视图一般在图形下方标出视图名称。

2. 定位轴线

定位轴线用来确定房屋的墙、柱和屋架等主要承重构件位置及标注尺寸的基线。图 3-1-1 中可以看出带圆圈（直径 8mm）的阿拉伯数字在长度方向，英文大写字母在宽度方向表示。与圆圈相连的是细点画线。定位轴线用细点画线画出，并加以编号，编号应注写在轴线端部的圆内。编号就是刚刚所说的数字和字母。

在二楼平面图中可以清楚地看到，建筑物里物体安装位置的尺寸是相对于定位轴线进行标注的，长度、宽度方向的定位轴线就像是长度、宽度定位基准。

3. 尺寸

厂房建筑应标注建筑定位轴线间尺寸和各楼层地面的高度。建筑物的高度尺寸采用标高符号标在剖面图上，如图 3-1-1 中的 2—2 剖面图。一般以底层室内地面为基准标高，标记为 ± 0.000，高于基准时标高为正，低于基准时标高为负，标高数值以 m 为单位，小数点后取三位，单位省略不注。

其他尺寸以 mm 为单位，其尺寸线终端通常采用斜线形式，并往往注成封闭的尺寸链，如图 3-1-1 的二层平面图所示。

4. 建筑构配件图例

建筑构件、配件和材料种类较多，且许多内容没必要或不可能以真实尺寸严格按投影作图。为简便起见，国家工程建设标准规定了一系列的图形符号（即图例），来表示建筑构件、配件、卫生设备和建筑材料，建筑制图常见图例可查阅相关建筑制图手册。

（二）设备布置图组成认知

图样一般包括以下几方面内容：

1. 一组视图

视图按正投影法绘制，包括平面图和剖面图，用以表示厂房建筑的基本结构和设备在厂房内外的布置情况。

2. 尺寸和标注

设备布置图中，一般要在平面图中标注与设备定位有关的建筑物尺寸，建筑物与设备之间、设备与设备之间的定位尺寸（不注设备的定形尺寸）；要在剖面图中标注设备、管口以及设备基础的标高；还要注写厂房建筑定位轴线的编号、设备名称及位号，以及必要的说明等。

3. 安装方位标

它是确定设备安装方位的基准，一般画在图纸的右上方（见图 3-1-3 右上角）。

4. 标题栏

其中要注写图名、图号、比例、设计者等内容。

（三）设备布置平面图认知

设备布置平面图用来表示设备在平面的布置情况。当厂房为多层建筑时，应按楼层分别绘制平面图。设备布置平面图通常表达如下内容。

① 厂房建筑物、构筑物的具体方位、占地大小、内部分隔情况以及与设备安装定位有关的厂房建筑结构形状和相对位置尺寸。

② 厂房建筑的定位轴线编号和尺寸。

③ 画出所有设备的水平投影或示意图，反映设备在厂房建筑内外的布置，并标注出位号和名称。

④ 标出各设备的定位尺寸以及设备基础的定形和定位尺寸。

（四）设备布置剖面图

设备布置剖面图是在厂房建筑的适当位置纵向剖切绘出的剖视图，用来表达设备沿高度方向的布置安装情况。设备布置剖面图一般表达如下内容。

① 厂房建筑高度上的结构，如楼层分隔情况、楼板厚度及开孔等，以及设备基础的立面形状，注出定位轴向尺寸和标高。

② 画出有关设备的立面投影图或示意图，反映其高度方向上的安装情况。

③ 厂房建筑各楼层、设备和设备基础的标高。

设备标高的标注方法如下：

标高的英文缩写词为"EL"。基准地面的设计标高为EL100.000（单位为m，小数点后取三位数），高于基准地面往上加，低于基准地面往下减。例如：EL112.500，即比基准地面高12.5m；EL99.000，即比基准地面低1m。标注设备标高的规定如下。

① 标注设备标高时，在设备中心线的上方标注与流程图一致的设备位号，下方标注设备的标高。

② 卧式换热器、槽、罐，以中心线标高表示，即"EL×××.×××"。

③ 反应器、立式换热器、板式换热器和立式槽、罐，以支承点标高表示，即"POS EL×××.×××"。

④ 泵和压缩机，以主轴中心线标高表示，即"EL×××.×××"；或以底盘底面（即基础顶面）标高表示，即"POS EL×××.×××"。

⑤ 管廊和管架，以架顶标高表示，即"TOS EL×××.×××"。

（五）化工设备布置图阅读

为了了解设备在工段（装置）的具体布置情况，指导设备的安装施工，以及开工后的操作、维修或改造，并为管道的合理布置建立基础，要学会识读化工设备布置图。

阅读设备布置图的方法和步骤：

1. 了解概况，概括了解设备有几个视图、分别是什么视图，有几台设备，放在厂房内还是厂房外

由图3-1-3标题栏可知，设备布置图有两个视图，一个为"EL100.000平面"，另一个为"A—A剖面"。图中共绘制了八台设备，分别布置在厂房内外，泵区在室内，塔区在室外。厂房外露天布置了四台静设备，有脱硫塔（T0701）、除尘塔（T0703）、氨水储槽（V0701）和再生塔（T0702）。厂房内安装了四台动设备，有罗茨鼓风机（C0701A、B）和两台氨水泵（P0701A、B）。

2. 看懂建筑基本结构，建筑物有几层，建筑物门窗、定位轴线、标高等情况

天然脱硫系统的泵区是一个单层建筑物，西面有一个门供操作工人内外活动，南面有两个窗供采光。厂房建筑的定位轴线编号（圈内）分别为 1、2 和 A、B，横向定位轴线间距为 9.1m，纵向定位轴线间距为 4.6m，厂房地面标高 EL100.000，房顶标高 EL104.200。

3. 掌握设备布置情况，各个设备安装在哪个地方

图 3-1-3 中右上角的安装方位标（设计北向标志），指明了有关厂房和设备的安装方位基准。

① 两台罗茨鼓风机的主轴线标高为 POS EL100.800，横向定位尺寸为 2.0m，间距为 2.3m，基础尺寸为 1.5m×0.85m，支承点标高为 POS EL100.300。

罗茨鼓风机靠南墙部分是驱动电机，北面作为操作空间。

② 氨水泵的标高为 POS EL100.250，横向定位尺寸为 1.2m，纵向定位尺寸为 1.7m，相同设备中心线间距为 1.3m。

氨水泵靠北墙部分是驱动电机，南面作为操作空间。

③ 脱硫塔的横向定位尺寸为 2.0m，纵向定位尺寸为 1.2m，支承点标高为 POS EL100.200，塔顶标高为 POS EL106.600。

④ 氨水储罐的支承点标高为 POS EL100.200，其横向定位尺寸为 2.0m，纵向定位尺寸为 1m；且氨水储罐在脱硫塔的正北面，两者前后相距 2.4m。

⑤ 除尘塔的横向定位尺寸为 4.5m，纵向定位尺寸为 1.2m，支承点标高为 POS EL100.200。

除尘塔在脱硫塔的正东面，左右相距 2.5m。

⑥ 再生塔的横向定位尺寸为 4.5m，纵向定位尺寸为 3.6m（以 A 轴为基准线），支承点标高为 POS EL100.200。

再生塔在氨水储槽的正东面，左右相距 2.5m；在除尘塔的正北面，前后相距 2.4m。

三、任务小结

本任务介绍了：化工车间设备布置图的内容和作用；设备布置图的图示方法，标注方法，以及典型设备的画法和标注；阅读设备布置图的步骤和方法。

> **模块化考核题库**

将空压站设备布置图（图 3-1-4）阅读内容写出。

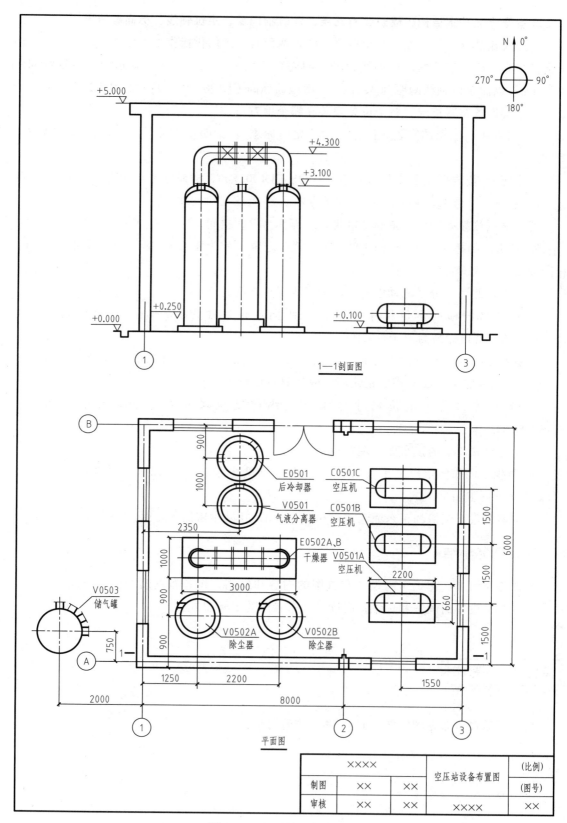

图 3-1-4 空压站设备布置图

任务二
识读管道布置图

在化工生产中，必须通过管路来输送和控制流体介质。化工管道同一切化工机械设备一样，是化工生产中不可缺少的组成部分。管道的布置和设计是以管道仪表流程图、设备布置图及有关土建、仪表、电气、机泵等方面的图纸为依据。管道布置图又称配管图，主要表达管道及其附件在厂房建筑物内外的空间位置、尺寸和规格，以及与有关机器、设备的连接关系。管道布置图是管道安装和施工的重要依据。

学习目标

能力目标

（1）能说出管道布置图的内容和作用。

（2）能识读并绘制管道布置图中各种元素（包括建筑物、设备、管道、管件、管架等）的规定画法。

（3）能说出管道布置图的平面图和剖视图的作用。

（4）能按照读图步骤，正确阅读管道布置图。

素质目标

（1）通过查阅资料，动手操作完成任务，培养自学的能力。
（2）通过学习中的互联网资料搜寻、小组讨论、练习、考核等活动，进行充分的交流与合作，培养团队协作意识和吃苦耐劳的精神。

知识目标

（1）了解管道布置图的内容和作用。
（2）了解管道的图示方法和管道布置图的画法。
（3）掌握管道布置图的阅读方法。
（4）了解管道轴测图的作用。

学习过程要求

查阅相关资料完成任务：
活动1：小组查阅资料，完成以下任务。
（1）说出化工管道的作用以及【任务单相关资料】中图3-2-1管道布置图和之前设备布置图的关系。
（2）观察图3-2-1管道布置图，说出管道布置图的内容。
活动2：管道中有很多转折，这些转折在视图中很难表示清楚，因此规定了管道转折的画法。
请完成以下任务：
（1）在图3-2-2的弯管中，一个是从左边看过去得到的视图，一个是从右面看过去得到的视图，请你按视图的配置位置，配置好管道投影图。

图3-2-2　活动2图形（一）

（2）图3-2-3所示为两次转折的管道，小组讨论，将下列四个视图按基本视图的位置放置。
活动3：回答下列问题。
（1）描述出管道的连接方式。
（2）管道布置图中阀门是如何表示的？请列举图3-2-4中阀门的画法。

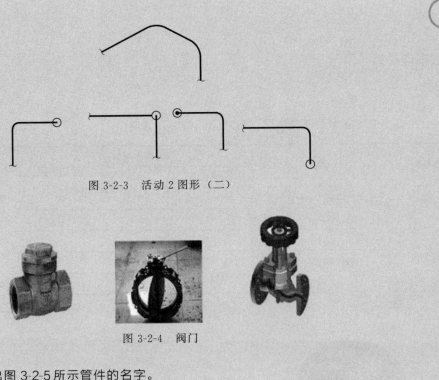

图 3-2-3　活动 2 图形（二）

图 3-2-4　阀门

（3）说出图 3-2-5 所示管件的名字。

图 3-2-5　管件

（4）描述出管架的用途。

活动 4：阅读管道布置图主要是要读懂管道布置平面图和剖面图。请小组讨论，说出通过阅读管道布置平面图和剖面图，你了解了管道布置的哪些内容。

活动 5：已知一段管道（装有阀门）的轴测图，如图 3-2-6 所示，试画出其平面图和正立面图。

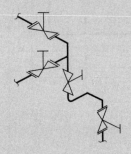

图 3-2-6　轴测图

活动过程评价表

用于评价学生完成学习任务情况和各方面能力提升情况。

序号	项目	完成情况与能力提升评价		
		达成目标	基本达成	未达成
1	活动1			
2	活动2			
3	活动3			
4	活动4			
5	活动5			

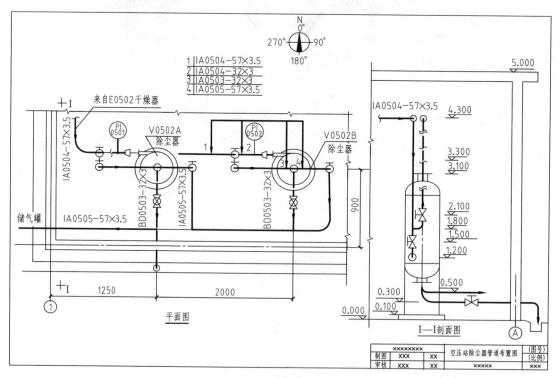

图 3-2-1　管道布置图

一、导入任务

任务单中给出了一幅管道布置图,它是管道安装施工的重要技术文件,下面学习识读管道布置图的步骤。

二、管道布置图识读

(一)管道布置图作用、内容认知

管道布置图是在设备布置图的基础之上画出管道、阀门及控制点,表示厂房建筑内外各设备之间管道的连接和位置以及阀门、仪表控制点的安装位置的图样。图 3-2-7 为管道图。

图 3-2-7 管道图

1. 一组视图

它表达整个车间(装置)的设备、建筑物的简单轮廓以及管道、管件、阀门、仪表控制点等的布置安装情况。与设备布置图类似,管道布置图的一组视图主要包括管道布置平面图和剖面图。

2. 标注

它包括建筑物定位轴线编号、设备位号、管道代号、控制点代号,建筑物和设备的主要尺寸,管道、阀门、控制点的平面尺寸和标高以及必要的说明等。

3. 方位标

它表示管道安装的方位基准。(与设备布置图相同)

4. 标题栏

它用于注写图名、图号、比例及签字等。

(二)管道图示表达

管道的图示方法也是按正投影原理绘制,但由于工程中管道的空间位置及分布走向复杂多样，在用图样表达时，不能完全按照前面介绍的点和直线的投影方法，对管道的一些特殊位置和走向必须作出相关规定，以便将它们用图形清楚地表达出来。

1. 管道的画法规定

管道布置图中，管道是图样表达的主要内容，因此用粗实线（或中粗线）表示。为了画图简便，通常将管道画成单线（粗实线），如图 3-2-8（a）所示。对于大直径（DN≥250mm）或重要管道（DN≥50mm，受压在 12MPa 以上的高压管），则将管道画成双线（中粗实线），如图 3-2-8（b）所示。在管道的断开处应画出断裂符号，单线及双线管道的断裂符号如图 3-2-8 所示。

管道交叉时，一般将下方（或后方）的管道断开；也可将上面（或前面）的管道画上断裂符号断开，如图 3-2-9 所示。（空间上管子交叉，两个管子并没有连通，如图 3-2-10 所示。）

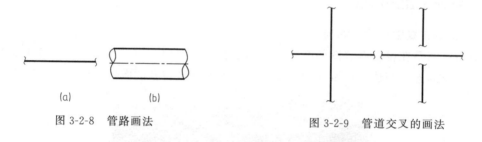

图 3-2-8　管路画法　　　　　　图 3-2-9　管道交叉的画法

图 3-2-10　工厂管道交叉

如图 3-2-11 所示，管道的投影重叠（主视图是重合的）而需要表示出不可见的管段时，应该怎么绘图？

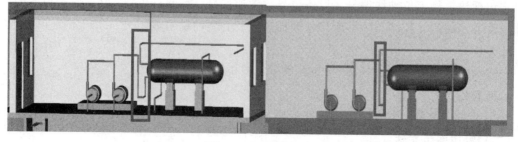

图 3-2-11　管道模型

可采用断开显露法将上面（或前面）管道的投影断开，并画上断裂符号。当多根管道的投影重叠时，最上一根管道画双重断裂符号，并可在管道断开处注上 a、b 等字母，以便辨认，如图 3-2-12 所示。

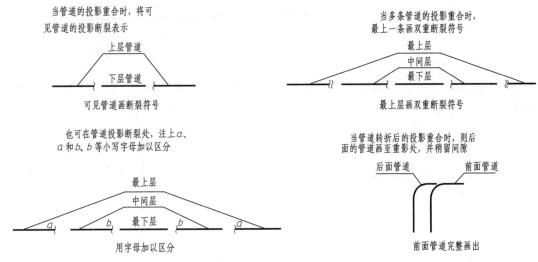

图 3-2-12　管路重叠的画法

2. 管道转折

管道大都通过 90°弯头实现转折。在反映转折的投影中，弯折处用圆弧表示。在其他投影图中，用弯折处画一细实线小圆表示。为了反映弯折方向，规定：当弯折方向与投影方向一致时，管线画入小圆至圆心处，如图 3-2-13（a）中的左侧立面图所示；当弯折方向与投影方向相反时，管线不画入小圆内，而在小圆内画一圆点，如图 3-2-13（a）中的右侧立面图所示。用双线画出的管道的弯折如图 3-2-13（b）所示，更多管道弯折的图示可见图 3-2-14。

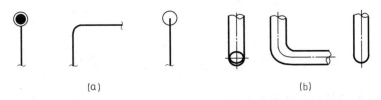

图 3-2-13　一次管道弯折的表示方法

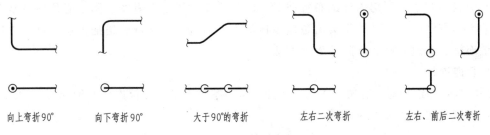

图 3-2-14　管道弯折

总结就是：弯管向我而来，圆内画点；弯管离我而去，管线画入小圆至圆心处，如图 3-2-15 所示。

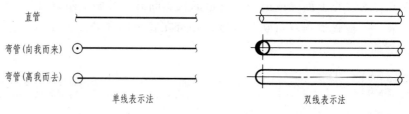

图 3-2-15　管路转弯的画法

图 3-2-16 所示为两次弯折的管道，两次弯折管道的四个视图按图 3-2-16（b）所示的位置放置。

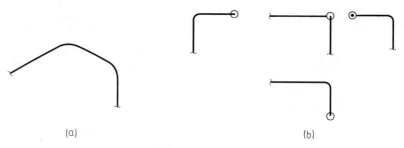

图 3-2-16　两次弯折

图 3-2-17 所示为多次弯折的管道的三视图。

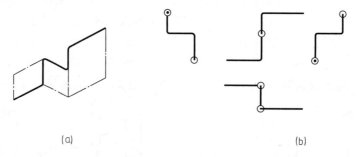

图 3-2-17　多次弯折

（三）管道连接与管道附件图示表达

在化工厂建设施工阶段，复杂的管道安装是依据管道布置图等技术文件进行的，管道布置图必须表明管道在厂房内外的布置情况。因此要阅读管道布置图，除了必须熟练掌握一段管道的表达方法外，还必须学会清楚地表达整个工艺过程中全部管道的方法。这个方法包括了管道连接、管道附件、阀门的表示方法。

1. 管道连接

两段直管相连接通常有法兰连接、承插连接、螺纹连接和焊接连接四种形式，如图 3-2-18 所示，连接画法如图 3-2-19 所示。

2. 阀门

与工艺流程图类似，管道布置图中的阀门仍用图形符号表示。但一般在阀门上表示出控制方式及安装方位，如图 3-2-20（a）所示。图 3-2-20（b）所示为阀门的安装方位不同时的画法。阀门与管道的连接方式如图 3-2-20（c）所示。

模块三
设备、管道布置图识读

图 3-2-18 管道连接

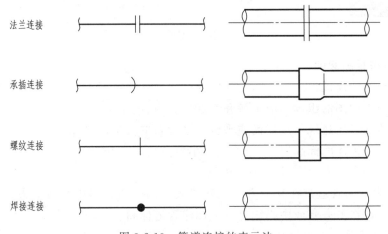

图 3-2-19 管道连接的表示法

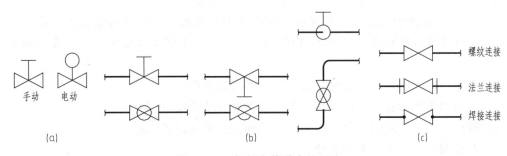

图 3-2-20 阀门在管道中的画法

3. 管件

管道一般用弯头、三通、四通、管接头等管件连接，常用管件的图形符号如图 3-2-21 所示。

图 3-2-21　常用管件的图形符号

4. 管架

管道常用各种形式的管架安装、固定在地面或建筑物上。一般用图形符号表示管架的类型和位置，如图 3-2-22 所示。

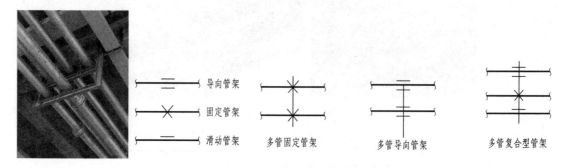

图 3-2-22　管架的表示法

（四）管道布置图阅读

1. 管道平面图的阅读

通过对管道平面图的识读，应了解和掌握以下内容。

（1）所表达的厂房建筑各层楼面或平台的平面布置及定位尺寸

管道布置图中标注的标高以 m 为单位，小数点后取三位数。管子的公称通径及其他尺寸一律以 mm 为单位，只注数字，不注单位。

① 用单线表示的管道，在其上方（用双线表示的管道，在中心线上方）标注与流程图一致的管道代号，在下方（或中心线上方）标注管道标高。

② 当标高以管道中心线为基准时，只需标注：EL×××.×××。

③ 当标高以管底为基准时，加注管底代号，如 BOP EL×××.×××。

④ 在管道布置图中标注设备标高时，在设备中心线的上方标注与流程图一致的设备位号，下方标注支承点的标高，如 POS EL×××.×××或标注设备主轴中心线的标高，如 EL×××.×××。

（2）设备的平面布置、定位尺寸及设备的编号和名称

（3）管道的平面布置、定位尺寸、编号规格及介质流向等

（4）管件、管架、阀门及仪表控制点等的种类及平面位置

2. 管道立面（或剖面）图的阅读

通过对管道立面（或剖面）图的识读，应了解和掌握如下内容。

① 所表达的厂房建筑各层楼面或平台的立面结构及标高。

② 设备的立面布置情况、标高及设备的编号和名称。

③ 管道的立面布置情况、标高、编号规格及介质流向等。

④ 管件、阀门及仪表控制点的立面布置和高度位置。

3. 管道布置图阅读步骤

由于管道布置图是根据带控制点的工艺流程图、设备布置图设计绘制的，因此，阅读管道布置图之前应首先读懂相应的带控制点的工艺流程图和设备布置图。

（1）概括了解　先了解图中平面图、剖面图的配置情况，视图数量等。

图 3-2-1 中仅表示了与除尘器有关的管道布置情况，包括平面图和Ⅰ—Ⅰ剖面图两个视图。

（2）详细分析

① 了解厂房建筑、设备的布置情况、定位尺寸、管口方位等。由管道布置图可知，两台除尘器离南墙距离为 900mm，离西墙分别为 1250mm、3250mm。

② 分析管道走向、编号、规格及配件等的安装位置。从图中平面图与Ⅰ—Ⅰ剖面图中可看到，来自 E0502 干燥器的管道 IA0504-57×3.5 到达除尘器 V0502A 左侧时分成两路：一路向右去另一台除尘器 V0502B（管路走向请自行分析）；另一路向下至标高 1.500m 处，经截止阀，至标高 1.200m 处向右转弯，经异径接头后与除尘器 V0502A 的管口相接。

此外，另一路在标高 1.800m 处分出另一支管则向前、向上，经过截止阀到达标高 3.300m 时，向右拐，至除尘器 V0502A 顶端与除尘器接管口相连，并继续向右、向下、向前与来自除尘器 V0502B 的管道 IA0505-57×3.5 相接。该管道最后向后、向左穿过墙去储气罐 V0503。

除尘器底部的排污管至标高 0.300m 时拐弯向前，经过截止阀再穿过南墙后排入地沟。

（3）总结归纳　所有管道分析完毕后，进行综合归纳，从而建立起一个完整的空间概念。

（五）管道轴测图认知

管道轴测图亦称管段图或空视图。管道轴测图是用来表达一个设备至另一个设备，或某区间一段管道的空间走向，以及管道上所附管件、阀门、仪表控制点等安装布置的图样，图 3-2-23 展示的是案例中讲的管道的轴测图。

管道轴测图能全面、清晰地反映管道布置的设计和施工细节，便于识读，还可以通过它发现在设计中可能出现的误差，避免发生在图样上不易发现的管道碰撞等情况，有利于管道的预制和加快安装施工速度。绘制区域较大的管段图，还可以代替模型设计。管道轴测图是设备和管道布置设计的重要方式，也是管道布置设计发展的趋势。

现有一段管道（装有阀门）的轴测图，通过轴测图可知该段管道由两部分组成，其中一段的走向为自下向上→向后→向左→向上→向后，另一段是向左的支管。管道上有四个截止阀，其中上部两个阀的手轮朝上（阀门与管道为法兰连接），其中一个阀的手轮朝右（阀门与管道为螺纹连接），下部一个阀的手轮朝前（阀门与管道为法兰连接）。管道的平面图和立面图如图 3-2-24 所示。

三、任务小结

本子任务介绍了：管道布置图的内容和作用；管道的图示方法和管道布置图的画法；管道布置图的阅读方法；管道轴测图的作用。

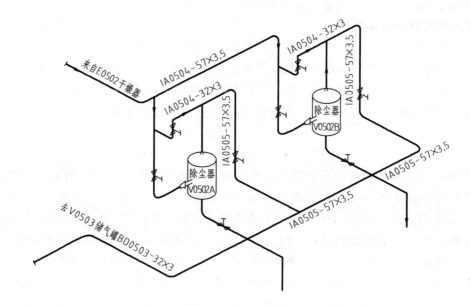

图 3-2-23 空压站岗位（除尘器部分）管路布置轴测图

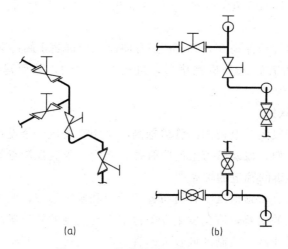

图 3-2-24 管道的平面图和立面图

模块四

轴类零件测绘

任务
测绘轴类零件

零件绘制指的是对实际零件凭目测徒手画出图形,然后进行测量,记入尺寸,提出技术要求,填写标题栏,完成草图,再根据草图画出零件图。零件测绘可用于零件修配仿造实物时的图样绘制,可为制造和检验零件提供依据,亦可为指导生产准备技术文件。

学习目标

能力目标

(1) 能测绘简单轴类零件。
(2) 能正确使用游标卡尺、直尺并正确读数。
(3) 能正确标注简单轴类零件尺寸并用 CAD 绘制零件图。

素质目标

(1) 通过查询零件工艺结构、标准件,树立工程、标准意识。
(2) 通过学习中的互联网资料搜寻、小组讨论、练习、考核等活动,进行充分的交流与合作。
(3) 通过测绘零件图,培养一丝不苟的学习态度。

知识目标

（1）掌握简单轴类零件的测绘方法与步骤。
（2）掌握游标卡尺、直尺使用相关知识。
（3）熟悉轴类零件图绘制相关知识。
（4）了解尺寸标注相关知识。

学习过程要求

查阅相关资料，完成任务：

活动1：确定方案，绘出草图。查阅资料，结合所学知识，就轴的结构、特征展开讨论，对零件的安放状态、主视图的投射方向、视图的选择、表达方案的确定等进行讨论。讨论后，将零件草图绘出。

活动2：熟悉工具，正确测量。选取所用工具，查阅资料，学会用工具测量轴的尺寸。注意测量方法和读数的精确度。测量轴类零件并进行读数。

活动3：标注尺寸。注意尺寸标注要求正确、完整、清晰。小组在绘图后对于尺寸标注要明确以下几个问题：

（1）根据尺寸在图样中所起的作用不同，可分为哪几种尺寸？该工件的定形尺寸是什么？定位尺寸是什么？
（2）轴向主要尺寸如何圆整？
（3）配合尺寸属于零件上的功能尺寸。配合尺寸是否合适，直接影响产品性能和装配精度。配合尺寸如何圆整？

明确问题之后，对草图标注尺寸。

活动4：角色互换，体验实际。完成本组草图后，每两小组互换，由原来的"设计者"转换为"加工者"。作为一名生产一线的员工，其他组完成的草图形状、结构表达清晰吗？尺寸齐全吗？你能加工出来吗？与手中的轴一致吗？请每个小组对到自己手中的尺寸标注后的草图提出意见，并打分。

活动5：依据绘制的草图，用CAD软件绘制该轴的零件图。

活动过程评价表

用于评价学生完成学习任务情况和各方面能力提升情况。

序号	项目	完成情况与能力提升评价		
		达成目标	基本达成	未达成
1	活动1			
2	活动2			
3	活动3			
4	活动4			
5	活动5			

一、导入任务

实训室的机泵拆卸下如图 4-1-1 所示的轴，在观察时发现轴出现破损，需要进行修配，你可以仿照这个轴绘制图样吗？

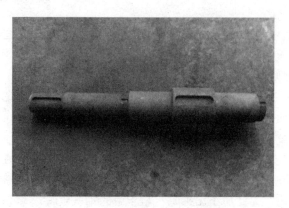

图 4-1-1 轴

二、轴类零件测绘

零件测绘是对装配体中的零件实物进行绘图、测量和确定技术要求的过程。对于非标件应绘制零件草图，并测量、标注全部尺寸和技术要求。对于标准件，如螺纹紧固件、滚动轴承、键、销等，只需测量出规格尺寸并定出其标准代号，注写在示意图上或列表表示。

先根据显示形状特征的原则，按零件的加工位置或工作位置确定主视图；再按零件的内外结构特点选用必要的其他视图或剖视图、断面图等表达方法。经过比较，最后选择最佳表达方案。

此轴无特殊结构，因此沿轴的加工方向作主视图就可以完全表达轴的结构，但键槽尺寸在主视图中无法完全表达清楚，因此需要部分剖视图。

主视图面向键槽正上方，以便完全表达出键槽的结构、尺寸。

（一）常用测绘工具认知

零件上全部尺寸的测量应集中进行，这样不但可以提高工作效率，还可以避免错误和遗漏。测量零件尺寸时，应根据零件尺寸的精确度选用相应的量具。常用的量具有钢尺、卡钳、游标卡尺和螺纹规、圆弧规等，如图4-1-2所示。

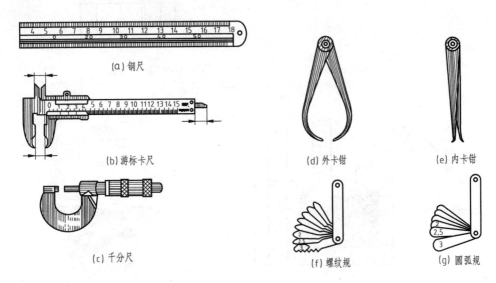

图4-1-2　常用测绘工具

1. 直线尺寸的测量

直线尺寸可以用直尺直接测量读数，如图4-1-3所示。

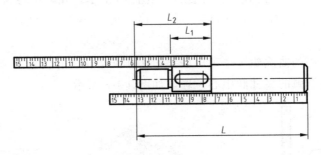

图4-1-3　直线尺寸的测量

2. 直径和孔深尺寸的测量

直径尺寸、孔深可用游标卡尺直接测量读数，如图4-1-4所示。

3. 壁厚尺寸的测量

壁厚尺寸可以用直尺测量，如图4-1-5中 $X=A-B$；或用卡钳、游标卡尺和直尺测量，$Y=C-D$。

4. 孔间距的测量

孔间距可以用卡钳（或游标卡尺）结合钢皮尺测出，如图4-1-6中两孔中心距 $A=L+d$。

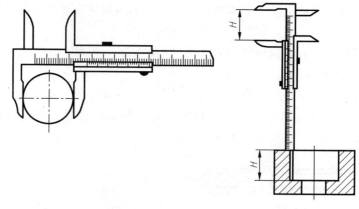

(a) 测量直径尺寸　　　　　　(b) 测量孔深

图 4-1-4　直径和孔深尺寸的测量

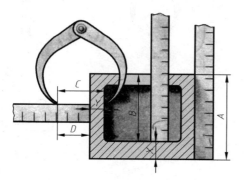

图 4-1-5　壁厚尺寸的测量

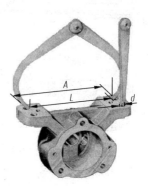

图 4-1-6　孔间距的测量

5. 中心高

中心高可以用直尺（或游标卡尺）测出，如图 4-1-7 中，孔的中心高：

$$A_1=(B_1+B_2)/2 \qquad A_1=L_1+A_2/2=L_2-A_2/2$$

6. 曲面轮廓

对精确度要求不高的曲面轮廓，可以用拓印法在纸上拓出它的轮廓形状，然后用几何作图的方法求出各连接圆弧的尺寸和中心位置，如图 4-1-8 所示。

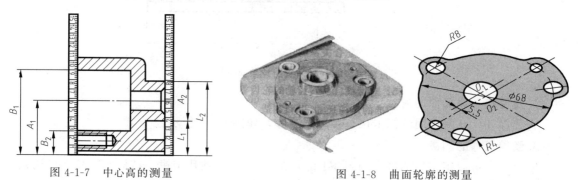

图 4-1-7　中心高的测量　　　　　　图 4-1-8　曲面轮廓的测量

7. 螺纹的螺距

螺纹的螺距可以用螺纹规或直尺测出，如图 4-1-9 所示。

8. 齿轮的模数

对标准齿轮，其轮齿的模数可以先用游标卡尺测得 $D_{顶}$，再计算得到模数 $m = D_{顶}/(z+2)$。奇数齿的齿顶圆直径 $D_{顶} = 2e + d$，如图 4-1-10 所示。

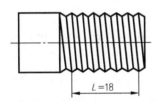

图 4-1-9 螺距的测量
n（螺纹圈数）$=6$，螺距 $p = L/n = 18/6 = 3$

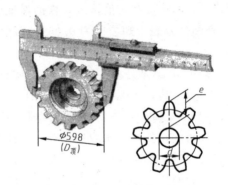

图 4-1-10 齿轮模数的测量

（二）尺寸圆整

按实物测量出来的尺寸，往往不是整数，所以，应对所测量出来的尺寸进行处理、圆整。尺寸圆整后，可简化计算，使图形清晰，更重要的是可以采用更多的标准刀量具，缩短加工周期，提高生产效率。

基本原则：逢 4 舍，逢 6 进，遇 5 保证偶数。

例： 41.456——41.4 13.75——13.8 13.85——13.8

1. 轴向主要尺寸（功能尺寸）的圆整

可根据实测尺寸和概率论理论，考虑到零件制造误差是由系统误差与随机误差造成的，其概率分布应符合正态分布曲线，故假定零件的实际尺寸应位于零件公差带中部，即当尺寸只有一个实测值时，就可将其当成公差中值，尽量将基本尺寸按国家标准圆整成为整数，并同时保证所给公差等级在 IT9 级以内。公差值可以采用单向公差或双向公差，最好为后者。

例：现有一个实测值为非圆结构尺寸 19.98，请确定基本尺寸和公差等级。

查阅附录，20 与实测值接近。根据保证所给公差等级在 IT9 级以内的要求，初步定为 20IT9，查阅公差表，知公差为 0.052。非圆的长度尺寸公差一般处理为：孔按 H，轴按 h，一般长度按 js（对称公差带）。

取基本偏差代号为 js，公差等级取为 9 级，则此时的上下偏差为：

$$es = +0.026 \quad ei = -0.026$$

实测尺寸 19.98 的位置基本符合要求。

2. 在测绘时，如果有原始资料，则可照搬

在没有原始资料时，由于有实物，可以通过精确测量来确定形位公差。要做好以下工作：

① 确定轴孔基本尺寸（方法同轴向主要尺寸的圆整）。

② 确定配合性质（根据拆卸时零件之间松紧程度，可初步判断出是有间隙的配合还是有过盈的配合）。

③ 确定基准制（一般取基孔制，但也要看零件的作用来决定）。

④ 确定公差等级（在满足使用要求的前提下，尽量选择较低等级）。

在确定好配合性质后，还应具体确定选用的配合。

例：现有一个实测值为 $\phi 19.98$，请确定基本尺寸和公差等级。

查阅附录，$\phi 20$ 与实测值接近。根据保证所给公差等级在 IT9 级以内的要求，初步定为 $\phi 20$ IT9，查阅公差表，知公差为 0.052。若取基本偏差为 f，则极限偏差为：es＝－0.020，ei＝－0.072。

此时，$\phi 19.98$ 不是公差中值，需要作调整：

选为 $\phi 20 h9$，其 es＝0，ei＝－0.052。

此时，$\phi 19.98$ 基本为公差中值。再根据零件该位置的作用校对一下，即可确定下来。

但要注意两点：其一，选取形位公差时应根据零件功用而定，不可采取只要能通过测量获得实测值的项目，都注在图样上；其二，随着科技水平尤其是工艺水平的提高，不少零件从功能上讲，对形位公差并无过高要求，但工艺方法的改进，大大提高了产品加工的精确性，使要求不甚高的形位公差提高到很高的精度。因此，测绘中，不要盲目追随实测值，应根据零件要求，结合我国国家标准所确定的数值，合理确定。

3. 一般尺寸的圆整

一般尺寸为未注公差的尺寸，公差值可按国家标准未注公差规定或由企业统一规定。圆整这类尺寸，一般不保留小数，圆整后的基本尺寸要符合国家标准规定。

4. 表面粗糙度根据实测值来确定

测绘中可用相关仪器测量出有关的数值，再参照我国国家标准中的数值加以圆整确定。

（三）尺寸协调

在零件图上标注尺寸时，必须注意把装配在一起的有关零件的测绘结果加以比较，并确定其基本尺寸和公差，不仅相关尺寸的数值要相互协调，而且，在尺寸的标注形式上也必须采用相同的标注方法。

（四）零件测绘

1. 了解和分析被测绘备件

首先了解零件名称、材质、热处理工艺及在设备中的位置、作用和与相邻件的配合关系，然后对零件的内、外结构进行分析。

① 轴类零件常用材质为 45 钢、40Cr，稍好材质有 35CrMo、45CrMo，20CrNi2MoA 常用于齿轮轴的加工。

② 轴类与其相关件的配合主要有三种：间隙配合、过渡配合、过盈配合。

③ 轴类零件的热处理工艺主要包括：调制、淬火、渗碳。

调质处理：淬火后高温回火的热处理方法称为调质处理。高温回火是指在 500～650℃ 之间进行回火。调质可以使钢的性能、材质得到很大程度的调整，其强度、塑性和韧性都较好，具有良好的综合力学性能。

淬火处理：将钢件加热到奥氏体化温度并保持一定时间，然后以大于临界冷却速度冷却，以获得非扩散型转变组织，如马氏体、贝氏体和奥氏体等的热处理工艺。

渗碳处理：为增加钢件表层的含碳量和形成一定的碳浓度梯度，将钢件在渗碳介质中加热并保温，使碳原子渗入表层的化学热处理工艺。

④ 对轴的分析。此轴对材质无特殊要求，热处理工艺为调制处理。

2. 确定表达方案

此轴无特殊结构，因此沿轴的加工方向作主视图就可以完全表达轴的结构，但键槽尺寸在主视图中无法完全表达清楚，因此需要部分剖视图。主视图面向键槽正上方，以便完全表达出键槽的结构、尺寸。

3. 绘制零件草图

① 在图纸中确定主视图的位置，绘制出主视图的对称中心线和作图的基准。

② 以目测比例详细地画出零件的结构形状。

③ 选定尺寸基准，按正确、完整、清晰以及尽可能合理地标注尺寸的要求，画出全部尺寸界线、尺寸线和箭头。经仔细校核后，按规定线型将图线加深。

④ 逐个测量和标注尺寸，标注技术要求和标题栏。

（五）测绘零件的零件工作图绘制

由于零件草图是在现场测绘的，有些问题的表达可能不完善，因此，在画零件图之前，应仔细检查零件草图表达是否完整、尺寸有无遗漏、各项技术要求之间是否协调，确定零件的最佳表达方案。

（1）对零件草图进行审核，对表达方法作适当调整

（2）画零件工作图的方法和步骤

① 选择比例；

② 确定幅面；

③ 画底稿；

④ 校对加深；

⑤ 填写标题栏。

三、任务小结

本子任务介绍了：简单轴类零件的测绘方法与步骤；测绘工具游标卡尺、直尺使用，以及尺寸圆整的相关知识。

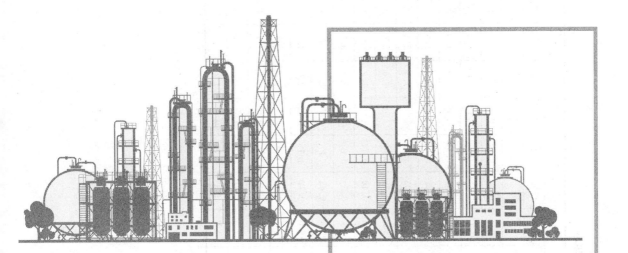

附录

附录1 公称尺寸至630mm的标准公差数值（GB/T 1800.1—2020）

公称尺寸/mm		标准公差数值																		
大于	至	IT01	IT0	IT1	IT2	IT3	IT4	IT5	IT6	IT7	IT8	IT9	IT10	IT11	IT12	IT13	IT14	IT15	IT16	IT17	IT18
		μm													mm						
—	3	0.3	0.5	0.8	1.2	2	3	4	6	10	14	25	40	60	0.1	0.14	0.25	0.4	0.6	1	1.4
3	6	0.4	0.6	1	1.5	2.5	4	5	8	12	18	30	48	75	0.12	0.18	0.3	0.48	0.75	1.2	1.8
6	10	0.4	0.6	1	1.5	2.5	4	6	9	15	22	36	58	90	0.15	0.22	0.36	0.58	0.9	1.5	2.2
10	18	0.5	0.8	1.2	2	3	5	8	11	18	27	43	70	110	0.18	0.27	0.43	0.7	1.1	1.8	2.7
18	30	0.6	1	1.5	2.5	4	6	9	13	21	33	52	84	130	0.21	0.33	0.52	0.84	1.3	2.1	3.3
30	50	0.6	1	1.5	2.5	4	7	11	16	25	39	62	100	160	0.25	0.39	0.62	1	1.6	2.5	3.9
50	80	0.8	1.2	2	3	5	8	13	19	30	46	74	120	190	0.3	0.46	0.74	1.2	1.9	3	4.6
80	120	1	1.5	2.5	4	6	10	15	22	35	54	87	140	220	0.35	0.54	0.87	1.4	2.2	3.5	5.4
120	180	1.2	2	3.5	5	8	12	18	25	40	63	100	160	250	0.4	0.63	1	1.6	2.5	4	6.3
180	250	2	3	4.5	7	10	14	20	29	46	72	115	185	290	0.46	0.72	1.15	1.85	2.9	4.6	7.2
250	315	2.5	4	6	8	12	16	23	32	52	81	130	210	320	0.52	0.81	1.3	2.1	3.2	5.2	8.1
315	400	3	5	7	9	13	18	25	36	57	89	140	230	360	0.57	0.89	1.4	2.3	3.5	5.7	8.9
400	500	4	6	8	10	15	20	27	40	63	97	155	250	400	0.63	0.97	1.55	2.5	4	6.3	9.7
500	630			9	11	16	22	32	44	70	110	175	280	440	0.7	1.1	1.75	2.8	4.4	7	11

附录 2 轴的基本偏差数值（GB/T 1800.1—2020）

基本偏差单位：μm

公称尺寸/mm		基本偏差数值																												
		上极限偏差，es														下极限偏差，ei														
		所有公差等级														IT5和IT6	IT7	IT8	IT4至IT7	≤IT3 >IT7	所有公差等级									
大于	至	a[a]	b[a]	c	cd	d	e	ef	f	fg	g	h	js	j			k		m	n	p	r	s	t	u	v	x	y	z	za	zb	zc
—	3	−270	−140	−60	−34	−20	−14	−10	−6	−4	−2	0	偏差= ±ITn/2，式中ITn是IT值数	−2	−4	−6	0	0	+2	+4	+6	+10	+14		+18		+20		+26	+32	+40	+60
3	6	−270	−140	−70	−46	−30	−20	−14	−10	−6	−4	0		−2	−4		+1	0	+4	+8	+12	+15	+19		+23		+28		+35	+42	+50	+80
6	10	−280	−150	−80	−56	−40	−25	−18	−13	−8	−5	0		−2	−5		+1	0	+6	+10	+15	+19	+23		+28		+34		+42	+52	+67	+97
10	14	−290	−150	−95		−50	−32		−16		−6	0		−3	−6		+1	0	+7	+12	+18	+23	+28		+33		+40		+50	+64	+90	+130
14	18	−290	−150	−95		−50	−32		−16		−6	0		−3	−6		+1	0	+7	+12	+18	+23	+28		+33	+39	+45		+60	+77	+108	+150
18	24	−300	−160	−110		−65	−40		−20		−7	0		−4	−8		+2	0	+8	+15	+22	+28	+35		+41	+47	+54	+63	+73	+98	+136	+188
24	30	−300	−160	−110		−65	−40		−20		−7	0		−4	−8		+2	0	+8	+15	+22	+28	+35	+41	+48	+55	+64	+75	+88	+118	+160	+218
30	40	−310	−170	−120		−80	−50		−25		−9	0		−5	−10		+2	0	+9	+17	+26	+34	+43	+48	+60	+68	+80	+94	+112	+148	+200	+274
40	50	−320	−180	−130		−80	−50		−25		−9	0		−5	−10		+2	0	+9	+17	+26	+34	+43	+54	+70	+81	+97	+114	+136	+180	+242	+325
50	65	−340	−190	−140		−100	−60		−30		−10	0		−7	−12		+2	0	+11	+20	+32	+41	+53	+66	+87	+102	+122	+144	+172	+226	+300	+405
65	80	−360	−200	−150		−100	−60		−30		−10	0		−7	−12		+2	0	+11	+20	+32	+43	+59	+75	+102	+120	+146	+174	+210	+274	+360	+480
80	100	−380	−220	−170		−120	−72		−36		−12	0		−9	−15		+3	0	+13	+23	+37	+51	+71	+91	+124	+146	+178	+214	+258	+335	+445	+585
100	120	−410	−240	−180		−120	−72		−36		−12	0		−9	−15		+3	0	+13	+23	+37	+54	+79	+104	+144	+172	+210	+254	+310	+400	+525	+690
120	140	−460	−260	−200		−145	−85		−43		−14	0		−11	−18		+3	0	+15	+27	+43	+63	+92	+122	+170	+202	+248	+300	+365	+470	+620	+800
140	160	−520	−280	−210		−145	−85		−43		−14	0		−11	−18		+3	0	+15	+27	+43	+65	+100	+134	+190	+228	+280	+340	+415	+535	+700	+900
160	180	−580	−310	−230		−145	−85		−43		−14	0		−11	−18		+3	0	+15	+27	+43	+68	+108	+146	+210	+252	+310	+380	+465	+600	+780	+1000
180	200	−660	−340	−240		−170	−100		−50		−15	0		−13	−21		+4	0	+17	+31	+50	+77	+122	+166	+236	+284	+350	+425	+520	+670	+880	+1150
200	225	−740	−380	−260		−170	−100		−50		−15	0		−13	−21		+4	0	+17	+31	+50	+80	+130	+180	+258	+310	+385	+470	+575	+740	+960	+1250
225	250	−820	−420	−280		−170	−100		−50		−15	0		−13	−21		+4	0	+17	+31	+50	+84	+140	+196	+284	+340	+425	+520	+640	+820	+1050	+1350
250	280	−920	−480	−300		−190	−110		−56		−17	0		−16	−26		+4	0	+20	+34	+56	+94	+158	+218	+315	+385	+475	+580	+710	+920	+1200	+1550
280	315	−1050	−540	−330		−190	−110		−56		−17	0		−16	−26		+4	0	+20	+34	+56	+98	+170	+240	+350	+425	+525	+650	+790	+1000	+1300	+1700
315	355	−1200	−600	−360		−210	−125		−62		−18	0		−18	−28		+4	0	+21	+37	+62	+108	+190	+268	+390	+475	+590	+730	+900	+1150	+1500	+1900
355	400	−1350	−680	−400		−210	−125		−62		−18	0		−18	−28		+4	0	+21	+37	+62	+114	+208	+294	+435	+530	+660	+820	+1000	+1300	+1650	+2100

续表

基本偏差数值

公称尺寸/mm		a[a]	b[a]	c	cd	d	e	ef	f	fg	g	h	js	j (IT5和IT6)	j (IT7)	j (IT8)	k (IT4至IT7)	k (≤IT3 >IT7)	m	n	p	r	s	t	u	v	x	y	z	za	zb	zc
大于	至	上极限偏差，es 所有公差等级												IT7	IT8				下极限偏差，ei 所有公差等级													
400	450	−1500	−760	−440		−330	−135		−68		−20	0	偏差=±ITn/2 式中ITn是IT值数	−20	−32		+5	0	+23	+40	+68	+126	+232	+330	+490	+595	+740	+920	+1100	+1450	+1850	+2400
450	500	−1650	−840	−480																		+132	+252	+360	+540	+660	+820	+1000	+1250	+1600	+2100	+2600
500	560					−260	−145		−76		−22	0					0	0	+26	+44	+78	+150	+280	+400	+600							
560	630																					+155	+310	+450	+660							
630	710					−290	−160		−80		−24	0					0	0	+30	+50	+88	+175	+340	+500	+740							
710	800																					+185	+380	+560	+840							
800	900					−320	−170		−86		−26	0					0	0	+34	+56	+100	+210	+430	+620	940							
900	1000																					+220	+470	+680	+1050							
1000	1120					−350	−195		−98		−28	0					0	0	+40	+66	+120	+250	+520	+780	+1150							
1120	1250																					+260	+580	+840	+1300							
1250	1400					−390	−220		−110		−30	0					0	0	+48	+78	+140	+300	+640	+960	+1450							
1400	1600																					+330	+720	+1050	+1600							
1600	1800					−430	−240		−120		−32	0					0	0	+58	+92	+170	+370	+820	+1200	+1850							
1800	2000																					+400	+920	+1350	+2000							
2000	2240					−480	−260		−130		−34	0					0	0	+68	+110	+195	+440	+1000	+1500	+2300							
2240	2500																					+460	+1100	+1650	+2500							
2500	2800					−520	−290		−145		−38	0					0	0	+76	+135	+240	+550	+1250	+1900	+2900							
2800	3150																					+580	+1400	+2100	+3200							

[a] 公称尺寸≤1mm时，不使用基本偏差 a 和 b。

附录 3 孔 A~M 的基本偏差数值（GB/T 1800.1—2020）

基本偏差单位：μm

公称尺寸 /mm		基本偏差数值														基本偏差数值				
		下极限偏差，EI														上极限偏差，ES				
		所有公差等级														IT6	IT7	IT8	≤IT8	>IT8	≤IT8	>IT8
大于	至	A[a]	B[a]	C	CD	D	E	EF	F	FG	G	H	JS				J		K[c,d]		M[b,c,d]	
—	3	270	140	60	34	20	14	10	6	4	2	0	偏差=±$\frac{ITn}{2}$，式中 ITn 是 IT 值数	2	4	6	0	0	−2	−2
3	6	270	140	70	46	30	20	14	10	6	4	0		5	6	10	−1+Δ	−1+Δ	−4+Δ	−4
6	10	280	150	80	56	40	25	18	13	8	5	0		5	8	12	−1+Δ	−1+Δ	−6+Δ	−6
10	14	290	150	95		50	32		16		6	0		6	10	15	−1+Δ	−1+Δ	−7+Δ	−7
14	18																			
18	24	300	160	110		65	40		20		7	0		8	12	20	−2+Δ	−2+Δ	−8+Δ	−8
24	30																			
30	40	310	170	120		80	50		25		9	0		10	14	24	−2+Δ	−2+Δ	−9+Δ	−9
40	50	320	180	130																
50	65	340	190	140		100	60		30		10	0		13	18	28	−2+Δ	−2+Δ	−11+Δ	−11
65	80	360	200	150																
80	100	380	220	170		120	72		36		12	0		16	22	34	−3+Δ	−3+Δ	−13+Δ	−13
100	120	410	240	180																
120	140	460	260	200		145	85		43		14	0		18	26	41	−3+Δ	−3+Δ	−15+Δ	−15
140	160	520	280	210																
160	180	580	310	230																
180	200	660	340	240		170	100		50		15	0		22	30	47	−4+Δ	−4+Δ	−17+Δ	−17
200	225	740	380	260																
225	250	820	420	280																
250	280	920	480	300		190	110		56		17	0		25	36	55	−4+Δ	−4+Δ	−20+Δ	−20
280	315	1050	540	330																
315	355	1200	600	360		210	125		62		18	0		29	39	60	−4+Δ	−4+Δ	−21+Δ	−21
355	400	1350	680	400																

续表

公称尺寸/mm		基本偏差数值															
		下极限偏差，EI										上极限偏差，ES					
		所有公差等级										IT6	IT7	IT8	≤IT8	>IT8	≤IT8	>IT8
大于	至	A[a]	B[a]	C	CD	D	E	EF	F	FG	G	H	JS		J		K[c,d]		M[b,c,d]	
400	450	1500	760	440		230	135		68		20	0	偏差=$\pm\dfrac{ITn}{2}$，式中 ITn 是 IT 值数	33	43	66	−5+Δ		−23+Δ	−23
450	500	1650	840	480																
500	560					260	145		76		22	0					0		−26	
560	630																			
630	710					290	160		80		24	0					0		−30	
710	800																			
800	900					320	170		86		26	0					0		−34	
900	1000																			
1000	1120					350	195		98		28	0					0		−40	
1120	1250																			
1250	1400					390	220		110		30	0					0		−48	
1400	1600																			
1600	1800					430	240		120		32	0					0		−58	
1800	2000																			
2000	2240					480	260		130		34	0					0		−68	
2240	2500																			
2500	2800					520	290		145		38	0					0		−76	
2800	3150																			

[a] 公称尺寸≤1mm时，不适用基本偏差 A 和 B。
[b] 特例：对于公称尺寸大于 250～315mm 的公差带代号 M6，ES=−9μm（计算结果不是−11μm）。
[c] 为确定 K 和 M 的值，见《GB/T 1800.2—2020 产品几何技术规范（GPS）线性尺寸公差 ISO 代号体系 第 1 部分：公差、偏差和配合的基础》4.3.2.5。
[d] 对于 Δ，见附录 4。

附录 4 孔 N~ZC 的基本偏差数值（GB/T 1800.1—2020）

基本偏差单位：μm

公称尺寸 /mm		基本偏差数值																	Δ值					
		上极限偏差 ES																	标准公差等级					
		≤IT8	>IT8	≤IT7																				
				P 至 ZC[a]										>IT7										
大于	至	N[a,b]	N[a,b]	P	R	S	T	U	V	X	Y	Z	ZA	ZB	ZC	IT3	IT4	IT5	IT6	IT7	IT8
—	3	−4	−4	−6	−10	−14	—	−18	—	−20	—	−26	−32	−40	−60			0			
3	6	−8+Δ	0	−12	−15	−19	—	−23	—	−28	—	−35	−42	−50	−80	1	1.5	1	3	4	6
6	10	−10+Δ	0	−15	−19	−23	—	−28	—	−34	—	−42	−52	−67	−97	1	1.5	2	3	6	7
10	14	−12+Δ	0	−18	−23	−28	—	−33	—	−40	—	−50	−64	−90	−130	1	2	3	3	7	9
14	18	−12+Δ	0	−18	−23	−28	—	−33	—	−45	—	−60	−77	−108	−150	1	2	3	3	7	9
18	24	−15+Δ	0	−22	−28	−35	—	−41	−39	−54	−63	−73	−98	−136	−188	1.5	2	3	4	8	12
24	30	−15+Δ	0	−22	−28	−35	−41	−48	−47	−64	−75	−88	−118	−160	−218	1.5	2	3	4	8	12
30	40	−17+Δ	0	−26	−34	−43	−48	−60	−55	−80	−94	−112	−148	−200	−274	1.5	3	4	5	9	14
40	50	−17+Δ	0	−26	−34	−43	−54	−70	−68	−97	−114	−136	−180	−242	−325	1.5	3	4	5	9	14
50	65	−20+Δ	0	−32	−41	−53	−66	−87	−81	−122	−144	−172	−226	−300	−405	2	3	5	6	11	16
65	80	−20+Δ	0	−32	−43	−59	−75	−102	−102	−146	−174	−210	−274	−360	−480	2	3	5	6	11	16
80	100	−23+Δ	0	−37	−51	−71	−91	−124	−120	−178	−214	−258	−335	−445	−585	2	4	5	7	13	19
100	120	−23+Δ	0	−37	−54	−79	−104	−144	−146	−210	−254	−310	−400	−525	−690	2	4	5	7	13	19
120	140	−27+Δ	0	−43	−63	−92	−122	−170	−172	−248	−300	−365	−470	−620	−800	3	4	6	7	15	23
140	160	−27+Δ	0	−43	−65	−100	−134	−190	−202	−280	−340	−415	−535	−700	−900	3	4	6	7	15	23
160	180	−27+Δ	0	−43	−68	−108	−146	−210	−228	−310	−380	−465	−600	−780	−1000	3	4	6	7	15	23
180	200	−31+Δ	0	−50	−77	−122	−166	−236	−252	−350	−425	−520	−670	−880	−1150	3	4	6	9	17	26
200	225	−31+Δ	0	−50	−80	−130	−180	−258	−284	−385	−470	−575	−740	−960	−1250	3	4	6	9	17	26
225	250	−31+Δ	0	−50	−84	−140	−196	−284	−310	−425	−520	−640	−820	−1050	−1350	3	4	6	9	17	26
250	280	−34+Δ	0	−56	−94	−158	−218	−315	−340	−475	−580	−710	−920	−1200	−1550	4	4	7	9	20	29
280	315	−34+Δ	0	−56	−98	−170	−240	−350	−385	−525	−650	−790	−1000	−1300	−1700	4	4	7	9	20	29

在大于 IT7 的相应数值上增加一个 Δ 值

续表

公称尺寸/mm		基本偏差数值															Δ值 标准公差等级					
		上极限偏差 ES ≤IT7		上极限偏差 ES >IT7																		
大于	至	N[a,b] ≤IT8	N[a,b] >IT7	P 至 ZC[a]	P	R	S	T	U	V	X	Y	Z	ZA	ZB	ZC	IT3	IT4	IT5	IT6	IT7	IT8
315	355	−37+Δ	0		−62	−108	−190	−268	−390	−475	−590	−730	−900	−1150	−1500	−1900	4	5	7	11	21	32
355	400	−37+Δ	0		−62	−114	−208	−294	−435	−530	−660	−820	−1000	−1300	−1650	−2100	4	5	7	11	21	32
400	450	−40+Δ	0		−68	−126	−232	−330	−490	−595	−740	−920	−1100	−1450	−1850	−2400	5	5	7	13	23	34
450	500	−40+Δ	0		−68	−132	−252	−360	−540	−660	−820	−1000	−1250	−1600	−2100	−2600	5	5	7	13	23	34
500	560	−44																				
560	630	−44		在大于IT7的相应数值上增加一个Δ值																		
630	710	−50																				
710	800	−50																				
800	900	−56																				
900	1000	−56																				
1000	1120	−66																				
1120	1250	−66																				
1250	1400	−78																				
1400	1600	−78																				
1600	1800	−92																				
1800	2000	−92																				
2000	2240	−110																				
2240	2500	−110																				
2500	2800	−135																				
2800	3150	−135																				

[a] 为确定 N 和 P~ZC 的值，见 GB/T 1800.2—2020《产品几何技术规范（GPS）线性尺寸公差 ISO 代号体系 第1部分：公差、偏差和配合的基础》4.3.2.5。
[b] 公称尺寸≤1mm 时，不使用标准公差等级>IT8 的基本偏差 N。

附录 5 轴的优先公差带的极限偏差（GB/T 1800.2—2020）

单位：μm

公称尺寸/mm	公差带												
	c11	d9	f7	g6	h6	h7	h9	h11	k6	n6	p6	s6	u6
≤3	-60 -120	-20 -45	-6 -16	-2 -8	0 -6	0 -10	0 -25	0 -60	6 0	10 4	12 6	20 14	24 18
>3～6	-70 -145	-30 -60	-10 -22	-4 -12	0 -8	0 -12	0 -30	0 -75	9 1	16 8	20 12	27 19	31 23
>6～10	-80 -170	-40 -76	-13 -28	-5 -14	0 -9	0 -15	0 -36	0 -90	10 1	19 10	24 15	32 20	37 28
>10～14	-95 -205	-50 -93	-16 -34	-6 -17	0 -11	0 -18	0 -43	0 -110	12 1	23 12	29 18	39 28	44 33
>14～18													
>18～24	-110 -240	-65 -117	-20 -41	-7 -20	0 -13	0 -21	0 -52	0 -130	15 2	28 15	35 22	48 35	54 41
>24～30													61 48
>30～40	-120 -280	-82 -142	-25 -50	-9 -25	0 -16	0 -25	0 -62	0 -160	18 2	33 17	42 26	59 43	76 60
>40～50	-130 -290												86 70
>50～65	-140 -330	-100 -174	-30 -60	-10 -29	0 -19	0 -30	0 -74	0 -190	21 2	39 20	51 32	72 53	106 87
>65～80	-150 -340											78 59	121 102
>80～100	-170 -390	-120 -207	-36 -71	-12 -34	0 -22	0 -35	0 -87	0 -220	25 3	45 23	59 37	93 71	146 124
>100～120	-180 -400											101 79	166 144
>120～140	-200 -450	-145 -245	-43 -83	-14 -39	0 -25	0 -40	0 -100	0 -250	28 3	52 27	68 43	117 92	195 170
>140～160	-210 -460											125 100	215 190
>160～180	-230 -480											133 108	235 210

续表

公称尺寸/mm	公差带											
	c11	d9	f7	g6	h6	h7	h9	h11	k6	n6	p6	s5	u6
>180~200	−240 −530	−170 −285	−50 −96	−15 −44	0 −29	0 −46	0 −115	0 −290	33 4	60 31	79 50	151 122	265 236
>200~225	−260 −550											159 130	287 258
>225~250	−280 −570											169 140	313 284
>250~280	−300 −620	−190 −320	−56 −108	−17 −49	0 −32	0 −52	0 −130	0 −320	36 4	66 34	88 56	190 158	347 315
>280~315	−330 −650											202 170	382 350
>315~355	−360 −720	−210 −350	−62 −119	−18 −54	0 −36	0 −57	0 −140	0 −360	40 4	73 37	98 62	226 190	426 390
>355~400	−400 −760											244 208	471 435
>400~450	−440 −840	−230 −385	−63 −131	−20 −60	0 −40	0 −63	0 −155	0 −400	45 5	80 40	108 68	272 232	530 490
>450~500	−480 −880											292 252	580 540

附录表 6　孔的优先公差带的极限偏差（GB/T 1800.2—2020）

单位：μm

公称尺寸/mm	公差带												
	C11	D9	F8	G7	H7	H8	H9	H11	K7	N7	P7	S7	U7
≤3	120 60	45 20	20 6	12 2	10 0	14 0	25 0	60 0	0 −10	−4 −14	−6 −16	−14 −24	−18 −28
>3～6	145 70	60 30	28 10	16 4	12 0	18 0	30 0	75 0	3 −9	−4 −16	−8 −20	−15 −27	−19 −31
>6～10	170 80	76 40	35 13	20 5	15 0	22 0	36 0	90 0	5 −10	−4 −19	−9 −24	−17 −32	−22 −37
>10～14	205 95	93 50	43 16	24 6	18 0	27 0	43 0	110 0	6 −12	−5 −23	−11 −29	−21 −39	−26 −44
>14～18													
>18～24	240 110	117 65	53 20	28 7	21 0	33 0	52 0	130 0	6 −15	−7 −28	−14 −35	−27 −48	−33 −54
>24～30													−40 −61
>30～40	280 120	142 80	64 25	34 9	25 0	39 0	62 0	160 0	7 −18	−8 −33	−17 −42	−34 −59	−51 −76
>40～50	290 130												−61 −86
>50～65	330 140	174 100	76 30	40 10	30 0	46 0	74 0	190 0	9 −21	−9 −39	−21 −51	−42 −72	−76 −106
>65～80	340 150											−48 −78	−91 −121
>80～100	390 170	207 120	90 36	47 12	35 0	54 0	87 0	220 0	10 −25	−10 −45	−24 −59	−58 −93	−111 −146
>100～120	400 180											−66 −101	−131 −166

续表

公称尺寸/mm	公差带												
	C11	D9	F8	G7	H7	H8	H9	H11	K7	N7	P7	S7	U7
>120~140	450 200	245 145	106 43	54 14	40 0	63 0	100 0	250 0	12 -28	-12 -52	-23 -68	-77 -117	-155 -195
>140~160	460 210											-85 -125	-175 -215
>160~180	480 230											-93 -133	-195 -235
>180~200	530 240	285 170	122 50	61 15	46 0	72 0	115 0	290 0	13 -33	-14 -60	-33 -79	-105 -151	-219 -265
>200~225	550 260											-113 -159	-241 -287
>225~250	570 280											-123 -169	-267 -313
>250~280	620 300	320 190	137 56	69 17	52 0	81 0	130 0	320 0	16 -36	-14 -66	-36 -88	-138 -190	-295 -347
>280~315	650 330											-150 -202	-330 -382
>315~355	720 360	350 210	151 62	75 18	57 0	89 0	140 0	360 0	17 -40	-16 -73	-41 -98	-169 -226	-369 -426
>355~400	760 400											-187 -244	-414 -471
>400~450	840 440	385 230	165 68	83 20	63 0	97 0	155 0	400 0	18 -45	-17 -80	-45 -108	-209 -272	-467 -530
>450~500	880 480											-229 -292	-517 -580

标　准

一、模块一标准

GB/T 14689—2008《技术制图　图纸幅面和格式》
GB/T 14690—1993《技术制图　比例》
GB/T 17450—1998《技术制图　图线》
GB/T 4458.4—2003《机械制图　尺寸注法》
GB/T 196—2003《普通螺纹　基本尺寸》
GB/T 5796.3—2005《梯形螺纹　第3部分：基本尺寸》
GB/T 7306.1—2000《55°密封管螺纹　第1部分：圆柱内螺纹与圆锥外螺纹》
GB/T 7307—2001《55°非密封管螺纹》
GB/T 5780—2000《六角头螺栓　C级》
GB/T 5782—2016《六角头螺栓》
GB/T 5783—2000《六角头螺栓　全螺纹》
GB/T 897～900—88《双头螺柱》
GB/T 41—2000《六角螺母　C级》
GB/T 97.1—2002《平垫圈　A级》
GB/T 97.2—2002《平垫圈　倒角型　A级》
GB/T 1095—2003《平键　键槽的剖面尺寸》
GB/T 1096—2003《普通型平键》

二、模块二标准

GB/T 25198—2010《压力容器封头》
HG/T 20592—2009《钢制管法兰（PN系列）》
HG/T 21515—2014《常压人孔》
JB/T 4736—2002及JB/T 4746—2002《补强圈　钢制压力容器用封头》
JB/T 4712.3—2007《容器支座　第3部分：耳式支座》
JB/T 4712.1—2007《容器支座　第1部分：鞍式支座》

参 考 文 献

[1]　胡建生.工程制图［M］.北京：化学工业出版社，2014.
[2]　方利国，董新法.化工制图 AutoCAD 实战教程与开发［M］.北京：化学工业出版社，2005.
[3]　杨雁.化工图样的识读与绘制［M］.北京：化学工业出版社，2013.
[4]　熊放明，曹咏梅.化工制图［M］.2版.北京：化学工业出版社，2018.
[5]　林大钧.简明化工制图［M］.北京：化学工业出版社，2011.
[6]　孙安荣，朱国民.化工制图绘图与识图训练［M］.北京：人民卫生出版社，2013.
[7]　江会保.化工制图［M］.北京：机械工业出版社，2003.
[8]　熊放明.机械制图［M］.北京：化学工业出版社，2010.
[9]　张瑞琳，冯杰.化工制图与 AutoCAD 绘图实例［M］.北京：中国石化出版社，2013.
[10]　黄国波.《化工制图》与 AutoCAD 组合教学模式探讨［J］.广州化工，2011（20）：153-155.